MAMA'S
LAST HUG
最后的拥抱

Animal Emotions and What They Tell Us about Ourselves
动物与人类的情绪

Frans De Waal

[荷] 弗朗斯·德瓦尔 著

张军 译

湖南科学技术出版社

致敬我的妻子，我的生命之光

——凯瑟琳·麦林

弗朗斯·德瓦尔的其他著作

《黑猩猩的政治》（1982）

《灵长类动物如何谋求和平》（1989）

《性本善》（1996）

《波诺波：一种被遗忘了的猿》（1997）

《类人猿与寿司大师》（2001）

《我的家庭相册》（2003）

《猿形毕露》（2005）

《灵长目与哲学家：道德是怎样演化出来的》（2006）

《共情时代》（2009）

《波诺波和无神论者》（2013）

《万智有灵》（2016）

前言
Preface

观察行为对我来说再自然不过了，以至于它已经融入我日常生活的点滴了。直到有一天我回到家，给妈妈描述一辆公交车上的场景时，我才意识到这一点。我确定我当时十二岁。公交车上，一个男孩和一个女孩一直在粗暴地接吻，我虽然无法理解这种接吻的方式，但这是典型的青少年式接吻，他们两唇相吸，双舌缠绵。这件事本身并不特别，但随后我注意到女孩嘴里嚼着口香糖，而接吻之前我只看到男孩在嚼口香糖。我很困惑，但还是想通了，这就像连通器的法则一样。然而，我妈妈听到这个故事后一点儿也不激动。她带着困惑的表情告诉我，不要过度关注别人，这样不好。

观察现在是我的职业，但别指望我注意一件连衣裙的颜色或一个男人有没有戴假发，我对这些压根儿不感兴趣。我只注意情绪表达、身体语言和社会动态。这些在人类和其他灵长类动物中都表现得如此相似，以至于我的技能同样适用于两者，尽管我的研究更关注后者。读博士期间，我有一个能俯瞰动物园里黑猩猩的办公室（位于荷兰阿纳姆皇家博格斯动物园）。作为在耶基斯国家灵长类动物研究中心（位于乔治亚州首府亚特兰大）工作的一名科学家，过去25年里，我也有类似的工作环境。我所研究的黑猩猩生活在一个野外观测站，他们[1]偶尔爆发动乱，动静之大足以吸引我们冲到窗口一看究竟。大多数人看来，不过是20只毛茸茸的野兽聚在一起乱吼乱叫，但实际上那是一个高度有序的社会。我们仅凭脸甚至声音就能识别出每一只黑猩猩，并且知道会发生什么。如果没有模式识别，观察就是无重点的、随机的，就像你观看

---

[1]本书中，为更好还原作者本意，对部分动物使用"他"或"她"。指代。——编者注

一项自己从未涉足且所知甚少的体育比赛，你基本看不出个所以然。这就是我无法忍受美国电视台对国际足球比赛报道的原因：大多数解说员在比赛开始后才姗姗来迟，他们不能很好地领会比赛的基本战略；他们只关注足球本身，即使在关键时刻还不停地讲些没用的。这种情况就发生在缺少模式识别时。

跳出中心场景是进行观察的关键所在。比如，当一只雌性黑猩猩以扔石块或极力靠近的方式吓唬其他同伴时，你需要有意地把目光从他们身上挪开，以观察他们周围的环境。科学上的进步就是这样取得的，我称之为"整体观察"，即观察时需要考虑更广泛的背景。受到威胁的雄性黑猩猩最好的朋友熟睡在角落里并不意味着他可以被忽视，只要他醒来并直奔现场，事情就会发生改变。整个群体见证了所发生的一切。当一只雌性黑猩猩发出巨大的声响宣布这一举动时，黑猩猩母亲则紧紧地抱住她们的孩子。

冲突逐渐平息之后，你不能直接走开，而应该观察这场暴乱的"主演"，因为他们的"表演"还没有完成。我目睹过成千上万次和解，但这是第一次让我感到惊讶的。一场对峙后不久，两只雄性黑猩猩面对面双腿直立走向对方——他们的毛发全都竖起，身材看起来是平时的两倍，他们的眼神如此犀利，以至于我以为双方的冲突又要爆发了。但是当他们靠近彼此时，其中一只黑猩猩突然转身，展现自己的背部。作为回应，另一只黑猩猩靠近他的肛门，用嘴唇舔，用牙齿咬，大声娇喘，表明他愿意和解。前一只黑猩猩也想做同样的事情，于是他们最终呈现一个尴尬的"69体位"，这样他们就能同时慰藉梳理对方的臀部。之后，他们很快放松下来，转过身去抚摩彼此的脸颊，世界恢复平静。

在争斗后的和解过程中，雄性黑猩猩渴望梳理对手的臂部，如果
他们同时这样做，可能会导致尴尬的姿势。

　　最初梳理的部位可能看起来很奇怪，但请记住，英语（以及许
多其他语言）中有诸如"蹭鼻头""舔屁股"这样的表达。我确定
这些表达的存在都有它们的道理。我们知道，强烈的恐惧会导致
呕吐和腹泻。当我们受到惊吓时，经常会说"紧张到尿裤子"，这
在猿类中也很常见，只是他们没有裤子。因此，身体语言提供了至
关重要的信息。一场小冲突结束之后很久，你可能会看到一只雄
性黑猩猩"随意"漫步到他的竞争对手之前待过的草地，俯下身子
到处嗅。视觉在黑猩猩和人类身上都占据主导地位，但嗅觉仍然
至关重要。隐蔽拍摄的内容也显示，人们握手（特别是与同性伙伴

握手）之后，常常会闻一闻自己的手。我们随意地把手贴近自己的脸，收集一种化学气味，这种气味能告诉我们对方的性格等信息。我们无意识的这种做法，就像我们所做的许多其他类似于灵长类动物的行为一样。然而，我们喜欢把自己看作理性生物，并知道自己在做什么，而其他动物则被我们描述成是自发去做这些事情的，但事实远没有这么简单。

我们和其他灵长类动物有相似行为的主要原因是驱动我们的情绪，这些情绪从愤怒到惊恐、性欲、喜爱以及寻求占上风。我们不断地感受自己和他人的感受。然而，对于任何观察者而言，棘手之处在于情绪和感受并不能同日而语。我们往往把两者混为一谈，但严格意义上讲，感受是内在的主观状态，只有它的主人才知道。我知道自己的感受，但我不知道你的感受，除非你告诉我。感受只能通过语言来传达。而情绪是驱动行为的身体和精神状态。情绪由特定的刺激和伴生的行为改变引起，外化于表情、肤色、音色、手势、气味等。只有当你意识到这些变化时，情绪才能转变为感受，也就是有意识的体验。这就是为什么我们"展现"自己的情绪，但"谈论"自己的感受。

拿和解来说，它被定义为对峙之后的友好重聚，是一种可衡量的情绪互动。一方面，你所需要的只是一些耐心，来看看之前敌对的双方之间接下来会发生什么。另一方面，伴随和解的感受（悔悟、宽恕、释然）只有经历过才能体会。你可能会说其他动物也有同样的感受，但即使是人类，你都不能明确知道他们的感受。比如，人们可能声称他们已经原谅了一些人，但我们能够相信他们吗？很多时候，他们口是心非。人们并不完全了解自己的内心状态，常常误导自己和所处的环境。我们是"虚假快乐""压抑恐惧"和"被误导的爱"的主人。这就是为什么我很乐意与非语言动物工作的原因。我不得不去猜测他们的感受，但至少不会被他们告诉我的所误导。

尽管人类心理学研究很大程度上还依赖问卷调查，偏重自我报告的感受而忽视实际行为，但在我看来，主次顺序应该颠倒。我们需要对实际的人类社交活动进行更多的观察。举一个简单的例子，让我带你去参加在意大利举行的一个大型学术会议，我作为一个初露头角的科学家参加了这个会议。我在那里谈论灵长类动物是如何解决冲突的，未曾料到冲突在人与人之间上演。有一位科学家的举动真是"前无古人，后无来者"，这一定是因为他是一位以英语为母语的名人。在国际会议上，英国人和美国人常常把能说母语错误地认为是智力上的优势。因为没有人会用蹩脚的英语去反驳他们，所以他们从未质疑过这一观点的正确性。

讲座有一整节课，每节课结束后，我们著名的科学家就离开他的座位走到前排，帮助我们理解刚刚所听到的。他没有待在观众席，而是走上讲台，接过演讲者的麦克风。掌声犹存之时，他就迫不及待地提出自己的观点，这让人感觉他极度自命不凡。由于大部分观众通过翻译设备听讲，虽然他们已忍无可忍，但这种不满情绪很难被发现。事实上，语言传递的延时性可以帮助观众看穿他的行为，就像我们在关掉电视机的声音后能更好地读懂辩论双方的肢体语言一样。人们很难无视这位科学家的趾高气扬以及对那位演讲者的不敬。

意大利发言人演讲完之后，这位科学家大步向前，毫不客气地说："她真正想说的是……"我们不记得这个话题了，只记得演讲者的脸拉得很长，30秒之后，台下的观众开始发出嘘声。如今，我们把这件事称之为"男人说教"事件，即以居高临下的说教姿态向对方解释某事，以为对方完全无知。我们著名的科学家脸上的惊讶表情表明，他错误地判断了自己滑稽行为的接受程度。在这之前，他都认为自己能轻易地抓住人们的吸引力。他惊慌失措、无地自容，匆忙走下讲台。

演讲者和科学家在观众席入座后，我一直盯着他俩。短短15分钟内，科学家走近演讲者，看到她没有翻译设备，就把自己的给她了。她礼貌地接受了（或许她实际上根本就不需要），这算得上是一个"含蓄"的和解姿态。含蓄，是因为双方没有提及刚刚尴尬的时刻。人类往往在冲突过后发出善意的信号（一个微笑、一句赞美），然后这件事就过去了。我听不清他们在说什么，但之后通过其他人我得知所有演讲结束之后，那位科学家第二次找到演讲者，表明歉意，跟她道歉说"我真是个十足的傻瓜"。这种难能可贵的自我认知接近一种明确的和解。

尽管冲突、和解在生活中不断上演，但当我在会议上看到这样的情形时，还是很入迷。观众对我演讲内容的接受程度也参差不齐。那时我的研究刚刚起步，科学界在研究其他物种和解方面还是空白。我认为没有人质疑我的观察结果——我有许多数据和照片作为支撑——但他们就是不知道这些材料在研究中起什么作用。那时候，有关动物冲突的理论只关注成败。成功就好，失败就不好，最重要的是谁能得到资源。20世纪70年代，动物是霍布斯式的：他们暴力、好斗、自私，从未真正善良。这使得我对和解的强调毫无意义。加之这一术语（和解）听起来很情绪化，因此，那时我的研究并不被看好。一些同事自视高人一等，认为我陷入了科学领域之外的空想概念中。那时我还很年轻，他们教育我自然界的一切都围绕着生存和繁衍，没有任何生物会在和解方面走很远。妥协是专属于弱者的。他们说，即使黑猩猩表现出和解的行为，他们是否真的需要这种和解也值得怀疑。当然，那时并没有发现其他物种有同样的和解行为，我在孤注一掷。

几十年后，经过成百上千次科学研究，我们认识到，和解实际上是一种很普通也很常见的现象。和解存在于所有群居哺乳动物中，从老鼠、海豚到狼、大象、鸟类，无处不在。和解能及时修补冲突双方的关系，它在动物界如此常见，以至于现在我们发现若有群居哺乳动物在发生冲突之后不和解，会感到很惊讶。我们想知道这些动物是怎么保持他们的社会团结的。但当时我对这些一无所知，只能礼貌地听取着这样或那样的意见。即便如此，我并没有改变自己的想法，因为在我看来，实际观察胜过任何空想理论。先有动物行为，后才有关于动物该如何表现的先入为主的观念。如果你天生就是个观察者，这就是你得到的一种对科学的归纳方法。类似的，如果你能观察到像查尔斯·达尔文《人与动物的情绪表达》一书中所做的那样，即使其他灵长类动物在情绪激动时有像人类一样的面部表情，你也不能否认他们与人类内心世界的相似之处。他们露齿笑，高兴时发出嘶哑的笑声，沮丧时噘嘴，这自然而然成为你理论的出发点。关于动物情感，你可以持任何你喜欢的观点，或者没有观点也行，但你必须想出一个框架，在这个框架中，人类和其他灵长类动物通过相同的面部肌肉交流他们的反应和意图。达尔文通过假设人类和其他物种间情感上的连续性，自然而然地做到了这一点。

然而，表达情感的行为和动物（有意识或无意识）体验这些状态的方式之间存在着巨大差异。任何声称知道动物感受的人，都只是猜想，没有科学依据作为支撑。这不一定是坏事，并且我完全赞成"我们的亲戚（黑猩猩）与我们也有相似的感受"这一假设，但我们不能满足于此，止步不前。即使当我把""大妈妈"最后一次拥抱"描述为一只年长黑猩猩和一位老教授在"大妈妈"去世之前的拥抱时，所涉及的情感也只是我描述的一部分。他们的感受因熟悉的行为和特定的环境而产生，但仍然让人难以捉摸。这种不确定性一直困扰着研究情感的学生，这也是这一研究领域常常被贴上"阴郁""麻烦"等标签的原因。

科学向来精确，正是这种"精确"让普通大众在谈及动物情绪时常常与科学意见相左。你若在大街上问普通人动物是否有情绪，他们会回答"当然有"。毋庸置疑，他们的宠物狗、宠物猫都有各种各样的情绪，他们想当然地认为其他动物也有情绪。然而，你若在大学里问教授同样的问题，很多人会挠挠头，表情困惑，并说："你究竟想问什么？"甚至会问你是怎么定义情绪的？他们可能会沿用美国行为学家伯尔赫斯·弗雷德里克·斯金纳的"操作性条件反射"理论，将情绪定义为"我们通常将行为归因于虚构的原因"[1]。的确，现在很难找到完全否定"动物情绪"的科学家，很多人不愿意谈论它们。

各位读者，如果你因为有人质疑动物的情感生活而感到被冒犯，那容我提醒一句：如果没有严谨的科学，我们到现在还认为地球是平的，蛆是自己从腐肉里爬出来的。科学在质疑普遍的先入之见时，处于最佳状态。尽管我不同意对"动物情绪"持怀疑态度的那些观点，但是我认为肯定"动物情绪"的存在如同说"天是蓝的"一样，很笼统。我们需要去了解更多，如究竟是何种情绪？他们感觉如何？他们的目的是什么？对鱼和马来说恐惧一样吗？仅凭印象不足以回答这些问题。且看我们如何探索人类自己的内心活动。受测者被带进一个房间，他们可以在里面随意地看视频或玩游戏，有专门的设备测定他们的心率、皮肤电反应和面部肌肉收缩等，我们还会扫描他们的大脑。对于其他物种，我们同样需要进行细致的观察。

我喜欢跟踪野生灵长类动物，多年来我也去过世界上许多野外试验站，但我们从中能学到的东西是十分有限的。我见到过的最触动人心的情形是，在我上方的野生黑猩猩突然爆发出令人毛骨悚然的尖叫和巨响。黑猩猩是世界上最喧闹的动物之一，如果搞不清楚他们喧闹的原因，我的心就会一直悬着。后来发现，是他们捕捉到了一只倒霉的猴子，我对黑猩猩珍惜猎物的程度没有丝毫怀疑。当看到其他黑猩猩簇拥在猎物主人旁边分享食物时，我在想猎物主人愿意分享食物，是因为他自己吃不完才与同伴分享，还是因为他想摆脱那些"讨食"的家伙，毕竟他们一边小心翼翼地将食物送进嘴里，一边又喋喋不休地抱怨着。第三种可能是，他知道那些家伙有多想要一块肉，他与大家分享完全是出于无私。当然，仅凭观察我们看不出所以然。如果我们让猎物主人更饥饿，或者增加其他同伴通过乞求就获得食物的难度，他还会如此大方吗？只有通过条件控制试验，我们才能了解动物行为背后的真正动机。

条件控制试验在智力研究上效果甚好。我们敢于谈论动物智力的全部原因，得益于一个世纪以来人类在符号交流、镜像自我认知、工具使用、对未来的计划以及对他人观点的接受等方面所做的试验。这些研究在漫长的历史长河中留下了浓墨重彩的一笔，并将人类和其他动物区别开来。只有在我们采纳一个系统的方法之后，才能期待在情绪研究上取得同样的成果。理想情况下，我们应该把来自实验室和野外的研究成果放在一起，因为不同的物种有着相同的问题。

情绪是特别的，它们可能虚无缥缈，但它们也是迄今为止我们生活中最出彩的部分。情绪让世间万物变得有意义。试验中，比起没有任何情绪传递的图片和故事，人们能更好地记住那些饱含情绪的图片和故事。我们也喜欢用情绪化语言来描述我们已经或即将要做的任何事情。婚礼是浪漫和喜庆；葬礼是饱含泪水的；体育比赛可能是妙趣横生的，也可能是让人大失所望的，取决于比赛结果。当涉及动物时我们也有同样的偏见。一段野生卷尾猴用石头敲开坚果的视频，其点击量远没有水牛群为保护他们的幼崽奋力驱逐狮子的视频高。我们观察到有蹄类动物（水牛）用犄角抵住捕食者（狮子），幼崽就能从捕食者（狮子）的魔爪中逃出。两个视频都很有趣，也都给人以深刻的印象，但后者更扣人心弦。我们同情幼崽，听着他们哞哞的叫声就心软，当他们与母亲团聚时，我们感到由衷的高兴。我们似乎忘了，对狮子来说，这一结果并没有什么值得高兴的。

这就涉及情绪的另一方面：它们让我们偏袒某一方。

不仅仅是我们对情绪有强烈的兴趣，整个社会都是由情绪构成的，只是鲜有人知。如果不是因为所有灵长类动物对权力的渴望，我们的政治家为何要谋求更高的职位呢？如果不是维系父母和孩子之间的情感纽带，你又为何会担心自己的家庭呢？如果不是为了让人们在社会联系和同理心中体面漂亮，我们又为什么要废除奴隶制和童工呢？亚伯拉罕·林肯为解释反对奴隶制的原因，提到他在美国南部遇到的被手铐脚镣束缚的奴隶们惨不忍睹的情景。我们的司法系统将痛苦、复仇等情绪转化为公正的惩罚，我们的医疗系统根植于同情。医院（来自拉丁语的 "hospitālis" 或 "好客"）起初是由修女们运作的慈善机构，后来才转变为被专业人士运作的社会机构。事实上，所有我们最珍视的习俗和成就都与人类的情绪有着千丝万缕的联系，没有情绪就没有它们的存在。

这一认识让我从另一个层面审视动物情绪，不是将它仅仅作为一个议题去完成，而是将它作为能照亮我们的生存、目标、梦想和我们高度结构化的社会去研究。鉴于我的专长，我自然会把大部分注意力集中在我们的近亲——灵长类动物身上，但这并不是因为我认为他们的情绪与生俱来就更值得被关注。灵长类动物的确在表达自己情绪方面更像人类，但在动物王国，情绪随处可见，从鱼类到鸟类，甚至昆虫以及章鱼这类软体动物也都有情绪。为简化起见，下文中我将把其他动物（除人类之外）称作"动物"，尽管对我——一个生物学家来说，人类也是动物的一员，这一点不言而喻，我们都是动物。因为我并不认为人类与其他哺乳动物在情绪上有很大不同，而且事实上，将人类的情绪从动物世界中单独拎出来有点牵强，所以我们最好密切关注与我们同处一个星球的其他伙伴的情绪。

目录
Contents

第 1 章　　　"大妈妈"最后的拥抱
　　　　　　　猿猴女族长的告别

01

在"大妈妈"59周岁的前一个月，简·范·霍夫教授80周岁的前两个月，这两位上了年纪的人科动物来了一次感人的重聚。"大妈妈"瘦弱、憔悴，是非常"年长"的动物园黑猩猩，她正在度过生命的最后一段时光。简是多年前指导我写论文的生物学教授，他那满头白发在亮红色防水夹克的衬托下更为耀眼。他们两个已经认识40多年了。

简大胆地走进"大妈妈"的夜笼，咕哝了几声靠近她时，蜷缩在角落的"大妈妈"连头都没抬。我们这些经常与猿类打交道的人经常模仿他们典型的声音和姿势，如轻柔的咕哝声听起来就让人很安心。当"大妈妈"终于从梦中醒来时，她花了一秒钟才意识到发生了什么。随后当她看到简这个大活人就在她面前时，她异常兴奋。她高兴地咧开嘴笑，比我们人类典型的笑容要开朗得多。黑猩猩的嘴唇很灵活，可以自如地内外翻动。因此，"大妈妈"一笑，我们不仅能看到她的牙齿和牙龈，还能看到她的嘴唇内部。"大妈妈"叫喊时，她的半张脸都呈夸张的微笑状 —— 这是情绪激动时发出的一种柔和的高音。这种情形下，"大妈妈"的情绪显然是积极的，因为她在简弯腰时摸了摸他的头。她温柔地轻抚着他的头发，用长长的手臂勾住他的脖子，拉近他。"大妈妈"还用手指有节奏地轻拍简的后脑勺和脖子，这是黑猩猩用来安抚哭哭啼啼的婴儿的一种动作。

这就是典型的"大妈妈"作风：她一定察觉到简因闯进她的领地感到不安，告诉他别担心。见到他，她很高兴。

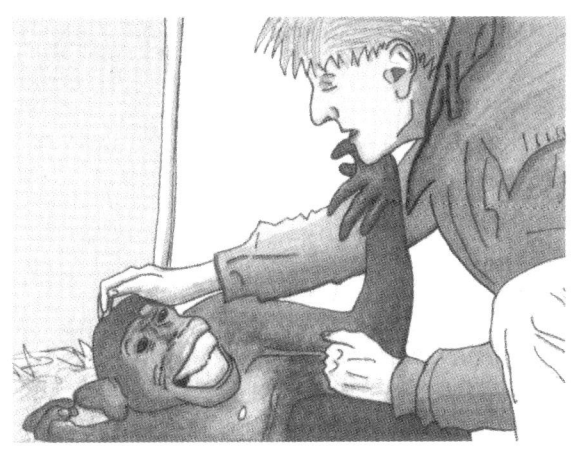

2016年，布尔格尔斯动物园的女族长"大妈妈"生命垂危，简·范·霍夫教授来见了她最后一面。"大妈妈"露出会心的微笑，并拥抱了这位相识40多年的老友。几周之后，"大妈妈"就走了。

审视自己

这样的邂逅绝对是第一次。尽管在他们的生命长河中，简和"大妈妈"已经透过栅栏互相梳理过无数次，但没有一个头脑正常的人会走进成年黑猩猩的笼子里。在我们看来，黑猩猩并不大，但他们的肌肉力量却远远超过了我们，也有很多报道是有关黑猩猩凶残地对人进行攻击的。即使最强壮的职业摔跤选手也不是成年黑猩猩的对手。我问简会不会对动物园里的其他黑猩猩（简与他们中的很多都认识同样长的时间了）做同样的事，简说他想都不敢想，不能拿自己的生命开玩笑。黑猩猩很善变，在他们的生命里，只有抚养过他们的人才能保证绝对安全。当然，这不适用于简和"大妈妈"。"大妈妈"的虚弱改变了这个等式。而且,"大妈妈"过去多次对简表达过积极的情感,双方已经建立了良好的信任。这给了他勇气,让他在荷兰阿姆斯特丹的布尔格尔斯动物园,第一次也是最后一次"面见"了长期统治这里的女皇。

这些年来,我与"大妈妈"也有相似的亲密关系。我叫她"大妈妈",是因为她女族长的地位。因为我现在生活在大洋彼岸的美国,所以我没有参加告别仪式。几个月前,我见了"大妈妈"最后一面。人群中远远看见我,她就急急忙忙地过来跟我打招呼,尽管她深受关节炎病痛的折磨,行动不便。她走到隔在我们中间的护城河边,叫喊着,咕哝着,伸出一只手欢迎我。黑猩猩们生活在一座草木丛生的岛屿上,周围有高耸的围栏(比任何动物园的都高),我在年轻时估计观察了他们有1万个小时。"大妈妈"知道那天晚些时候,当所有猿类各回各家时,我会走进她的夜笼,和她来一场近距离的交谈。

我和"大妈妈"的"世纪同框"被媒体广泛关注。在我到达之前,记者们就已经把"长枪短炮"准备就绪。整个动物园的人们都不知道接下来会发生什么,有些人会特别注意"大妈妈",以确保摄像机一直对准她。和往常一样,她放松地坐在那里,或闭目养神,或小憩一会,忽然她跳起来,大声地喘着气,咕哝着向我走来。我也说不上来她是注意到了我的叫声,还是注意到了我本人。所有这一连串的动作,包括我本人的反应,都被镜头记录了下来,当然其他黑猩猩的反应也被记录了下来,其中一些黑猩猩也记得我。人们都对"大妈妈"惊人的记忆力和热情印象深刻。

尽管如此,我心里还是五味杂陈。首先,这些程序剥夺了老朋友之间真正的团聚；其次，我不认为黑猩猩有什么惊人之处。任何熟悉黑猩猩的人都知道他们有极好的面部识别能力和长久的记忆力。那么，"大妈妈"见到我表现得很兴奋，这有什么好奇怪的呢？难道是因为人们不希望这样的情绪反应来自"动物"？还是因为这件事表明不同灵长类动物之间有千丝万缕的联系？就像我出国一年之后回来见我的老邻居，一整个摄制组都跟着我，看看究竟会发生什么。门铃响了之后，老邻居快速打开门，大声说："原来是你！"

谁会感到惊讶呢？

人们对"大妈妈"能记得我这件事感到惊讶是因为他们低估了动物的情商和智商。研究脑容量大的动物智力的学生早已习惯了来自同行科学家的大量质疑，特别是来自研究老鼠、鸽子这类脑容量小的动物的科学家的质疑。后者常常将动物视作被本能和简单习得驱动的刺激–反应机器，不能忍受一切关于动物思想、感受和长期记忆方面的言论。为什么他们的观点是过时的，是我上一本书《万智有灵——超出想象的动物智慧》的主题。

简和"大妈妈"重逢的时刻被手机记录了下来。[2]那一幕被荷兰国家电视台一档著名脱口秀节目播出，当时情景很感人，简用颤抖的声音说着什么，观众们无不为之动容。他们在官网上写下冗长的评论，或者直接写信给简，描述他们在电视机前看到那一幕时如何泪如泉涌。他们处于崩溃的边缘，部分原因是当时悲伤的大环境，因为那时候刚公布了"大妈妈"的死讯。还有一个原因是，当她轻拍简的脖子时，抱着简，手指快速且有节奏地移动。这一行为让许多人感到震惊，并让他们意识到自己的行为。他们第一次意识到，一个看起来专属人类的动作，其实是灵长类动物的普遍行为。我们常常在小事中看到进化的联系。顺便说一下，这些联系适用于90％的人类表情，从我们受到惊吓时身体某些部位的毛发竖起（起鸡皮疙瘩），到雄性和雌性黑猩猩激动时拍拍彼此的背部，无一例外。这种强有力的身体接触常见于每年春天，经过漫长寒冷的冬季，他们终于能走到户外，尽情享受草地、阳光，于是他们三三两两聚在一起，喊叫、拥抱、亲热。

其他时候，我们对猿类明显的进化联系的反应更多的是一种嘲笑（动物园参观者常常模仿在他们看来猿类挠痒痒的动作），或欢闹。我们喜欢嘲笑我们的近亲猿类。在我的演讲中，我常常做出猴子或猿类的动作，观众几乎对每个动作都哈哈大笑，即使是再正常不过的动作。这是一种认可，亦是一种不安。他们对这种不舒服的关系一笑置之。我最受欢迎的一个网上点击量已破百万的短视频，其内容展示了一只卷尾猴因为完成同样的任务但没有得到与同伴相同的食物而沮丧不已。当那只卷尾猴意识到不公平后，她就愤怒地摇晃着测试室，激动地捶打着地板，我们能明显感受到不公平给她带来的挫败感。

比欢闹更糟糕的是厌恶，后者是过去人们对其他灵长类动物的反应。幸运的是，这种现象现在已经很少见了，尽管人们还是经常说灵长类动物"丑陋"，尽管当我说雄猩猩很"英俊"，雌猩猩很"漂亮"时，他们还是大为震惊。曾几何时，西方人从未见过活的猿猴，他们只见过我们"近亲"的骨头、皮肤或雕像。当第一批猿猴表演的时候，没有人相信自己的眼睛。1835年，一只身着水手制服的雄性黑猩猩来到伦敦动物园，紧随其后的是一只身着连衣裙的雌性红毛猩猩。维多利亚女王观看了演出，感到非常惊讶。她看到猿猴就受不了，痛苦且极不情愿地称他们为人类。事实上，人类对猿猴的厌恶是一种普遍的情绪，但除非猿类告诉我们一些我们不想听到的事情，不然这怎么可能发生呢？当年轻的查尔斯·达尔文参观伦敦博物馆看到猿猴时，他得出了和女王同样的结论，只是没有女王的厌恶感。达尔文认为，任何持人类优越性观点的人都应该来看看。

观众所有的反应可能都是简在电视上解释"大妈妈"有多特别，以及为什么他在"大妈妈"临终前去看她时所引起的。尽管，于简而言，这次邂逅并没有什么令人震惊、有趣或意外的地方。他只是觉得自己有必要与"大妈妈"好好告别。这也不是一件不对称的事情，就像我们常听说的人们与熊、大象、鲸或其他动物的亲密接触。在这种情况下，人类感受到一股强大的力量，并被深深地触动，但这种感受是否是相互的，仍然非常值得怀疑。这样的邂逅几乎就像一个"自杀协议"，因为它们不仅危及人类，也危及动物，如果它们因为一个致命的后果受到指责，就会非常倒霉。

一位记者被避难所的一只雄性黑猩猩深深吸引，当他看到猿猴的眼睛时，就开始怀疑自己的身份。他写道，那种感觉就像直视他缺失的进化史。然而，出于表示尊重的渴望，他却无意中表现出居高临下的姿态。现存的猿类并不是向我们展示人类进化起源的时光机！的确，我们起源于猿类祖先，但产生我们的远古物种已经不复存在了。他们在大约600万年前居住在地球上。他们所有的后代都经历了不计其数的变化，但一个接一个的，无一例外都灭绝了，直到存活至今的幸存者——黑猩猩、倭黑猩猩、人类的出现。

因为这三种原始人类都有同样悠久的历史，所以他们是同等"进化"的。因此，我们共同的历史不仅体现在我们如何看待猿猴上，而且体现在猿猴如何看待我们上。如果猿猴对人类来说是时光机，那么人类对猿猴来说也是一样的。

然而，对简和"大妈妈"来说，这些考虑都不起作用了。他们属于不同物种这一事实是次要的。他们的重逢发生在相关物种的两个成员之间，彼此熟识对方已久，并作为个体尊重对方。当我们养宠物兔子或遛狗的时候可能会有精神上的优越感，但面对猿猴时，不可能保持这种态度。他们与我们的社会情感生活如此相像，以至于很难找到二者之间的明确界限。加拿大神经学家、"神经心理学之父"唐纳德·赫布也早已注意到这一点，他曾在耶基斯国家灵长类动物研究中心研究过黑猩猩。我现在也在这座位于亚特兰大郊外的研究所工作，但20世纪40年代时，它还位于佛罗里达。正是在那里，他得出了这样的结论：当我们定义黑猩猩的喂养、打招呼、交配、搏斗、叫喊、手势等时，我们不能按照定义其他动物行为的方法去定义他们的行为举止。我们喜欢详细记录黑猩猩做过的每一件小事，但很难准确描述他们行为背后的意义。用赫布的话来说，我们最好在情绪层面上对猿类进行分类，那是我们凭直觉理解的：

> 客观分类遗漏了一些不明确的情感分类所没有的东西——孤立行为之间的某种秩序或关系，而这对于理解行为是必不可少的。[3]

赫布在暗示生物学盛行的一种观点，即情绪是行为的管弦乐演奏者。他们进化是因为他们有能力对危险、竞争、交配机会等做出适应性反应。情绪本身毫无用处，恐惧对有机体没有任何好处。不过话又说回来，如果这种恐惧状态促使它逃跑、躲藏或反击，那也算是救了它的性命。简而言之，情绪是为它们所唤起的行为而进化的，而它们是动作驱动的。这也是为什么我们与其他灵长类动物分享如此多情绪的原因，因为我们人类几乎依赖相同的行为系统。正是由于这种相似性，通过身体所表现的相似构造，我们与其他灵长类动物有深刻的非语言联系。我们的身体地图如此完美地映射到他们身上，反之亦然，这样相互理解就不远了。这也是为什么简和"大妈妈"以平等的朋友身份而不是以人类和野兽角色重逢的原因。

你可能会反驳说，与圈养猿类相比，"平等"这个词并不适合自由的人类，但事实上就应该这么形容。尽管1957年出生于德国莱比锡动物园的"大妈妈"对野外生活一无所知，但随着动物园的发展，"大妈妈"足够幸运地加入了世界上第一大黑猩猩群体。自从第一次现场表演让英国女王心烦意乱后，动物园就把动物单独或三三两两的关进笼子里。人们认为黑猩猩太暴力，不适合与一个以上的成年雄性黑猩猩生活在一起，尽管自然界有很多成年雄性黑猩猩生活在一起，有时甚至超过一打。学生时期，简曾在美国新墨西哥州空间试验站工作过一段时间，那时美国国家航空航天局（NASA，National Aeronautics and Space Administration）准备把小黑猩猩送去太空。在那里，他亲眼看到把许多黑猩猩放在一起是可行的，但是也有很多问题。主要问题是如何喂他们：如果把所有给他们的水果和蔬菜都堆在一起，他们会为了争夺食物而大打出手，争抢撕裂了社会结构。与此同时，简从他位于坦桑尼亚的香蕉营地也学到了类似的经验，于是他放弃了对野生黑猩猩的食物投喂。受美国这段经历的激发，简和他哥哥安东（布尔格尔斯动物园园长）决定在给黑猩猩提供社会住房的同时确保这些猿类是单独喂养的，或以家庭为单位喂养的。这样的喂养模式在20世纪70年代初就初见成效，有一个两英亩（约8093平方米）的户外小岛，有大约25只黑猩猩居住在那里，他们被称为阿纳姆群体。尽管专家警告这种方式永远不会奏效，但这一群体还是日渐兴旺，而且随着时间的推移，这一群体繁衍了比其他物种更多的健康后代。非洲和亚洲森林里的猿类数量都在锐减，这使得动物园里的黑猩猩变得越发珍贵。阿纳姆群体过去是（现在仍然是）巨大的成功，而且已经成为世界各地动物园喂养黑猩猩的主要范本。

所以，尽管"大妈妈"是被圈养的，但在她漫长的生命里，她的社会生活异常丰富，包括出生、死亡、权力游戏、友谊、家庭纽带以及灵长类动物社会的所有其他方面。她可能已经意识到简的特别来访与她每况愈下的身体状况有关，但她是否意识到自己即将步入天堂还不得而知。猿类知道死亡吗？如果拿雷奥（一只生活在京都大学灵长类动物研究所的黑猩猩）来说，他确实缺乏对死亡的意识。雷奥在生命的大部分时间里都受严重的脊椎炎症困扰，脖颈以下处于瘫痪状态。他能吃能喝，但不能移动自己的身体。尽管兽医和学生们二十四小时不停歇地照顾了他六个月，他的体重还是一直在减轻。最有趣的是他如何对待自己卧床不起这一困境，虽然他最后恢复了，但他对待生命的态度没有丝毫改变。即使在周围人眼里，雷奥的身体状况惨不忍睹，但他还是像生病前一样，向年轻的学生们吐水去取笑他们。即使他骨瘦如柴，但看起来似乎无忧无虑。[4]

有时候我们假设其他动物也有死亡的感觉，比如我们看到去屠宰场路上的奶牛，或注意到宠物在临死之前会自己消失，尽管这在很大程度上是基于我们即将意识到的人类投射。问题是动物是否也意识到了这些？是谁说的猫在临死之前会躲进地下室，是因为它知道自己所剩时日不多了？它可能只是身体虚弱无力或受病痛折磨，想自己静静。同样的，我们当然知道"大妈妈"在鬼门关，但她是否也知道自己在临死的边缘，我们永远不得而知。

"大妈妈"临死时被小心地安排在她的卧室休息，因为雄性黑猩猩们，尤其是青少年，经常会殴打容易被攻击的目标。动物园的这种做法是为了保护"大妈妈"不受虐待。黑猩猩社会从不同情弱者，这也是为什么"大妈妈"一生保持自己较高的社会地位并让人印象如此深刻的原因。

"大妈妈"的核心角色

"大妈妈"的四肢特别健壮，长长的前臂强劲有力。冲突时，她看起来很吓人，毛发全都竖起来，并一直跺脚。很显然，"大妈妈"肌肉再强劲，毛发再浓密，也比不过雄性黑猩猩，特别是肩膀处的肌肉和毛发，雄性如果试图留下深刻的印象，就会使这一部位膨胀。但身体结构的劣势被她无穷的精力恰到好处地弥补了。"大妈妈"以能对高耸围栏的大金属门进行爆炸性袭击而著名。她双手摊开放在地上，身体在双臂间摇晃，双脚踢向金属门，发出振聋发聩的响声。这代表她很生气，谁都别烦她。

除了卓越的身体条件，"大妈妈"的支配地位更多的是来自她的"人格"。她有一种祖母的气场，有一种见过大世面的格局，谁的话都入不了她的耳。她如此德高望重，以至于我第一次隔着护城河直视她时，觉得自己很渺小。她有淡定的朝你点头的习惯，让你知道她注意到你了。我还是第一次在人类以外的动物身上感受到这样的睿智和冷静。她的凝视传递着适度友好的讯息：只要你不干扰她，她就愿意接纳并喜欢你。她甚至还有幽默感。笑脸是黑猩猩们嬉戏打闹时典型的面部表情，不过我在他们打架时也看到了同样的表情。比如，地位高的雄性黑猩猩允许自己被烦人的婴儿黑猩猩追逐，而整个圈养地的"大男人"（族长）却离他们远远的，尽管这荒谬的一幕把他逗乐了，他还是淡定地保持微笑。"大妈妈"曾在一次紧张的对峙突然停止时露出同样的笑容，跟我们对俏皮话的反应一样。

那时，我的一个同事马修斯·席尔德正在测试黑猩猩对捕食者的反应。他带着一个美洲豹面具，躲在猿猴岛周围靠近护城河的丛林里。黑猩猩不知道他在那里。突然，马修斯把他那戴面具的头高高抬起，就好像一只大型猫科动物从草丛中向外张望。时刻保持警戒的黑猩猩们几秒钟之内就做出非常警觉和愤怒的反应。他们愤怒地大声喊叫，火速向前冲去，用木棍和石块袭击侵略者。顺便说一下，这种反应就是野生黑猩猩见到美洲豹时的反应，他们晚上对豹子诚惶诚恐，白天却又不断地烦扰对方。马修斯为了躲避枪林弹雨也是大费周折，为了保命，他迅速躲避到另一个据点。几次交锋之后，他站起来，摘掉面具，露出熟悉的脸庞。这时，整个圈养地很快安静下来了，但所有猿猴中，只有"大妈妈"的表情逐渐从之前的愤怒和痛苦中恢复过来，面带微笑，嘴半张开，舌头随意地舔着牙齿。这种表情她保持了一段时间，表明她看到了马修斯的欺骗是一种玩笑。[5]

"大妈妈"与雄性和雌性黑猩猩都能很好地相处，她有一个"后援团"，其他人都没有这样的待遇。她天生就是个外交官。她在展示自己的忠诚方面毫不含糊，这在雄性权力斗争时她选择站队上体现得淋漓尽致。"大妈妈"会支持一方，反对另一方，但她难以容忍其他雌猩猩支持对立方。如果哪个雌猩猩这样做，并支持"错误"的一方介入雄性之间的斗争，那她们在当天晚些时候就会突然发现自己惹上了大麻烦。"大妈妈"会运用政治手段不遗余力地支持她中意的"候选人"。

在这方面她只对一位同伴例外，那就是高芙（根据荷兰语音译），我也是通过这件事情成为"大妈妈"的"死忠粉"。我在其他书中也称高芙为"大猩猩"，因为她的脸是全黑的。其实，她是一只黑猩猩，比"大妈妈"稍微健壮一些。她与"大妈妈"出生在同一家动物园里，朝夕相处让她们情比金坚。这种革命友谊直到高芙去世才结束。我从未见过这两位好朋友产生任何分歧。她们常常互相梳理毛发，一方遇到困难时，另一方必然挺身而出。高芙也是唯一一只敢违背"大妈妈"意志的雌猩猩。那时候高芙偏爱一只"大妈妈"不中意的雄猩猩，但是"大妈妈"忽略了这一事实，就好像整件事情从未发生过一样。不过这种事情很少发生，因为大部分时候她俩都是一个鼻孔出气。每只黑猩猩都知道只要惹恼了她们俩其中的一只，另一只必然会与她同仇敌忾。当然，雄猩猩们也明白这个道理，知道自己没实力同时对付两只愤怒的雌猩猩。"大妈妈"和高芙总是形影不离，每一次政权剧变之后，她们都会毫不掩饰尖叫着冲进对方的怀抱。

"大妈妈"不仅是整个动物园黑猩猩社会的中心人物，她还充当我们人类与黑猩猩社会联络员的角色。只要是她喜欢的或认为重要的人，她就比其他黑猩猩更注重建立与人类的关系。比如，她对动物园园长就格外尊重。她与我的联系很多时候都是她主动。我们常常隔着她卧室的围栏亲密交谈，要知道那可是她与闺密高芙专属的秘密基地。虽然我与"大妈妈"的关系是一种很放松的状态，但我不得不提防高芙，因为她有时会激怒我。她是在考验我。黑猩猩常常在权力游戏中乐此不疲，常常在挑战人类或他们自身的极限，高芙有时就隔着栅栏把爪子伸出来搲我。当然了，她也只敢在"大妈妈"在场时这么做，因为她知道"大妈妈"会为她撑腰。这时候最好的策略就是保持冷静，表现得好像你压根儿没注意到她。你若大惊小怪，她便变本加厉。然而，几年后我和高芙的关系有了质的飞跃。我在帮她抚养她第一个嗷嗷待哺的孩子之后，她便对我敬重有加。

很不幸，因为奶水不足，高芙没能养活她的一些宝宝。小宝宝们还没来得及茁壮成长便夭折了。每当有一个小宝宝离世，高芙就陷入巨大的悲痛中，自虐、绝食、撕心裂肺地叫喊。她甚至有眼泪，尽管我们人类被认为是唯一会流泪的灵长类动物，但高芙每次都会用两只手背揉揉自己的眼睛，小孩们大哭过之后也会这样。可能只是她眼睛里进东西了，但她揉眼睛的方式这么像人类流泪之后的动作值得我们深思。看到高芙每次都经历这样的痛苦，我决定，如果她再生出一个宝宝，我就帮她用奶瓶喂养，即使我已经预感到高芙可能连动都不让我们动一下她的宝宝，因为猿猴天生具有极强的占有欲。这就意味着高芙要学会自己用奶瓶喂宝宝，这是个大胆的计划，之前没有人这么做过。

但随后就出现了新的解决办法。动物园里的"聋妈妈"生了一个小宝宝，我们之前也有机会抚养她的宝宝。宝宝的哭声代表他们处于不舒服的状态，这种细软的哭声能唤起母性，但"聋妈妈"听不到，她自然就没办法成功养活自己的孩子。比如，"聋妈妈"坐在新生儿旁边，却听不到他绝望的呜咽声。为了避免悲剧的再次发生，我们决定让高芙去抚养新生儿，这对于"聋妈妈"和高芙来说都绝非易事。我们称这个新生儿为"睡美人"（荷兰语）或"小玫瑰"，高芙原本打算收养他。我们一边精心照料着"睡美人"，一边训练高芙如何使用奶瓶。经过几周的训练之后，我们把蹒跚学步的"睡美人"放到高芙卧室的稻草上。然而，她没有立即抱起小宝宝，而是来到我和饲养员等待的栅栏处。她亲吻了我俩，看看"睡美人"，又看看我们，好像在征得我们的同意。在黑猩猩中，擅自带走别人的孩子是不好的。我们鼓励她，朝小宝宝挥着手，说道："快，抱抱他。"最终她做到了，从那一刻起，高芙就是最细心、最有责任感的妈妈，和我们预想的一样，她很用心地抚养"睡美人"。她在喂养方面变得很有天赋，甚至能在"睡美人"打嗝时暂时拿走奶瓶，这些我们从未教过她。

自打这次收养之后，每当我出现时，高芙都对我表现出极大的热情。世界上再无任何一只猿猴待我如久未谋面的家人一般，每当我要离开时，她总是试图紧握我的双手，绝望地呜咽。经过我们的奶瓶训练，高芙不仅能抚养"睡美人"，还能抚养她自己的其他孩子。她对生命的这次转机表现出极大的感恩，这也是为什么我总被盛情邀请到"大妈妈"和高芙的卧室的原因。这些经历也解释了我这里所提到的不同的情绪，从悲伤和喜爱到感激和敬畏，因为这都是我与他们交往过程中的切身感受。正如我们彼此间所做的那样，或者如赫布在描述黑猩猩时所提倡的一样，我们常常用行为背后的情绪来描述行为本身。然而，在我的研究中，我倾向于跳出这一描述，因为如果要客观地分析行为，最好不要夹杂个

我训练黑猩猩高芙用奶瓶给她的养女小玫瑰喂奶。她娴熟地拿着奶瓶，也会偶尔拿开奶瓶，让小玫瑰呼吸或打嗝。

人的主观印象。我们有办法实现这一点，一个很好的办法就是记录猿猴是在自己世界里的行为举止，而不是他们如何与我们人类打交道。收集需要的信息占据了我绝大部分的时间，我主要关注的是圈养地的政权迭代。我的研究关注雄猩猩如何超越等级竞争，像"大妈妈"这样有威望的雌猩猩所起的调停作用，以及各种解决冲突的方式。

　　这意味着我们需要广泛关注黑猩猩的社会等级制度和权力迭代，这让人们觉得匪夷所思，因为在当时这还是颇有争议的话题。要理解这些，我们不如想想20世纪70年代（我所处的年代）的"权力归花"（意思是和平与爱情的非暴力政治主张，20世纪60年代末至20世纪70年代初美国反文化活动的口号，标志着消极抵抗和非暴力思想）。作为学生，我们是无政府主义的、绝对民主的，我们不信任管理大学的当局（我们斥他们为"官吏"），性嫉妒在我们看来都是过时之物，我们认为任何形式的野心都是可疑的。另一方面，我日复一日观察的黑猩猩群体却展示出所有这些"反动"倾向：权力、野心和嫉妒。

　　我坐在那里，头发齐肩，享受着 *Strawberry Fields Forever* 和 *Good Vibrations*（均为英国摇滚乐队披头士作品）的曼妙歌声，坦白说，那段时间我确实眼界大开。首先，作为人类，我被猿类（我们的近亲）与人类之间的种种相似之处震惊了。"如果这是动物，那我是什么？"这是每个灵长类动物学家都会经历的阶段。其次，作为嬉皮士的一员，我需要掌握那些在猿类中很常见，但在我们这一代人中被嗤之以鼻的行为。为了不让这些影响我对猿类的观察，我开始更深入地理解人类。所有这些都汇成观察者的主题：模式识别。我开始观察我所生活的环境，人们为了地位、结盟、利益、仕途而进行猖狂的争夺。这里我不仅仅指老一代人。学生运动也有其自己的领袖人物、权力斗争、团体结盟和嫉妒猜疑。事实上，我们越是滥交，性嫉妒就会愈演愈烈。我对猿类的研究为我分析这些模式提供了恰到好处的距离，你若仔细观察，这些模式便了然于胸。我们很容易看到，我们的领导一边宣扬平等和宽容，一边愚弄和孤立潜在竞争者，同时还偷走别人的女友。我们这代人在充满激情的政治演说中所表达的和我们实际的行为有巨大反差，我们全身每一个细胞都在否认自己的野心！

但至少"大妈妈"从不否认自己对权力的向往。她手握权力，并将其作用发挥得淋漓尽致。起初，她甚至控制了三只加入群体较晚的成年雄猩猩。这些雄猩猩加入已经完备的权力结构时，显然处于下风，他们想要建立自己的地位困难重重。"大妈妈"让每个"人"都遵守规矩，不惜运用武力解决问题。事实上，她伤过的黑猩猩比一个强势的雄猩猩伤过的都多，可能是因为对"女性"来说，想要爬上最高的位置，就需要运用更残忍的手段。后来，当雄猩猩占据最高地位，并玩转他们的权力游戏时，"大妈妈"作为雌性仍然极具影响力。任何想要晋升的雄猩猩最好确保"大妈妈"站在他这边，因为没有她的支持，他们永远不会成功。所有拥有政治野心的雄猩猩都对"大妈妈"谄媚有加，他们小心翼翼地巴结着她的女儿莫妮卡（她就像个被宠坏的公主），即使莫妮卡从他们手中抢走食物，他们也从不反抗。他们知道必须与"大妈妈"搞好关系。

"大妈妈"是一位杰出的调解大师。冲突之后，当事双方（两只敌对的雄猩猩）要和解并不容易，即使他们都有和解的意思。两只雄猩猩在对方身边徘徊，都犹豫着，跨不出和解的第一步。他们会刻意回避眼神接触。事实上，每次只要一只黑猩猩抬起头来，另一只就会假模假样地捡起地上的叶子或树枝，仔细地端详着，就好像突然对这些东西产生了浓厚的兴趣。这种微妙的尴尬气氛让我想起酒吧里两个愤怒的男人。这种情况下，"大妈妈"会走向其中一只雄猩猩，开始为他梳理毛发。几分钟后，她会缓缓走向另一只雄猩猩，紧跟在她身后的是她刚刚梳理过毛发的小伙伴，后者死死地跟在她身后，避免与"敌人"有任何眼神接触。如果他没跟上，"大妈妈"就会拽着他的胳膊，让他跟着走。这表明"大妈妈"有意做这个和事佬。三只黑猩猩坐在一起，"大妈妈"夹在中间，过一会儿后，"大妈妈"就不经意地起身、走开，留下两个"当事人"互相整理毛发。

有时，如果雄猩猩们自己无法结束一次旷日持久的冲突时，他们就会向"大妈妈"求助。这时候，"大妈妈"会用胳膊勾住两只雄猩猩，一边一只，尽管双方还是吵个不停，但至少他们"停火"了。有时一只雄猩猩会伸手去抓另一只，但"大妈妈"从不会让他们这么做，她还会赶走肇事者。两只雄猩猩经常以拥抱和亲吻的方式和解，抚摩着彼此的生殖器，之后他们便会通过追逐地位较低的雄猩猩来释放紧张的情绪。

一件最戏剧化事情的发生，稳固了"大妈妈"作为和解大师的至高无上的地位，那时尼基刚成为新族长，整个群体的黑猩猩都对他不满，还欺负他。尼基虽是一族之长，但他年纪尚轻，想要维护统治地位还是阻力重重。成为族长并不意味着你可以为所欲为，尤其是对尼基这样的晚辈来说，更是如此。这一次，包括"大妈妈"在内的所有猿猴都追着尼基跑，大喊大叫。最后，一向能力超群的尼基只能孤独地躲在大树的高枝上，感到万分惊恐，绝望地嘶喊着。他无处可逃。每次他想下来，其他黑猩猩就赶他上去。但15分钟之后，情况出现了转机。"大妈妈"小心翼翼地爬上树，抚摩并亲吻了他。接着，她和尼基前后脚下树。既然"大妈妈"亲自出马了，那就没人反对了。显然，尼基在与"敌人"重归旧好时，还是紧张兮兮的。

雄猩猩很少能凭借一己之力问鼎一族之长，尼基也不例外。在年长雄猩猩耶罗恩的帮助下，他才到达今天这个位置。这意味着尼基需与搭档（耶罗恩）保持良好的关系。"大妈妈"似乎对这一微妙关系了如指掌，因为只要"两人"（尼基和耶罗恩）闹别扭，她就积极出面调解。耶罗恩曾试图与一位性感"美妞"交配，尼基立刻竖起他全身的毛发，开始摇晃自己的上半身。这是在警告他会干扰他们的好事。结果，耶罗恩中止了自己的求爱，尖叫着追着尼基跑。尽管尼基更年轻力壮一些，但他还是下不了手，毕竟殴打扶持自己上位的人，这么白眼狼的事情，他干不出来。与此同时，他们共同的敌人（被他们从"皇位"上拉扯下来的"人"）开始四处嘚瑟，小人得志。在这千钧一发之际，"大妈妈"出马了。她先是走向尼基，把自己的手指放进他嘴里，这通常是一种表示安慰的手势。与此同时，她不耐烦地向耶罗恩点点头，朝他伸出手。耶罗恩乖乖过来，亲吻了"大妈妈"的嘴唇。"大妈妈"从二人之间撤走时，耶罗恩拥抱了尼基。两人重归于好之后，一起肩并肩恐吓他们共同的敌人，强调他们重建的团结。目睹了这一切，每只黑猩猩都安静了下来。"大妈妈"通过不动声色的修复新旧族长的关系，平息了族群内部的混乱。

我称这一事件为三元意识，即理解自身之外的关系。许多动物显然知道他们统治着谁，或者知道他们的家人和朋友是谁，但黑猩猩更进一步，他们知道自己身边的每一只，谁统治着谁，或谁是谁的朋友。A不仅知道自己与B和C的关系，还知道B和C之间的关系。他谙熟整个三角关系。类似的，"大妈妈"一定知道尼基有多依赖耶罗恩。这种了解甚至可以延伸到猿类社会以外的世界，比如"大妈妈"对动物园园长的尊重。她很少有机会与动物园园长直接接触，但她一定知道每次园长到访，饲养员们都表现得态度积极、毕恭毕敬。猿类观察和学习，就像我们理解谁与谁结婚了，或那是谁家的小孩一样。实验员们运用声音回放和视频来探索动物是如何感知自己的社交世界的。从这一研究中，我们知道三元意识不仅仅局限于猿类（它在猴子和乌鸦中也同样存在），只是"大妈妈"把它玩得最溜。她拥有非凡的社会洞察力。她在群体的核心地位源于她维稳和掌控复杂政局的能力，这让她能修复破裂的伙伴关系，并在其他成员情绪爆发时起到调解作用。

女族长

你若寻求一位女王，从克利欧佩特拉（埃及艳后）到安吉拉·默克尔（德国总理），不胜枚举，但我还是被布鲁斯·斯普林斯汀（一位男歌手）自传《为跑而生》里的一幅插图震惊了。作为一位年轻的吉他手，斯普林斯汀和一个年轻人（墨西哥人，他们以抹很多润发油著称）在新泽西附近许多昏暗的小酒吧演出过。在一场为头发蓬松的墨西哥女孩们的演出中，乐队发现了凯西杰出的才华：

> 你来了，放下东西，你开始表演……所有人目不转睛，所有人。一段非常不安的时光将会过去，所有目光聚焦凯西。接着，当你演奏她喜欢的音乐，她便起身翩翩起舞，乐队的人看得入迷，幻想她是自己的女朋友。片刻之后，地板上坐满了人，晚会就要开始了。这种充满仪式感的演出一遍又一遍地上演。她喜欢我们。我们找到了她最喜欢的音乐，而且演绎得真好。[6]

人类的等级制度很明显，只是我们常常不承认它们的存在，学者们也表现得好像它们不存在一样。我曾参加过一场关于青少年的会议，整场会议从未提及"权力""性"这些字眼，尽管在我看来，这些是青少年生活的全部。很多时候，我提出这一问题，每个人都点头，认为一位灵长类动物学家看待世界的方式让人耳目一新，之后，他们很快又继续沉浸在专注自尊、身体形象、情绪管理和冒险上。如果要在明显的人类行为和流行的心理建设之间做选择，社会科学总是倾向于后者。然而，没有什么比青少年对"性"的探索、对权力的考验、对结构的寻找更明显的了。事实上，当斯普林斯汀在描述时加入"尽管他的乐队极力讨好凯西，并想成为她的朋友，他们还是不得不格外小心"时，他就暗示了这些。墨西哥哥们儿在玩火，被一个女孩深爱着是很危险的，因为"从闲言碎语到流言蜚语，友谊以上恋人未满可能招致皮肉之苦"。

这正是我所知道的灵长类动物！

青少年雌猩猩一旦开始有性魅力之后，就会引得雄猩猩们相互竞争，并激起他们强烈的保护欲。结果，雌猩猩认为自己的能力有了质的飞跃。在这之前，她们几乎没有任何能力。她们曾经与其他黑猩猩的孩子一起闲逛，与同性和异性"同龄人"一起玩耍，那时候没有雄猩猩对她们产生别的想法。然而，一旦她们开始自己的第一次性肿胀，雄猩猩们就目不转睛地盯着她们。她们臀部粉红色的生殖器会在每次生理期肿胀一次。与此同时，她们的性生活开始活跃起来。一开始，年轻雌猩猩并不能吸引年长雄猩猩与她们性交，只能与自己的"同龄人"交配。但她们的生殖器肿胀得越厉害，就越能吸引年长雄猩猩。

每只雌猩猩都很快意识到，这给她立足世界带来了莫大的优势。事实上，美国灵长类动物学先驱罗伯特·耶基斯在20世纪20年代就对他所说的"婚姻"关系进行了试验（加引号是因为婚姻这个词对黑猩猩来说不贴切，他们缺乏固定的性伴侣）。耶基斯在雌猩猩和雄猩猩之间扔了一颗花生之后，注意到拥有肿胀生殖器的雌猩猩要比没有这种性器官的同类更有优势。肿胀的性器官总是能让雌猩猩拔得头筹。[7]在野外，雄性在与雌性寻欢作乐后，会与她们分享食物。事实上，当这样的雌性动物在周围时，雄性会更贪婪地猎食，因为这样才能争取更多的性机会。一只等级较低的雄猩猩若抓住一只猴子，自然他就会变成异性眼中的理想对象，这使得他有机会与异性交配，因为他能将食物分享给她们，直到有一天他被地位更高者发现。

雄猩猩对肿胀生殖器的执念在我们看来可能有些奇怪，尽管我们对那些亮粉色"气囊"（雌猩猩的生殖器）万般拒绝，但它和人类文化中男人对女人胸部的好奇又有什么两样呢？这两坨正面的肉质凸起的诱惑事实上更令人费解，因为它们甚至不能用于生育，但黑猩猩肿胀的生殖器却能用于生育。当一个年轻女人的胸部开始变大时（通常有聚拢内衣和填充物的助攻），她也会成为男人惦记的对象。她体会到乳沟的强大时，会给她带来前所未有的体验，同时也让她成为其他女人的眼中钉、心头恨。这是一个女孩

雌性黑猩猩通过故意露出背部一个大的气球状的肿块（外部生殖器，一个充满水的粉色肿块）来宣告她们已有身孕。这么显而易见的特征会吸引雄性黑猩猩。当她们第一次怀有身孕（出现第一个肿块）时，青年雌性黑猩猩的地位就会迅速上升，这得益于她们性吸引力的上升。

生命中相当复杂的时期，她的情绪起伏不平，不安全感扑面袭来，所有这些都与青春期雌猩猩所经历的权力、性和竞争如出一辙。

年轻的雌猩猩知道雄猩猩的保护是转瞬即逝的，因为只有雄猩猩在身边且被自己吸引时，这种保护才会起作用。我举"大妈妈"和乌尔杰的例子说明这一问题，当时后者正经历着自己的第一次生理期。在一次食物抢夺战中，"大妈妈"拍了拍乌尔杰的背部，年轻的乌尔杰跑向族长尼基。她发了疯的尖叫着，那是一种与她所受到的轻微谴责极不相称的喧闹声。乌尔杰的生殖器是肿胀的，这就是为什么尼基在她身边保护了整整一天的原因。为了回应她的抗议，这期间她甚至朝"大妈妈"的方向伸出指责的手，尼基全身毛发竖起，紧追着雌族长跑去。这是一种警告，"大妈妈"并没有置之不理。她尖叫着，高喊着，追着尼基。然而，二者并没有肢体冲突，几分钟后，乌尔杰和"大妈妈"和解了。乌尔杰先是远远地与"大妈妈"进行眼神接触，"大妈妈"一点头，她就跑了过来，两人抱在一起。一切看起来都很美好，特别是当"大妈妈"与尼基也和解的时候。但就在那天晚上，数小时之后，当所有的黑猩猩都被送回大楼时，我听到了一阵混战。这段时间，圈养地黑猩猩们被分成小团体过夜。只要"大妈妈"发现自己与乌尔杰单独相处，没有其他雄性在场，她就袭击了这只年轻的雌猩猩，毫不迟疑。早前的和解只是在大家面前做做样子，并不意味着这件事就这么算了。

青春期雌猩猩的吸引期不仅转瞬即逝、变幻莫测，而且只要年长雌猩猩的生殖器肿胀了，她们就会被遗忘。这似乎有悖常理，因为我们习惯上认为男性更容易被年轻女性吸引，但在黑猩猩的世界里并非如此。男人进化得更喜欢年轻女人，是因为我们人类的一夫一妻制。稳定的家庭结构意味着在生育后代这件事上，年轻女性更有优势，更值钱。因此，女性通过打肉毒杆菌、隆胸、拉皮等使自己变得更年轻靓丽成了她们永恒的追求。然而，我们的猿类亲戚没有长久的伴侣关系，雄性更容易被成熟雌性吸引。如果几只雌猩猩的生殖器同时肿胀，雄猩猩一定会选择年长者。野生黑猩猩也是这样的。他们有着与人类相反的性别歧视，或许他们偏爱将经验丰富的、已经是"孩儿他妈"的异性作为性伴侣。比如，"大妈妈"在生下莫尼克的第四个年头，她的生殖器再次肿胀，她就成为整个族群最受欢迎的性交对象。她与许多雄猩猩做爱，有年轻的，有老的，他们聚在一起进行性"交易"。雄猩猩没有公开竞争（当然他们偶尔也会这么做），大多数时候他们互相整理毛发。他们会允许其中的一只（特别是雄性族长）不受干扰地、安安静静地"约会"（交配），换来的是漫长的毛发梳理。表面上看起来，氛围轻松，所有那些无所事事的雄黑猩猩都互相整理着彼此的毛发，实际上，背后隐藏着巨大的危机。任何想要打破规则接近"大妈妈"的雄性黑猩猩注定会惹上麻烦。

这一场景中我最感兴趣的是黑猩猩强大的自控能力。我们倾向于认为动物不会掌控自己的情绪。一些哲学家甚至认为，我们人类之所以与众不同，是因为我们有能力抑制冲动（与自由意志相关的想法）。然而，与许多关于人类特殊性的建议一样，这一论断也在夸大其词。对于一个生物体来说，没有什么比盲目追随自己的情绪更不适应的了。谁想成为我行我素、不管不顾的"机关炮"？如果猫想要立刻抓住一只金花鼠，除非它暗中观察、伺机行

当雌性黑猩猩长出凸起的生殖器时，就会引起雄性黑猩猩之间激烈的竞争，说来也奇怪，这种竞争更多地表现为互相梳理毛发，而不是打架。这被称为"性交易"，雄猩猩们在雌猩猩面前疯狂地整理彼此的毛发。下属雄猩猩给他们的上级整理毛发，以"购买"一次不被打扰的交配机会。图中，一个雌猩猩（左下）正在耐心地等待雄猩猩们解决他们的问题。

动，否则任务就会失败。如果"大妈妈"没有瞄准合适的时机攻击乌尔杰，那她永远无法巩固自己的地位。如果雄性想交配就交配，不分时机，那他们就会频繁地被竞争对手捣乱。他们要么安抚上级，要么以整理毛发作为代价，要么在灌丛后面找一个幽会地点——这是一种需要雌猩猩配合的常见技巧。所有这些都依赖高度发达的冲动控制能力，它是社交生活的一部分。

举一个我曾经在日本动物园看到的例子，在那里，工作人员为黑猩猩建立了一个坚果破裂站。四周有高耸的围墙，围墙里有沉重的铁砧石和用铁链拴着的小锤石。每当工作人员往围墙里扔坚果，所有黑猩猩们就聚在一起，手脚并用去接坚果，然后才坐下来。那种坚果很少见，黑猩猩们用牙咬不开。他们就耐心地等待着，直到雄性族长在坚果站敲碎坚果，接着轮到雌性族长，以此类推。整个过程异常安静，井然有序，每只黑猩猩都能顺利敲碎坚果，但隐藏在这种秩序背后的是蓄势待发的暴力。只要其中一只破坏了这种既定的秩序，混乱就会接踵而至。尽管暴力很大程度上是看不见的，但正是暴力构成了社会。人类社会不也是这么建立的吗？它表面上看起来井然有序，但其背后是对那些不遵守规则的人的惩罚和胁迫。任由情绪发展，不计后果是最愚蠢的行为，人和动物都不例外。

"大妈妈"生活在一个复杂的社会中，她比任何人（包括我）都理解得更透彻，而人类观察员需要很努力才能理解这复杂性。她是如何一步一步取得现在的地位还不得而知，但从我从业多年来观察野外黑猩猩和圈养黑猩猩的经验来看，年龄和品格是促成其成功的主要因素。雌性黑猩猩很少为社会等级而战，而且她们的地位建立得相当快。每当动物园将许多来自不同地方的黑猩猩聚在一起时，雌性黑猩猩就能在很短的时间内建立起自己的等级。一只雌性黑猩猩走到另一只面前，另一只就点头哈腰，喘气咕哝，或为她让路，以示屈服，事情就是这样的。从那以后，一方便统治另一方。当然也会发生争吵，但很少见。在这方面，雄性黑猩猩有很大不同，他们要么尝试着恐吓对方，这可能会挑起武力冲突，要么任由事情发展，几天后再打一架。很多时候是力量的较量。但即使打架之后，等级也不能稳固：等级常常是开放式的，接受来自雄性黑猩猩的挑战。这就是为什么最有活力的雄性黑猩猩，通常在20～30岁之间取得最高地位。他们比年长雄黑猩猩地位高，年长者达到职业生涯顶峰后，一次只升一级。

与此相反，雌性黑猩猩有一个年龄等级系统，在这个系统中年纪越大越占优势。这个系统自然要比雄性黑猩猩的系统稳定得多。年纪最大的"女士"才能成为女族长，而那些身体更强壮的"黄毛丫头"只能望而却步。"黄毛丫头"要击败女族长可能不费吹灰之力，但当不当得上女族长与身体条件无关。几十年来对野外黑猩猩的研究表明，雌性黑猩猩很少为了获得更高的社会地位而竞争，更多的时候她们只是静静地等候，这一过程被称为"排队"。如果一只雌性黑猩猩足够长寿，那她最终一定会达到很高的地位。雌性黑猩猩散居于丛林中，到达一个很高的地位益处没那么大，不值得她们像雄性黑猩猩一样去冒险争取，惹上一堆麻烦事。[8]

像"大妈妈"这样地位高的"女性"常常被称为女族长，但这个称呼含义颇多。比如，她的地位与大象中女族长的地位就有天壤之别。大象种群中，年纪最大、身材最魁梧的"老象"统领着整个象群，这里面可能会有其他母象和她们的幼崽。他们中的很多都有亲戚关系。相比之下，"大妈妈"毫无疑问在一个更复杂的世界里游走，那里有更多的成年雄性黑猩猩，他们从未停止过对地位的争夺，而所有其他雌性都与她无关。在这种环境下，她达到最高等级甚至都不是最引人注目的，因为她还拥有至高无上的权力。权力和地位是两码事。

我们根据谁屈服谁来判断黑猩猩的社会地位。黑猩猩通过弯腰鞠躬和喘气咕哝以示屈服。比如，雄性族长只需要四处走走，其他黑猩猩就会冲向他，卑躬屈膝，简直匍匐到尘土里，同时还发出喘气的咕哝声。雄性族长会通过伸手去碰别的地位卑微的黑猩猩，从他们身上跳过去或者仅仅是故意忽视他们"恭维的问候"，就好像他满不在乎这些方式来巩固自己的地位。他被巨大的尊重包围着。"大妈妈"可没有这样的待遇，在这方面她比不过任何一只雄性黑猩猩，但所有其他雌性黑猩猩至少会偶尔展示出对她的尊重，使她成为等级最高的雌性黑猩猩。这些关于社会地位的外化信号反映了正式的等级制度，这就像军人制服上的标志一样，告诉我们谁军衔高，谁军衔低。

权力完全是另外一码事。它是个体对群体过程的影响。权力隐藏在正式秩序背后。举一个人类的例子，一个公司元老级别的秘书总能控制别人接近大老板的途径，很多小事她自己就能做决定。我们大多数人都意识到她强大的权力，并足够聪明地和她做朋友，尽管形式上她的地位非常低。同样的，黑猩猩团体中的社交结果常常取决于谁是家庭关系网或联盟中最核心的"人物"。我在前文已经描述过，新的雄性族长尼基如果没有他的年长搭档耶罗恩，是很难受尊重的。尼基身居最高地位，但他并不是一只非常强大的雄性黑猩猩，整个圈养地的黑猩猩们常常反抗他的统治。事实上，是耶罗恩和"大妈妈"，这两位圈养地最年长的雄性和雌性黑猩猩在掌控全局。他们享有如此高的威望，以至于没有一只黑猩猩会违背他们的意志。鉴于"大妈妈"出色的人际关系和调解能力，她影响力巨大。所有的雄性黑猩猩形式上地位都比她高，但如果冲突爆发，他们都需要她，也都会尊重她。

"大妈妈"的意愿就是整个圈养地黑猩猩的意愿。

结局与不幸

当"大妈妈"的身体状况每况愈下，毫无转机时，一位兽医对她实施了安乐死。那一天空气中都弥漫着悲伤的气息，但这一天注定会到来。那一天动物园破例给圈养地所有的黑猩猩送别"大妈妈"最后一程的机会，"大妈妈"的尸体被放在夜笼里，门开着，摄像机记录着来来往往送别的黑猩猩们。

通过录像我们看到，很明显雌性黑猩猩比雄性黑猩猩对"大妈妈"的尸体更感兴趣。雄性黑猩猩主要是击打尸体几次，然后来回拖动它。这样的行为看似不合时宜，但这不是我们第一次看到这种行为发生了。或许，他们只是试图唤醒死者。不看看尸体的反应，怎么能确定她真的死了？事实上，在医院的急诊室里，只有尝试复苏失败了，一个人才能被宣布死亡。雌性黑猩猩也做了同样的事情，只是温柔了许多，她们会抬起"大妈妈"的一条胳膊或一条腿，看它们怎么落下，或者看看尸体的嘴巴，或许是为了确定"大妈妈"是否还有呼吸。当一只雌性黑猩猩拉着尸体想要移动时，她听到了来自瑰夏（"大妈妈"的养女）的抱怨。和所有黑猩猩都不一样，瑰夏不吃不喝，一直守着"大妈妈"的尸体。她的行为就像是人类的"守夜"。"守夜"原意是指哀悼者一直不睡觉，在家守候死者一段时间。或许，人们这么做是想看到他们爱的人奇迹般地活过来，或者确定人已经死亡了，该入土为安了，他们也就安心了。

瑰夏是库夫的亲生女儿。几年前她亲生母亲去世后，"大妈妈"就收养了她。这是合乎逻辑的，因为"大妈妈"和库夫的交情很深。现在，"大妈妈"去世了，瑰夏反而是一直照料后事的人，甚至比"大妈妈"的亲生女儿和孙女做得都好。所有雌性黑猩猩都安静地参观尸体，这在黑猩猩中实属罕见。她们用鼻子嗅尸体，用各种方式检查它，或者花时间梳理它。她们还从别处拿来一块毯子，放到"大妈妈"尸体旁。很难解释她们为什么这样做，但这让我想起了另一只黑猩猩死时的情形。

一天，在耶斯基灵长类动物研究中心的野外考察站，我们发现一只受欢迎的前雄族长亚摩斯以60次/分钟的频率急促地喘气，脸上一直在冒汗。我们之前并没有意识到他糟糕的身体状况，因为，和大多数雄性黑猩猩一样，他会尽可能长时间地隐瞒病情。雄性极力避免展示脆弱的一面。直到他去世后几天，我们才知道亚摩斯肝脏极度膨大，长了很多恶性肿瘤。因为他拒绝和其他小伙伴去户外，我们就单独照看他，并开了个通向他夜笼的洞。他的一个雌性朋友黛西经常去看他，并从裂缝中伸出手，温柔地爱抚他的耳朵后面。有时候，黛西会抓一些刨花，并把大量的刨花推向亚摩斯。黑猩猩喜用这种柔软的材料筑巢。黛西几次将刨花填在亚摩斯后背和墙的空隙处，这样他就能舒舒服服地靠着，好像她知道他身体不适，靠在柔软的东西上会舒服一些。这很像我们在医院里为病人垫枕头。

所以，尽管我们不知道"大妈妈"尸首旁边的毯子究竟从何而来，但我们不排除有"人"想要让她更舒服地躺着的可能，或许是觉得她冷冰冰的身体保持那个姿势太难受了。专门有研究猿猴或其他动物面对同伴的死是做何反应的，这个研究领域被称作死亡学，以希腊的死亡之神塔纳托斯命名。死亡带来的悲伤很难定义，但在芭芭拉·金（一位美国人类学家）的《动物如何悲伤》一书中提到，一个细微的变化是，与死者亲近的动物明显地改变了他们的行为，比如食不下咽，无精打采，或者一直盯着死者最后出现过的地方看。[9]如果死者是自己的孩子，妈妈们还会一直保留着发臭的尸体，直到尸体腐烂。这种情况发生过很多次，比如非洲西部森林里的一位黑猩猩母亲，她带着孩子的尸体生活了27天。这种反应在灵长类动物中很常见，因为他们把孩子放在腹部或背部行走。但这种行为也见于海豚中，一位海豚母亲可能会将她去世小宝宝的尸体放在海面上漂浮很多天。[10]

没有血缘关系，动物没有理由受另一个体的死亡的影响。这就是为什么很多宠物对与它生活在同一屋檐下的其他动物的死无动于衷的原因。悲伤伴随着依恋。亲缘关系越紧密，悲伤的反应就越大。所有哺乳动物和鸟类都是这样的。我亲眼见过一种鸦科动物（乌鸦家族的一种）对同伴死亡的明显反应。当我的寒鸦的配偶无故失踪时，他整日在天空中盘旋，寻找配偶的下落。最终她还是没有回来，几天后他在绝望中去世。这次，轮到我悲伤了，我失去了两只鸟，我是那么喜欢他们，他们曾经带给我无尽的快乐，是他们让我明白鸟类的情感生活与哺乳动物并无两样。

奥地利杰出的动物行为学家康拉德·洛伦兹认为他饲养的鹅是"一生只找一个人"（终身对偶匹配）的理想代表。当他的一个学生指出，也有些鹅做不到矢志不渝时，他替他们开脱，"如果那样，鹅也太人类了吧"。"一夫一妻制"，或配偶结合，在鸟类中比在哺乳动物中更常见。实际上，很少有灵长类动物是"一夫一妻"的，而人类是否真的"一夫一妻"尚存争议。尽管如此，因为后叶催产素（性激素的一种）存在于所有哺乳动物体内，不同物种间伴生的情绪可能是相似的。这种古老的神经肽是在性交、哺乳和分娩过程中，由脑下垂体分泌的（通常在产房进行引产），但也有助于促进成年人之间的联系。刚坠入爱河的人们，血液中的后叶催产素要比单身者体内的多，而且如果恋爱关系持续下去，这种高浓度激素水平就会保持下去。但后叶催产素的作用远不止这些，因为它还能阻止人们与"第三者"发生性关系。如果已婚男士在鼻子上喷了带有这种激素的喷雾，那么魅力四射的女性在他们周围时，他们会感到不舒服，而且会刻意与她们保持距离。[11]

尽管我们认为人类浪漫的爱情是与众不同的，但人类与其他物种神经系统的相似性也是惊人的。埃默里大学神经学家拉里·杨以对两种田鼠的研究而闻名。山地田鼠是田鼠界的花心大萝卜，过着淫乱的生活，而长相相似的草原田鼠则更钟爱一夫一妻制，他们从一而终，共同抚养后代。草原田鼠比山地田鼠脑中有更多后叶催产素受体。结果，他们与性有强烈的积极联系，导致他们会被与自己发生性关系的伴侣强烈"吸引"。后叶催产素确保他们对爱情忠贞不渝。如果他们失去了自己的伴侣，他们的大脑就会发生化学变化，表明他们处于压力和压抑状态。他们也不再积极规避危险，好像他们已经了无牵挂、无惧生死。所以，这些渺小的啮齿类动物似乎也知道忧伤。[12]

美国动物学家帕里特夏·麦康奈尔博士描述了她的宠物狗莱西对她最好的朋友卢克之死的反应。这两只小狗喜欢彼此，总是腻在一起。卢克去世之后，莱西一整天都与卢克的尸体待在一起，低着头，眼神忧郁，眉头紧锁。第二天，她的种种行为举动好像回到了小时候，比如发了疯地转圈圈，像吸奶一样吮吮她的玩具。麦康奈尔断定莱西知道卢卡的死已成定局，否则为什么她的情绪会转变得如此剧烈。[13]

种种迹象表明，至少有些动物知道死去的同伴永远不会再动了。一只青少年野生雌性黑猩猩一动不动地盯着一具从树上掉下来的成年雄性黑猩猩尸体，足足一个多小时没有间断，而周围的雄性黑猩猩们互相拥抱，安慰彼此，神情紧张。[14]如果猿类视其他同伴的死亡为过眼烟云，那他们就没有理由做出如此强烈的反应。意识到死亡的不可逆性意味着对未来的期望。种种科学证据表明灵长类动物有先见之明，因为他们会为自己的旅行做计划，也会为一项任务做准备，但预见出生和死亡的能力尚属罕见。显然，我们缺乏针对这种能力的试验。如果我们称一个人对自己死亡的认识为死亡感——一种只对自己物种的死亡具有的感觉——那我们可能会把莱西对卢克不会回归的认识称为一种终结感。这种感觉与死亡感不同，因为前者只关注他人，而不是自我。

生活中有许多类似的丧亲故事，猫有，当然宠物和主人之间也有。世界上有两只著名的忠犬，一只是爱丁堡的巴比，因为一位病重的老人杰克在去世之前请他吃了一顿饭，老人去世之后，巴比守在老人墓地旁边十四年，风雨无阻，只为报"一饭之恩"；另一只是日本的忠犬八公，他的主人因为心脏病不幸离世后，他每天都会守在他曾经等候主人下班的火车站，一等就是十年，直到去世。我曾经拜访过坐落在爱丁堡和东京的巴比和八公的雕像。其他动物也同样表现出对逝者的忠诚，比如大象会将死者的象牙或骨头放在一起，用鼻子卷起他们，传递下去。有些大象会在几年后返回至亲去世时的地方，只为再看看死者曾经待过的地方。

有一天，我们看到了对待死亡完全不同的另一种反应。那时，一条加蓬湾蛇（一种巨毒蛇）进入了非洲一座避难所。这条蛇在倭黑猩猩中引起了巨大的恐慌，只要它一动，所有猿猴都跟着跳。猿猴们小心翼翼地用木棍戳它，最后雌族长抓住了它，将它扔向高空，然后重重地摔在地上。蛇死了之后，没有猿猴想要它复活。死了万岁。年幼的猿猴们高兴地把死了的蛇拿起来拖来拖去，好像在玩一个玩具，把它挂在脖子上，甚至扒开它的嘴，研究它的大尖牙。猿猴一定认为蛇死了就不会复活了。

我们很少亲眼见到圈养区猿猴的真实死亡，但在布尔格尔斯动物园，我们目睹了乌尔杰的死亡。她是我最喜爱的黑猩猩之一，有着随遇而安的秉性。然而，乌尔杰突然开始咳嗽，病情持续恶化，我们给她注射抗生素也无济于事。一天，我们看到库夫超近距离凝视乌尔杰的眼睛。接着，库夫没有缘由地开始歇斯底里地大哭起来，间歇性地抽打自己，就像沮丧的黑猩猩所做的那样。她似乎从乌尔杰眼中看到了什么，她感到非常不安。在此之前，乌尔杰一直沉默不语，但现在，她却无力地尖叫着，尝试着躺下，从她坐的木头上摔了下去，在地上一动不动。大楼另一头的一只雌性黑猩猩像库夫一样绝望地尖叫着，即使她很可能没看到发生了什么事。之后，所有25只黑猩猩完全安静了下来。在驱散所有其他黑猩猩之后，饲养员对乌尔杰进行了嘴对嘴人工呼吸，但无济于事。尸检报告显示，乌尔杰的心脏和下腹都受到了严重感染。

灵长类动物对死者的反应，比如我们看到的他们对"大妈妈"遗体的处理，像极了我们人类的所作所为，在死者入土为安之前，我们会轻抚遗体，为他洗澡，擦身体，给他化妆，接着才会安葬。不过我们做得更多，因为我们通常会放一些陪葬品，在死者去天堂的"旅程"中陪伴他们。古埃及法老的陵墓里装满了食物、白酒、猎狗、宠物狒狒和整艘帆船。为了让死亡变得不那么难以接受，也为了缓解我们对死亡的恐惧，人们常常把死亡看作是去另一个极乐世界生活。没有迹象表明，其他动物也有这样的创新思维。

有关动物和人类这种思维差别的讨论，在2015年左右纳莱迪人（一个新的远古人类物种）被发现时达到了空前热烈的程度。他们的遗骸在南非一个岩洞深处被发现。这种灵长类动物有着更新纪灵长类动物一样的臀部，但他们的脚和牙齿更像我们人类。纳莱迪人最有可能是我们祖先的众多属种之一，但古生物学家不喜欢这种说法。他们更希望我们现存的人类是先祖唯一的后代，尽管这种可能性非常小。这样，他们就可以声称自己发现了人类的祖先。但如何为拥有与人类相同大脑的纳莱迪人证明这一点呢？当科学家发现纳莱迪人的化石被保留在几乎同一个难以进入的洞穴时，他们似乎知道了什么，因为这些残骸一定是被故意放在那里的。他们声称，只有人类才会如此关心自己的死者。这种提议具有高度推测性，源自科学家对其他物种对待遗体方式的无知。

因为黑猩猩从未与其他灵长类动物在一起生活过很长时间，所以他们没有理由掩盖或掩藏尸体。如果他们生下来就在洞穴或定居点，那毫无疑问，他们会知道腐尸会招引食肉动物，特别是土狼这样可怕的捕食者。猿猴显然足够聪明，知道通过掩盖臭尸或挪走它们来解决问题。但这种行为几乎不需要来世信仰。同样的实际需求可能也推动了纳莱迪人的出现。但我们根本不知道他们是小心翼翼地将遗体运到洞穴深处，还是随便把他们扔到洞穴深处，只是为了摆脱他们。当然，情况可能更糟，因为谁说过遗体是当时死在山洞的？

"naledi"（纳莱迪）是"denial"（否认）的变位词（字母相同，顺序不同），这真是个奇怪的巧合。化石的发现者一边极力强调它的人性，一边又极力否认我们祖先与猿猴的共同之处。我们与猿类的区别就像亚洲象和非洲象的区别一样久远，我们与猿类的基因既相似又不同。然而，当我们纠结于自己的血统是由猿类进化而来这一点时，我们可以自由地称这两个其他物种为"大象"。对于这一过程，我们甚至有专门的词汇去描述，如"hominization"（人化过程）和"anthropogenesis"（人类起源）。有这样一个时间点是一种普遍的错觉，就好像试图找到光谱中橙色变成红色的精确波长一样。我们渴望找到划分进化阶段的精确时间点，但进化却又是一个极其顺利的过程（没有特定的时间点）。

死亡的感觉有多普遍，这种感觉多大程度上依赖于对未来的心理预测，现在仍然不得而知。但至少有些物种在通过闻、触碰和复活等尝试之后，确认他们的至爱已经走了，也意识到了他们和死者的关系从当下变成了永恒。但他们是如何产生这种意识的，仍然是个谜。是基于生活经验，还是他们直觉上知道死亡是生命的一部分？这再一次提醒我们，所有情绪背后都有大学问。不然，要情绪干吗？当动物做了一些有趣的事情时，认知科学家有时会说"那只是一种情绪"，但情绪从来都不简单，永远不要脱离情境去评估情绪。特别是忧伤，绝不能简单地被称为情绪。它代表社会连接的悲伤面——失去。忧伤会直击动物灵魂深处，其程度不亚于对人的伤害，原因是我们与动物有相同的神经机制，比如后叶催产素系统，或许对于生活中的美好和脆弱，我们与动物也有相似的认识。

第 2 章　　心灵之窗
　　　　　　灵长类动物的一颦一笑

02

挠一只年幼黑猩猩的痒痒很像在挠一个小孩。灵长类动物都有相同的敏感部位：腋下、侧身和腹部。他嘴巴张大，嘴唇放松，有节奏地吸气、呼气，发出响亮的"哈哈哈"的声音，像极了人类的笑声。这两种声音太相似了，让你也情不自禁地"咯咯咯"笑起来。

黑猩猩也会表现出与小孩一样的矛盾情绪。他把你的手指推开，保护自己易痒的部位，试图逃脱你的"魔爪"，但只要你停止挠他，他就会回来找你，把他的腹部展现在你面前。这时候，只要你指向那儿，都不用触碰，他就又开始哈哈大笑。

笑声？等等！一位真正的科学家应该避免任何和所有的神人同形论，这就是为什么精明的同事常常要求我们改变术语的原因。为什么不用中立的术语去形容猿猴的反应？比如喘气声。我也见过一些严谨的同事形容黑猩猩的反应为"笑一样"的行为。这样，我们就不会混淆人类和动物的笑声了。

"神人同形同性论"（意思是神与人同一形象、同一性格）这一术语由古希腊哲学家赞诺芬尼斯（公元前570年—前470年）提出，他在公元前5世纪批判荷马的诗歌，因为后者把神描绘得像人一样。他嘲笑道，如果马有手的话，那么他们就会"像画马一样画他们的神"。现在这一术语又有了更广泛的意义。最典型的就是，它把人类的种种丑行和罪恶强加到其他物种身上。动物没有"性"，但他们从事繁殖行为。他们没有"朋友"，只有亲近的伴侣。考虑到我们人类对智力差异的偏爱，我们在认知领域更积极地运用这些语言阉割。通过将动物的所作所为都归结为本能或简单习得，使得人类的认知总被认为是高高在上的。还有什么比这更荒谬呢？

要理解这种抵抗，这里我们要提到另一位古希腊哲学家亚里士多德。这位伟大的哲学家将世间所有活着的生物放在一个垂直的自然尺度上来研究，上至人类（最接近神灵的物种），下至其他哺乳动物，鸟类、鱼类、昆虫以及最底层的无脊椎软体动物。如此大尺度的从上到下进行比较是一种流行的科学消遣方式，但从中我们学到的似乎只是如何运用自己的标准去衡量其他物种。

广袤富饶的大自然怎么可能只用单一的尺度去衡量呢？难道不应该是每个物种都有自己的精神生活、自己的智力和情绪，适应他们自己的感觉和自然历史吗？为什么鸟类和鱼类的精神生活就应该一样呢？或者拿捕食者和被捕食者来说，显然，对于那些每天如履薄冰、战战兢兢的被捕食者来说，捕食者有着完全不同的情绪。捕食者流露着一种冷静的自信（除非遇到和他们势均力敌的对手），而被捕食者们有一半时间生活在惊恐中。他们生活在恐惧中，会被任何意想不到的动作、声音和气味吓到。这就是为什么马跑狗不跑的原因。起初，我们人类的祖先栖息在树上，以采摘水果为生 —— 因此我们有视觉、色觉，握爪的手也随之进化 —— 但因为我们的体形和特殊的技能，我们与捕食者拥有同样的姿态。这可能就是为什么我们能与自己最爱的宠物（两只毛茸茸的食肉动物）相处如此融洽的原因。

上大学的时候，我有一只黑白相间的小猫，名字叫Plexie。基本上每个月我都会抽一天时间骑自行车带着Plexie去找她最好的朋友（一只短腿小狗）玩，我把她装在一个袋子里，她的小脑袋露在袋子外面。两个小家伙从很小就开始一起玩，一直玩到现在他们都成年了。小家伙们在学生宿舍的楼梯上上蹿下跳，在每个转角处"吓"对方，他们肆意的快乐在空气中蔓延。他们能玩上几小时，直到筋疲力尽、体力不支才停下来。狗和猫常常能相处得很好，因为他们都喜欢追逐和抓住移动的物体。他们也都是哺乳动物，与人类有某种联系。哺乳动物能识别我们的情绪，我们也能识别他们的情绪。正是这种移情作用吸引人类选择养猫或养狗（估计全世界有60亿只家养猫和50亿只家养狗），而不是养美洲蜥蜴和鱼。然而，一旦动物和人类之间的这种联系建立起来，我们就会一股脑儿地将自己的感受和体验施加到动物身上。

我们可能会说，狗狗为在一场表演中赢得一条丝带而感到"自豪"，或者当猫跳跃失败时会感到"尴尬"。我们去沙滩酒店，与海豚一起游泳，我们理所应当地认为海豚也一定与我们一样喜欢游泳。最近，人们开始相信会手语的加州大猩猩可在担心气候变化，或者黑猩猩有宗教信仰。每当我听到这种说辞，就会皱着眉头，心存疑问，要求证据。无端的人神同形同性论显然毫无说服力。的确，海豚似乎总是在对你微笑，但这只是他们的一种固定的面部表情，不能代表他们内心的感受。拿着奖品的小狗或许只是单纯喜欢当下所有的关注和美味。

然而，当在热带雨林每天追随猿猴的经验丰富的野外工作者告诉我黑猩猩所表现出对受伤同伴的关心时，我不由得想到移情作用和计划能力。黑猩猩会给同伴食物，放慢前进的速度照顾同伴，或者口头通知待在树上的雄性黑猩猩他们第二天该怎么走。基于我们从圈养控制试验中获悉的一切，这些推测都是合理的。然而，也是在这些情形下，有关人神同形同性论的指责满天飞。

整个人神同形同性论的根源在于人类例外主义。它反映出人类想把自己与动物区别开来的愿望，并否认了人的动物本性。这样做仍然是人文和许多科学的基本原则，这两种科学的蓬勃发展有赖于这样一种观念，即人类的思维在某种程度上是我们自己的发明。然而，我自己认为，否认人类和任何其他动物之间的相似性比假设这种相似性的存在有更严重的问题。我将这种否认称为 *anthropodenial*（拒绝人类）。这阻碍了对我们作为一个物种是谁的坦率评估。我们与其他哺乳动物的大脑有相同的基本结构：我们拥有相同的旧神经传导物质，没有任何新的部分。事实上，大脑在各个方面都如此相似，以至于我们研究老鼠杏仁核中的恐惧来治疗人类的恐惧症。训练有素的狗狗安静地躺在大脑扫描仪中，它们在期待热狗出现时，大脑的尾状核就会活跃，正如商人在期待现金奖励时他们大脑中的这一区域也会亮起一样。不像之前的科学家那样将心理历程看作一个黑盒子，我们现在尝试打开黑盒子去发掘里面的奥秘。当代神经科学使人与动物二元论这个问题无法保持尖锐。[15]

这并不意味着一只猩猩的计划与"我在课堂上宣布要考试了，学生们开始为考试做准备"的顺序相同，但从深层次来说，两个过程之间具有连续性。这更适用于情感特征。由于对情绪的理解是直觉过程的一部分，单纯依靠数据和理论去解释两者之间的连续性并不容易。对情绪的理解有助于与动物建立更亲密的关系，比如宠物爱好者每天都喜欢的那种。因此，我有一个简单而不太科学的提议，任何质疑动物情绪深度的学者都应该去养一只狗。

人神同形同性论并不像人们想象的那么不好。就大猩猩而言，这一理论实际上是一个合乎逻辑的选择。进化理论提出猿类是"类人猿"（意思是像人类的），几乎已经阐明这一点了。这一术语由18世纪瑞典生物学家卡尔·林奈提出，他的分类是基于解剖学的，但也可以简单地基于行为来分类。最简单、最直观的观点是，如果两个相关物种在相似的环境下也有相似的举动，那他们一定是基于相似的动机。我们在比较马和斑马、狼和狗这样相似的物种时，会毫不犹豫地做出这种假设，那为什么在比较人和类人猿时就做出改变呢？

幸运的是，时代在变化。自然科学已经使西方文化和宗教中人和动物之间的界限变得非常模糊。现在，我们常常从另一个极端开始，假设连续性的存在，将寻找证据的重担转移到那些坚持两者之间有差距的人身上。现在，轮到他们来说服我们了。类人猿因为被挠痒痒而嘶哑地笑到窒息，小孩因为被挠痒痒而哈哈大笑，任何认为这两者大脑构造不同的人，要证明他们自己的观点可有得忙活了。

表达自己

多年前，我与简·范·霍夫博士一起参加了由保罗·艾克曼一行人在荷兰举办的研讨会。这位美国心理学家在荷兰很受欢迎。尽管当时他还没有那么有名，但他关于人脸识别的研究已经引起了轰动。他开发了面部动作编码系统（FACS），该系统通过绘制每一次微小的面部肌肉收缩来对面部表情进行分类。比如，我们眼睛周围有一小块肌肉，它有一个拉丁名，意思是"皱起的眉头"，而我们两颊也各有一个大的肌肉群用来控制嘴角，当肌肉上提，产生微笑。艾克曼本人几乎可以呈现任何面部表情，因为他对自己的面部有高超的控制力。他可以毫不费力地呈现对称的或不对称的面部微小动作，传达情绪上的细微变化。他可以看起来很生气，或者表面上笑容满面实则非常生气，或者喜忧参半。你能叫得上名字的表情他都能做出来。他可以做出全套微表情。他能举例说明一个轻微的皱眉代表什么情绪，皱起的鼻子代表另一种情绪。我们佩服的不仅有他的"面部杂技"，还有他的进化观，因为这在当时的心理学家中实属例外。

这里我提到"杂技"，是因为一切面部表情都是基于肌肉的动作和形式的。人类经常轻易摆出一副生气的样子，实际上可能并没有那么生气。我们有合理的面部控制能力。很长一段时间以来，我都认为或许其他灵长类动物缺乏这样的控制能力，直到我在圣地亚哥动物园研究倭黑猩猩的时候，我的想法才有所改变。现在回想起来，我发现自己当时遇到的情景非常有趣。我承担一项记录倭黑猩猩全套行为的任务——他们的叫声、表情、手势和姿势——之前没有人研究过这些。然而，每当我观察到一群年幼的倭黑猩猩在他们宽敞的绿色围墙里活动时，我就会在面部表情清单上记啊记，清单越来越长，似乎看不到尽头。我不得不描述最不可思议的表情，这些表情与之前见到的都不一样。过了一段时间，我突然意识到这些表情总是出现在非社交场合。它们永远不会导致性交或侵犯这些违背他们本意的行为发生。年幼的倭黑猩猩可能会坐着发呆，然后突然就开始演哑剧，紧吸两颊，上唇凸起，下颌快速移动。有时候还加手势，比如把嘴唇侧向一边，或者胳膊绕着后脑勺，将手指反方向插进自己嘴里。

我得出的结论是，倭黑猩猩只是在自娱自乐，假装愁眉苦脸，没有任何实际意义。我称他们为"滑稽的小丑"，将他们看作能完美把控自己面部肌肉组织的动物。一个动物既然能为了好玩变化面部表情，那为了控制别的动物为什么不可以用面部表情？不管他们的本意是什么，这些年幼的猿类确实让我觉得科学家热衷于表情分类是非常愚蠢的。每当我读懂他们面部杂要所要表达的含义时，每当她们向我眨眼时，我就压制不住自己的情绪！

艾克曼对面部表情的强调深深地吸引着简和我。我们从生物学角度研究动物的行为，着重研究它们所传达的信号，它们的形式以及它们对他人造成的影响。实际上，在很长一段时间里，谈论任何其他事情都是被禁止的！简曾经收到来自诺贝尔奖得主尼科·廷贝亨（动物学家）的强烈个人建议，要求他完全远离有关灵长类动物面部表情的研究，因为这是尼科的研究领域。如果能很好地避开情绪，为什么要提及它呢？简会把黑猩猩喜笑颜开的脸描述为一张"放松的咧着嘴的脸"，而不是露齿笑或微笑，他说的是一张"安静的牙齿外露的脸"，诸如此类。艾克曼在编制面部动作编码系统（FACS）时也用了同样的纯描述性方法，但他从未否认他在衡量情绪。艾克曼在处理内部问题时当机立断、毫不犹豫，事实上他认为，如果不承认情绪是来源于自身，就无法完全理解面部表情。他说，情绪很少停留在内心，因为"情绪最显著的特征之一就是它不会隐藏：我们用眼睛看、用耳朵听表情所传达的讯息"[16]。

你可能会认为，既然艾克曼研究的是人类，那他就没有什么好担心的。但不幸的是，学术走向了荒谬的博弈，我们有时候既无法理解，也不曾记得。这就是人类面部表情，我们要么认为它是微不足道的、不足挂齿的，要么认为世间的表情纷繁多样，最好将之看作文化产物。就像艾克曼尝试做的那样，将面部表情与生物学绑定在一起，从一开始就注定要失败。然而，当艾克曼遇到抵抗组织的首领时，所有这一切都改变了，这位首领是一位坚持认为人类的表情和情绪具有无限可塑性的人类学家。艾克曼询问他是否可以观摩这位人类学家的记录，他满心期待地去寻找装满现场笔记、电影和人类肢体语言照片的柜子。结果却让他惊讶不已，压根儿什么答案也没有。这位人类学家声称所有的数据都在自己的脑海中。这不是好的征兆：可验证的数据是科研的基础，没有数据支撑的科学研究，就像在一盘散沙上建立的城堡一样，不堪一击。

艾克曼对来自20多个不同国家的人进行了控制试验，向他们展示面部表情的照片。所有这些人都或多或少地用同样的方式给人类的表情贴上标签，人们在识别愤怒、恐惧、幸福等方面分歧很小，全世界的笑容传达的意思都是一样的。不过，有一种可能的解释困扰着艾克曼。如果世界各地的人们都被好莱坞流行电影和电视节目所影响呢？这能解释反应的一致性吗？为解开这一困惑，他去了世界最偏远的角落，一个位于巴布亚新几内亚的一个尚无文字出现的部落。那里的人们从未听说过约翰·韦恩和玛丽莲·梦露这些好莱坞大腕，而且他们也没有电视和杂志看。然而，他们仍然能正确辨认出艾克曼给他们呈现的大部分面部表情，在艾克曼拍摄的记录他们日常生活的10万英尺（1英尺＝0.34米）的胶卷中，也没有什么新奇和独特的表情。艾克曼的研究有力地证明了世界各地表情都是通用的，也永久地改变了我们对人类情绪和情绪传达的看法。如今，我们将表情看作人性的一部分。[17]

尽管如此，我们还应该意识到，所有这些研究在多大程度上依赖于语言。我们不仅仅在比较面部表情和我们判断表情的方式，而且还给这些表情贴上了标签。因为每种语言都有自己的情绪词汇，如何正确翻译这些词汇仍然是个问题。唯一的解决方法就是直接观察这些表情是如何被使用的。例如，有研究专门针对那些先天失明或失聪的孩子。如果面部表情确实是由环境塑造的，那这些孩子不应该表现出任何表情，或只有很奇怪的表情，因为他们从未见过周围人的表情。但是，在同样的环境下，这些孩子大笑、微笑、大哭的方式与正常孩子一样。因为他们的处境排除了通过模式习得表情这种可能，谁又会怀疑情绪表达是生物学的一部分呢？[18]

我们再回头看达尔文1872年出版的《人和动物情感的表达》这本书。达尔文不仅强调面部表情是人类的一部分，还指出猴子和猿类的相似之处，这表明所有灵长类动物都有类似的情绪。这是一部具有里程碑意义的伟大著作，得到了如今所有业内人士的认可，但这也是达尔文继《物种起源》之后唯一的一部重要著作，并且很快被世人遗忘了。为什么这本书被我们遗忘了近一个世纪之久？原因是达尔文的观点让当时的主流科学家们感到局促不安。他们认为达尔文的语言太自由、太拟人化了。当猫咪挠你的腿时，达尔文会说猫"多愁善感"，一只黑猩猩"失望而愤怒"地噘着嘴，奶牛可笑地翘起尾巴"高兴地四处乱窜"。一派胡言！再说了，我们一直认为面部表情是尊贵的人类所特有的，怎么能与"低等"动物共享呢？简直就是侮辱。

然而，在人类和动物情感的诸多类似中，达尔文也指出了特例。他认为脸红和皱眉可能是人类独有的。脸红的确是人类特有的表情，我不知道还有哪个灵长类动物能在短时间内迅速红了脸。脸红仍然是一个进化之谜，特别是对于那些坚持认为自私剥削他人是社会生活的全部意义的愤世嫉俗者来说更是如此。如果这是真的，如果没有血液不受控制地涌向我们的脸颊和颈部，那么我们的生活会好得多，那时候皮肤的颜色变化会像亮起的灯塔一样引人注目。如果脸红能让我们保持诚实，我们需要思考为什么进化偏偏就让我们而不是其他物种拥有如此明显的信号。或者，就像马克·吐温说的那样："人类是唯一会脸红或需要脸红的动物。"

关于皱眉，达尔文只说对了一部分。他引用了同时期一位专家的观点，后者认为皱眉这种面部运动是人类这个智力超群的物种特有的反应，因为皱眉是"用一种精力充沛的力量编织眉毛，这种力量莫名其妙却难以抗拒地传递出一种思想的想法"[19]。尽管我们没有理由因为眉毛附近的一小块肌肉而捶胸顿足。现在我们知道其他物种也会皱眉。为了探究皱眉对非人类面部表情的影响，达尔文多次造访伦敦动物学会的花园。他给妹妹的一封信上描述了他与黑猩猩詹妮的邂逅：

我也完美地观察到了黑猩猩在闹脾气：饲养员拿着一个苹果给詹妮看，但就是不给她，于是她就仰面朝天，又哭又闹，特别像一个淘气的孩子。两三个回合之后她就非常生气，饲养员说："詹妮，如果你不闹了，乖乖地做个听话的好孩子，我就把苹果给你吃。"她当然理解这句话的每一个字，她像一个孩子一样去思考，用尽全身力气停止哭闹，最后她成功得到了苹果，开心地跳到椅子上吃了起来，一脸满足的表情。[20]

因为达尔文认为，和任何专心致志的人一样，猿类在受挫时应该皱眉，所以他试图通过给这些猿类一项几乎不可能完成的任务来试着激怒他们。然而在解决问题时，他们从不皱眉。从那时起，科学家们就认为皱眉可能是人类独有的行为，但事实上，猿类也能而且会皱眉，这是达尔文在用一根稻草挠他们的鼻子时试出来的。这让他们皱起了脸，"眉毛之间出现了轻微的垂直皱纹"[21]。非洲黑猩猩和红毛猩猩之所以不经常皱眉，部分原因是他们凸出的眉脊挡住了眼睛。这使得皱眉很难实现，也很难被发现。但倭黑猩猩有着扁平、开放的脸庞，他们可以跟人类一样轻易地皱起眉头。比如，当一只倭黑猩猩在警告他的同伴时，会皱起眉头、瞪大眼睛、目光尖锐，像极了人类生气时的表情。

我清楚地记得自己被一只黑猩猩盯着时的情景，那是被我最喜爱的"老太太"博里盯着的，她在耶基斯灵长类动物研究中心有女儿，也有孙子。在乔治亚州一个炎热的午后，我拿着水管给黑猩猩们供水。他们当然能永远喝到新鲜的水，但这帮"城里的孩子"（指黑猩猩）喜欢洒水装置，他们发现用一根输送大量水的软管喝水要有趣得多。十几只黑猩猩嚷嚷着，互相推搡着，嘴巴张开，想喝凉水，但突然一只幼年黑猩猩被喷了一身水，他尖叫了起来。没有一个小伙伴注意到这些，但博里立刻冲到我面前，生气地瞪了我一眼，警告我以后洒水小心点。由于距离足够近，我很确定她在皱眉。

　　理解动物情绪的最好方法是观察他们在野外或圈养地的自发行为。研究动物行为的学生习惯于记录成百上千个表达的实例。通过这些记录，我们知道了猿类在玩耍的时候会大笑，大口咀嚼他们喜欢的食物时会发出特殊的咕哝声。这种咕哝声吸引他们周围每一个小伙伴都加入到这场美味盛宴中来。我们记录了导致这个表达的事件以及它是如何影响其他小伙伴的。一个特定的信号是要开始战斗？结束战斗？抑或是和解的前兆？对于每一个物种发出的典型信号，我们都有一个完整的分类目录，名字叫作行为详述，不仅涉及灵长类动物，还涉及马、大象、乌鸦、狮子、小鸡、

因为长久以来，啮齿目动物（老鼠）都被认为面无表情，人们就拿它们开玩笑，就像在这幅连环漫画中，人们画了同一个表情，来传达老鼠的八种情绪。但既然我们已经知道老鼠的脸上只会释放痛苦和快乐的信号，这一玩笑实际上是针对我们自己。

土狼等动物。最早的行为详述是关于狼的,包括他们尾巴的运动、耳朵的位置、毛发的竖起、发出的声音、露出的牙齿等。行为详述内容全面,涵盖广泛。行为详述也记录了鼠类。

长久以来,人们一直认为啮齿类动物的面部表情与情绪无关,但详细的研究表明,他们通过眯起眼睛、放平耳朵、鼓起两腮来表达痛苦的心情。其他啮齿类动物很容易就能识别出这些表情,因为试验中,他们宁愿待在一张表情放松而不是表情痛苦的老鼠的照片旁边。与此相反,老鼠也有美好的感受。瑞士科学家制订了一项积极的治疗方案(包括每天给实验鼠挠痒痒及与实验鼠玩耍),每次会议结束之后,科学家们都会安静地分析老鼠的面部表情。

和灵长类动物一样,马脸上也有丰富的表情。这幅图中,矮种马表现出性嗅反射,这是一种闻到新鲜气味或种公马在闻到母马尿液时的典型表情。马儿回滚上唇,就把气味传递到犁鼻器的受体。猫在闻到异常气味时也会出现相似的呲牙表情。

仅仅通过观察，他们就能判断哪些老鼠接收到了积极的情绪，因为这些老鼠的耳朵会更粉红、更放松。这一研究终结了"啮齿类动物没有表情"这个观点，这一观点曾在漫画中被嘲讽，漫画里的老鼠有相同的扑克脸，却被标记为不同的情绪。[22]

地球上最富表现力的表情出现在四只脚行走的动物脸上。马、驴、斑马都拥有丰富的面部表情，考虑到这些动物的社会性和视觉性，这也许不足为奇。"Equine FACS"（艾克曼关于马的面部动作编码系统）通过无数的组合产生超过17种不同的肌肉运动。马在问候彼此时会拉起嘴角，在"性嗅反射"（当闻到一种不寻常的气味时）时会卷起上唇，在惊恐时会睁大眼睛露出眼白，他们耳朵的位置也各不相同。[23]任何家里养宠物猫或宠物狗的人都知道，耳朵是非常有效的信号设备，它的作用如此之大，以至于我认为人类的耳朵不能移动是一种严重的缺陷。

研究人员还研究了狗是怎么产生和识别面部表情的，包括识别人类的面部表情。狗狗有意去交流的结论源自这样一个事实，即他们的表情变化更多的是对一个注视着他，而不是背对着他的人的反应。狗狗最常见的表情就是皱起眉头，这样能让他们的眼睛放大。我们深陷有着大眼睛的可爱圆圆脸不能自拔，动物电影就大肆运用了这种表情。狗狗挑起的眉头让他们看起来楚楚可怜，惹人疼惜，这甚至会影响到宠物的收养。收容所的观察人员发现能做出这种表情的狗狗比做不出这种表情的狗狗更容易被收养。很显然，人类最好的朋友知道如何触动我们的情感之弦。[24]

人们通常喜欢关注人类与其他动物共同的表情，这时候灵长类动物自然是首选。世界顶级科学家简就是从灵长类动物入手进行研究的。他在20世纪70年代进行的观察比之前任何科学家的研究都要详细得多，他对倭黑猩猩如何快速舔自己的嘴唇和雄性恒河猴如何用噘起的嘴唇来讨好雌性进行了细微的比较。然而，简主要研究的是笑，以及笑与微笑的区别。尽管我们常常将这两种表情放在同一尺度上，就好像微笑是一种低强度的笑一样，简证明二者有着不同的起源。[25]

满面笑容

我不能忍受情景喜剧和以猴子和猿类为主角的好莱坞电影，因为每当我看到一个打扮像猴子的演员露出愚蠢的笑容时，我心里都五味杂陈。人们也许会认为这很滑稽，但我知道，如果不吓唬这些动物，他们很难露出自己的牙齿。他们其实一点儿都不开心。只有惩罚和支配，才能唤起他们这样的表情。幕布之后，驯兽员们挥舞着手中的电动牛鞭或皮鞭，让台上的动物们知道，如果不听话，有他们好果子吃。他们很害怕！这也是为什么电影里的猿类几乎永远都是未成年的原因：一只成年猿类太强壮了，而且比任何大型猫科动物都狡诈，人类根本驯服不了他。只有年幼的猿类才会在人类的威胁之下咧开嘴笑。

围绕这一露齿的表情（微笑）有许多疑问，比如它是如何变成我们人类友好的标志的，以及它起源于哪里。后一个问题看起来似乎有些奇怪，但自然界的一切都是对旧事物的修正。我们的双手起源于陆生脊椎动物的前肢，而后者又是从鱼类的胸鳍进化而来的；我们的肺是从鱼鳔进化而来的。关于信号，也总是有更早的版本。转变的过程被称为仪式化。我们现代人的手势就能说明这一点，我们把拇指和小指反方向竖起来模拟打电话就是很好的例子。拿手机的固定手势被认为是"打电话给我"的意思。仪式化也是如此，但只是在进化层面上。啄木鸟在空心树干上不规律地敲击来找到虫子，敲击声逐渐变成有节奏的鼓点声，成为一种宣布自己领地的信号。猴子在从彼此的头发中挑出虱子并吃掉时发出轻柔的咀嚼声，他们扬起眉毛，咂咂嘴唇，变成一种友好的问候，好像在说："我很乐意为你梳理毛发！"

我们不会把露齿笑和嘴巴大张、牙齿闪现、眼神犀利凝视前方的表情混淆在一起。这张凶狠的脸看起来像是要咬人，但实际上是在威胁。相比之下，露齿笑时，嘴巴紧闭，收回嘴唇，露出牙齿和牙龈。笑的时候露出的一排大白牙远远地就能看见，不过它传达的意思与威胁截然相反。这个表情源自一种防御反射。[26] 比如，当我们在给柑橘类水果剥皮时，会自然而然地把嘴唇从牙齿上拉回来，这样就能避免酸果汁溅到我们脸上。我们坐过山车的时候也会这样做。在这类娱乐节目中被拍摄到很多人露齿笑的面孔，他们不是发自内心的微笑，而是惊恐地做着鬼脸。恐惧和不安拉扯着我们的嘴角。其他灵长类动物也是如此。有一次，我在旱季时去肯尼亚平原看倭黑猩猩，他们吃掉了成吨的相思豆，这让我接下来跟随100只肠胃胀气的猴子开始了一场充满"气味"的旅程。他们经常停下来享用多汁的仙人掌，由于仙人掌表面有刺，颇具攻击性，他们通常望而却步。在食用仙人掌之前，猴子们通常会把嘴唇张得很开，避免被刺穿。尽管他们这样做是出于实际考虑，但他们脸上的露齿笑和社交场合看到的笑容一样，这是一种顺从的信号。

　　我研究过一个恒河猴族群的女族长奥林奇，她只要去周围走走，所经之处的所有雌性就对她露出谄媚的笑容。特别是当奥林奇径直走向她们的时候，她们会露出这种谄媚的笑，如果奥林奇给足她们面子，愿意屈尊加入她们，她们就笑得更夸张了。可能有十几张咧着嘴的笑脸盯着奥林奇看，但没有一只恒河猴给她让路。这实际上就是表情的全部要义：保持原地不动的同时表示尊重。其他雌性仿佛在告诉奥林奇："我是下属，我永远不敢挑战您。"奥林奇在她的位置上很安全，她不需要使用任何武力，其他雌性下属就会通过露出大白牙（露齿笑）消除动摇她权力顾虑。在恒河猴中，这种表情是百分之百单向的：只有下属对上级才会露出这种表情，反过来绝对不可能。因此，等级制度高下立见。每个物种都有特定的等级信号。人类中，下级通过点头哈腰、卑躬屈膝、赔笑脸、吻手礼等来表现对上级的尊重。同样的，下级黑猩猩在面对位高权重的上级时，也会卑躬屈膝，降低姿态，发出一种特殊的咕哝声去迎接他们。但灵长类动物中，等级低者向等级高者表达尊重的原始方式是上拉嘴角微笑。

　　不过，这种表情背后的含义远远不是恐惧那么简单。如果一只猴子只是受到了惊吓，比如他碰到了一条蛇或者捕食者的时候，他要么僵住（避免被袭击），要么玩命逃跑。这就是单纯恐惧的样子。露齿笑不适合这些场合，这些场合也很少出现露齿笑。露齿笑是一种强烈的社交信号，恐惧中夹杂着被对方接受的渴望。有点像狗狗朝你打招呼的时候，耷拉着耳朵，满地打滚儿，发着牢骚。狗狗躺在地上，面朝天，喉咙和腹部展露无余，同时他对所有食肉动物的禁忌心知肚明，知道他们不会在他最脆弱的身体部位下手。没人会把狗狗翻过来错当成一种恐惧的行为，因为这通常是在试图接近对方时的开头动作。这种动作当然是非常友好的。这同样也适用于猴子露齿笑，这种动作传达着一种想建立良好关系的愿望。这就是为什么奥林奇一天会多次收到这种信号，而一只普通的蛇却不会收到的原因。

我曾经和一只叫库里的小恒河猴是朋友，她和奥林奇生活在同一个族群。这个族群有一块很大的户外生活区，透过外围的铁丝网，我们可以给他们拍照。我每天在那里进进出出，猴子们对我已经很熟悉了。当然，一开始，他们会威胁我，会试图抢我手中的相机，但后来他们就忽视我的存在了，这让我的拍摄容易了许多。库里开始找我，她常常露出牙齿表示顺从，但她仍在接近我。她喜欢坐在我旁边，有时候她的小手会穿过网眼抓住我的一根手指。我得小心，因为猴子会咬人，但库里是值得信赖的。因为她等级较低，和我在一起她可能更有安全感。每当我看向她，她都会露出牙齿，之所以没有眼神接触，是因为那对于恒河猴来说是威胁的信号。库里（Curry）这个名字起得很贴切，因为她咧嘴一笑想讨好（curry）我。

而类人猿却更进一步，因为他们的露齿笑尽管仍然是一种紧张的信号，却有更多积极的意义。倭黑猩猩有时候会在友好和愉快的环境（比如性交的时候）中露出他们的牙齿。一位德国研究人员提到 *Orgasmusgesicht*（"性高潮脸"）用来形容雌性在凝视她们性伴侣的脸时产生的性高潮——倭黑猩猩经常面对面交配。相同的表情可能用来让自己冷静或赢得他人的好感，而不是像猴子那样只出现在下属对上级的谄媚时。占统治地位的猴子们也会露出自己的牙齿，比如当一只雌性猴子遇到一个试图偷走她食物的小猴子时，她会轻轻地把食物挪到小猴子够不到的地方，同时咧着嘴笑着，嘴角都快到耳根了。这样她就不用发脾气了。友好的露齿笑也可以作为尴尬时候的调节剂。猿类很少在露齿笑的时候上扬自己的嘴角，不过他们一旦这么做，那就和人类的微笑太像了。

因为猿类的笑容暴露了他们的焦虑，所以它并不总是受欢迎的。雄性黑猩猩总是试图吓唬对方，他们不喜欢在竞争对手面前表露出焦虑，因为这是软弱的表现。当一只雄性黑猩猩开始大声叫嚣，竖起毛发，同时搬起一块大石头时，这会引起另一只雄性黑猩猩的不安，因为这宣告着正面对抗的来临。这只黑猩猩可能会露出紧张的微笑，这种情况下，我看到露出紧张微笑的雄性黑猩猩会突然把脸转过去，这样第一只雄性黑猩猩就看不到他的表情了。我也看到过雄性黑猩猩用手遮住自己的笑脸，或者甚至故意主动擦去脸上的笑脸。一只雄性黑猩猩会在转身正面对峙他的挑战者之前，用手把嘴唇扯回原位，盖住牙齿。在我看来，这意味着黑猩猩们知道自己的情绪会给别人留下什么样的印象。这也同样表明，比起控制自己的面部表情，他们更擅长于控制自己的手。我们人类也一样。我们或许能够有意地露出特定的表情，但要改变无意间流露出的表情是很困难的。比如，实际上你很生气但要看起来很开心，或者你心里美滋滋的却要看起来很愤怒，这几乎都是不可能的。

人类的微笑源自其他灵长类动物的紧张露齿笑。在有可能发生冲突的时候，在我们常常感到担心的时候，甚至在最友好的环境中，我们都会露出这样的笑容。当我们去别人家里做客时，我们会手捧鲜花或香槟，挥动双手和别人打招呼，这个手势原本的意思是告诉别人我们没有携带武器。但微笑仍然是改善情绪的最佳工具，传递给别人的微笑让每个人都心情舒畅，正如路易斯·阿姆斯特朗歌里所唱的那样："当你微笑时，整个世界都跟着你微笑。"被训斥的孩子有时候忍不住偷笑，这可能被误认为是不尊重人的表现。然而，他们所做的只是紧张地传达一种没有敌意的信号。这也是为什么女人比男人笑得多，以及为什么微笑的男人常常需要友好关系的原因。一项研究清楚地调查了终极格斗锦标赛之前照片上显示的劣势一方的表情特征。照片显示两位斗士都挑衅地盯着对方。对大量照片的分析显示，那些笑得更紧张的拳手就是当天晚些时候输掉比赛的一方。研究人员得出的结论是，微笑表明缺乏身体优势，微笑最多的选手是最需要安抚的选手。[27]

因此，我严重怀疑，就像人们常说的那样，微笑是我们人类"快乐"的表情。它背后的含义颇深，除了开心之外，还有其他意思。根据处境的不同，微笑能传达出紧张、需要取悦、安抚焦虑的人、一种欢迎的态度、顺从、娱乐、吸引等。所有这些感受都是通过称它们为"快乐"而获得的吗？我们的标签极大地简化了情绪表达，就像我们给每种情绪一个简单的意思一样。最近，我们中的很多人在发信息的时候会使用微笑或皱眉的表情包，这表明语言本身并不像广告宣传的那么有效。我们认为有必要加入表情包来避免好意被误解为是一种报复行为，或一句玩笑话被误认为是一种侮辱。然而，表情包和文字并不能很好地代替身体语言本身，身体语言通过视线方向、表情、语调、姿势、瞳孔放大、手势等精确地传达着我们的意思。身体本身就能传达很多意思，比语言传达的要多得多。

　　然而，我们通过不断将静止的画面与悲伤、高兴、恐惧、愤怒、惊讶、厌恶这样的"基本"情绪结合起来，简化身体的信息系统。尽管事实上很多时候，每种情绪状态都是不同倾向的组合，但我们还是会这样做。比如，我小时候因为偷偷爬上自家屋顶被我爸骂了。当时，我正在接受培训成为荷兰圣尼古拉斯的助手，他是一个大胡子教主，会通过烟囱向每家每户发礼物，显然他一个人完成不了这项工作。那时候我没有意识到，上屋顶容易，下屋顶难，于是我被卡住了。我爸爸对我危险处境的反应像极了愤怒，他用手势吓唬我，提高嗓门，脸涨得通红。但他的愤怒是由恐惧引起的，还夹杂着希望，即希望某种良好的纪律能约束我，让我不再犯傻。这当然奏效了！但我这里关注的点是，每一次情感的流露都需要在更广泛的环境下被评判。一个简单的标签远远不够。把我爸爸的状态描述为"愤怒"是不准确的，因为他当时的情绪还夹杂着对我的爱和担心。

　　同样的简化欲望也适用于动物的情绪，或许更适合动物，因为我们倾向于认为动物的情绪一定比我们人类的简单。事实上，出版于1987年的《牛津动物行为指南》坚持认为，研究动物情绪是毫无意义的，因为它们没有告诉我们任何新东西，同时还宣称"动物只局限于几种基本情绪"。[28] 在缺乏动物情感科学的情况下，人们可能想知道这些结论是如何得出来的。这有点像文献里反复出现过很多次的那句老话，即我们脸上有数百块肌肉，比其他任何物种脸上的肌肉都多。按照自然尺度的观点，假设动物与人类在进化尺度上越接近，它们的情绪必然就越丰富，相应的，它们的面部肌肉组织也就更多样化。然而，确实没有好的理由说明为什么会是这样。当一个行为科学家和人类学家组成的科研团队通过仔细解剖两只死去的黑猩猩的面部来验证这一想法时，他们发现黑猩猩与人类脸上的模拟肌肉数量相同。令人惊讶的是，他们几乎没有发现什么不同。[29] 当然，这是我们可以猜到的，因为尼古拉斯·图尔普教授早已得出了类似的结论，这位荷兰解剖学家在伦勃朗的《解剖学课》中永垂不朽。1641年，蒂尔普成为第一个解剖猿猴尸体的人。他得出的结论：猿类在构造细节、肌肉组织和器官等方面都与人类非常相似，不可能找到另一个更像的了。

尽管有这些相似之处，但人类与猿类微笑的不同之处在于，

我们人类的微笑有两种。发自内心的微笑也即"杜兴微笑"，是以纪念面部表情学科创者法国神经学家杜兴·德·布伦而命名的。他发现判断笑容是否真诚，仅凭嘴唇收回和嘴角上扬是不够的。上图左边的笑容，眼角周围的肌肉挤到一起，出现鱼尾纹，眼睛眯成一条缝，这是发自内心的微笑。上图右边的笑容，眼睛并没有笑，这是假笑。

我们通常会扬起嘴角，并给这个表情注入更多友善和喜爱。但这只适用于真诚的微笑。我们常常露出假面的微笑，没有任何深层含义。飞机上空乘人员的微笑，或者拍照时（"一二三、茄子"）的微笑都是刻意的，它们是供公众消费的。只有所谓的杜兴微笑是在真诚地传达喜悦和积极的感受。这种微笑是以法国神经学家杜兴·德·布洛涅命名的，他在19世纪通过电刺激一位失去痛觉的人的脸来测试面部表情。杜兴用这种方法制作并拍摄了各种各样的表情，但这样的笑容看起来并不快乐，它们看起来很假。一次，他给同一个男人讲了一个有趣的笑话，那个人笑得开心多了，因为他不再像以前一样只用嘴笑，这次他眼周的肌肉也眯起来了。通过实验，杜兴敏锐地得出这样的结论，尽管嘴巴能根据意志挤出微笑，但眼周的肌肉却从来不听使唤。微笑时眼周肌肉的收缩预示着发自内心的快乐。

总之，有些微笑只是向这世界展示一种信号，而另一些微笑则是特定内心状态的真实写照。第一种微笑是刻意而为之的，互联网上充斥着这样的假面微笑，政客和名人们的照片上都是这样的微笑，数百万张自拍照上也是这样的微笑。第二种微笑源自内心，是对快乐、幸福或喜爱的真实反应。这种微笑更难假装。大多数时候，你的面部表情充分反映了你内心的真实感受，这似乎已经足够明显了，但就连这个浅显的道理也曾经一度引发争议。科学家们极力反对达尔文使用"表达"这个词，认为它太过暗示了。这个术语意味着面部表情传达了内在的东西。尽管从字面上讲，心理学是对"*psyche*"（希腊语，代表精神或灵魂）的研究，但许多心理学家还是倾向于坚持观察行为。他们不喜欢提及隐藏的过程，并宣称灵魂是禁区。他们更喜欢把面部表情看作不同颜色的小旗子，我们摇旗呐喊着，提醒着周围的人我们接下来要做什么。

这场关于表情研究的争论最终以达尔文的获胜而告终，因为如果我们的脸仅仅只是一面旗子，那我们就可以毫不费力地选择挥动哪一面，折叠哪一面。一个忽视我们意图的交流系统有何用？每一个面部表情都应该像假笑一样容易召唤。然而，我们对自己脸的控制力远不及对身体其他部位的控制力。就像之前提到的黑猩猩一样，我们有时候用手（或一本书，一张报纸）遮住自己的笑脸，因为我们根本无法压抑它。为什么会这样？我们经常在别人看不见的地方微笑、流泪或做出厌恶的表情，比如我们在跟别人打电话或者看一本小说的时候。从交流的角度看，这没有任何意义。跟别人打电话时，我们应该全程面无表情。当然，除非我们进化到不自觉地跟别人交流内心状态的程度。这种情况下，表达和交流才是一回事。

我们无法完全控制自己的面部表情，因为我们不能完全控制自己的情绪。正是这样，别人通过面部表情读懂我们的内心感受时就显得弥足珍贵，因为内心感受和面部表情的紧密联系，使面部表情变得意义非凡。

这很有趣！

我曾经听过一位哲学家的演讲，他对人类的交流感到困惑，他更喜欢书面语和口语，但他无法回避我们做的所有表情和手势。他在想为什么我们需要这些伴生物，特别是为什么它们会如此夸张。比如，当听到一个有趣的笑话时，我们笑了，控制不住地前仰后合，同时发出"哈哈哈"的笑声，几米开外都能听到。为什么我们不能平静地说"这很有趣"，然后就这样算了？

说到这里，我想象这样一幅画面，一位出色的喜剧大师在一个小剧场里讲史上最有趣的笑话，但人们没有哈哈大笑，没有笑到从椅子上掉下来，所有人只是平静地在自己的座位上喃喃自语"这很有趣"，如果知道人类尊贵的幽默感是如何不可逆转地与一种更为兽性的东西结合在一起（人类太理智），喜剧演员显然会感到被冒犯了。笑表明身体对我们的存在（包括我们的精神生活）是多么重要。笑把身心结合在一起，把它们融合成一个整体。我们可能觉得这是一种失控的感觉，因为我们喜欢用头脑主宰一切。正如剧评家约翰·拉尔所说的那样，"观看受鼓舞的观众笑犹如置身在一个巨大而充满暴力的谜团中。他们的脸痉挛，流眼泪，身体垮掉，不是在悲伤，而是在狂喜"[30]。

我们笑到疯狂，笑得东倒西歪。我们倚在别人身上，脸涨得通红，泪流满面，哭得双眼模糊。毫不夸张地说，我们笑到要尿裤子！笑一晚上之后，我们已经筋疲力尽了。这在一定程度上是因为强烈笑声的特征是呼出（产生声音）多于吸入（需要氧气），最后我们终于喘不过气来。笑是人类最大的乐趣之一，众所周知，笑有益健康，比如笑能缓解压力，刺激心肺，释放内啡肽。尽管如此，我们还是希望外星人永远不要看到一群失控的大笑的人类，因为他们很可能会认为人类很愚蠢。

幽默并不总是引发笑的原因。当心理学家们在购物中心和我们日常生活范围的人行道上不经意间记录下人类的行为时，他们观察到的大多数笑声都是在平淡无奇的对话之后发出的。当人们自发地闲聊时，你试着注意他们的笑，你会发现他们的笑往往毫无意义。没有玩笑，没有一语双关，没有奇怪的评论，仅仅是穿插在交谈中的笑声，通常也会得到对方的回应。幽默不是笑的核心，社交关系才是。我们熙熙攘攘、吵吵闹闹，极力展现出对彼此的喜欢和自己的幸福感。如果一群人笑了，这就意味着他们空前团结，宛如一群嚎叫的狼。[31]

人类高分贝的笑声每次都让我抓狂，因为猿类的笑声会轻柔许多，而猴子的笑几乎听不到。我的猜测是笑声的响度和被捕食的风险成反比。如果其他灵长类动物的幼崽笑得像操场的孩子们一样震耳欲聋，那捕食者不费吹灰之力就能找到他们，并适时偷袭他们。人类可以忍受吵闹，尽管我们显然也会发出很多轻柔的笑声和窃笑。

简在80岁生日派对上做了一个精彩的示范，他用一系列响亮的腹语"哈"来展示了人类的笑声序列，接着他深吸一口气，以达到更好的效果。房间里爆发出一阵笑声，因为这个笑声序列是我们人类的特征，而且具有不可思议的传染性。实验表明，人类会自动模仿电脑屏幕上的笑脸，在情景喜剧中加入笑声的目的当然是为了引发感染。通过对猿类行为的详细视频分析，我们知道了类似的模仿行为。当一只年幼的黑猩猩笑容满面地走向另一只黑猩猩时，另一只黑猩猩马上回以同样的表情，这就是为什么通常两个一起玩耍的小伙伴会一起笑，而不是其中一个在笑。[32]甚至鸟类也表现出这种传染性行为。新西兰鹦鹉，被人们称为Keas，当他们的同类通过一个隐藏的扬声器发出鸣叫声时，他们就会立刻活跃

起来。这些略微类似于笑声的叫声影响了他们的心情。这时，Keas
会立刻邀请其他小伙伴一起玩耍，捡起玩具操纵，或者进行空中
杂技表演。没有什么比嬉闹和笑声更有感染力的了。[33]

灵长类动物重复的笑声源自有节奏的喘气。猿类的笑声从喘
气声开始，随着接触的程度提高，喘息声越来越大。从游戏中分离
出来的快速喘息声本身表达着解脱、喜悦和接触的渴望。比如，一
只雌性黑猩猩走向她最好的朋友，在亲吻她之前发出喘息声。或
者，"大妈妈"在抓住我的手臂之前，先朝我快速喘气，接着她在
给我整理毛发时，就会发出噼噼啪啪的声音。与猿类一起工作时，
你要学会细心地观察他们发出的各种信号。所有这些细软的声音
都表明了对方的善意，如果没有这种声音，我会不情愿让"大妈
妈"抓住我的胳膊。一个世纪以前，俄罗斯科学家纳迪娅·拉蒂吉
纳-科茨就把她年幼的黑猩猩乔尼和她自己小儿子的情绪发展进
行了比较，她列举了一些让人喘不过气来的快乐时刻。有一天，乔
尼看到科茨要离开家时就开始抱怨，但当看到科茨改变主意决定
留下来时，他立马跑向她并快速地喘着气。乔尼本以为会因为自
己不当的行为而受到严厉的训斥，但事实上主人还是真诚友好地
对待他，这时候他就会充满感激地喘气。这种快速的喘气传达着
愉悦和积极的情绪，成为笑声的基础，与笑声传达着同样的信息，
但笑声声音要更大一些。[34]

动物之间的游戏可能很粗鲁，比如摔跤、撕咬、跳到对方头
上、互相拖来拖去，这就是为什么它需要一个明确的信号澄清来
意的原因。否则，游戏行为可能会被误认为是打架。游戏信号告诉
对方没什么好担心的，这些都不严重。比如，狗狗的"玩弓"，他们

蹲伏在前肢上，臀部高悬空中，这清楚地表明他们是要玩耍而不是要开战。不过，只要其中一只狗行为不端并不小心咬了另一只狗，游戏就会戛然而止。这时候就需要一个新的"玩弓"表示"道歉"，这样受害方就能"大人不记小人过"，重新开始游戏。笑的作用是一样的：它将其他行为放在同一语境中。一只黑猩猩将另一只死命地按在地上，咬住对方的脖子，让他无处可逃，但因为双方都不断发出嘶哑的笑声，他们就能完全放松下来。他们知道这只是为了好玩。由于游戏信号有助于解释其他行为，这就是人们常说的"元"沟通：它们沟通的是交流。[35]类似的，如果我从背后靠近一位同事，拍着他的肩膀，轻轻一笑，他的感受会与我在没有任何表情的情况下拍他截然不同。我的笑容传达了一个关于打他的那只手的元信号。笑容可以给我们所说的、所做的赋予不同的意义，消除潜在攻击性言论所带来的伤害，这就是为什么我们总是使用这个表情的原因，即使当下根本没有什么好笑的事情发生。

这种信号不仅仅在玩伴之间起作用，它们还向外界传达了信息。当别人看到笑容或听到笑声时，他们知道一切都很好。黑猩猩足够聪明，将笑容运用得恰到好处。我们曾经分析了上百对幼年黑猩猩的摔跤比赛，看他什么时候会笑。我们对年龄差较大的幼年黑猩猩特别感兴趣，因为对于更年幼的黑猩猩来说，这样的厮打常常太过激烈了。只要这种情况发生，年幼一方的妈妈就会介入，有时还会打对方玩伴的头。通常都是年长者的错！我们发现当幼崽和婴儿玩耍时，如果婴儿的母亲在场，它们会比独自玩耍时笑得更多。在虎视眈眈的母亲的注视下，笑声营造出一种欢乐的氛围，好像在说："看，我们玩得多开心啊！"[36]

如果有一群人笑了，而你不是其中之一，你会觉得被排斥了。笑强调的是以牺牲外群体为代价的内群体，它是一把手枪，嘲弄和戏谑是它的子弹，以至于有人说笑的根源是敌意。这些理论说的是针对局外人或异族人的"排斥幽默"，并将笑描述为一种恶意行为。[37]例如，16世纪英国哲学家托马斯·霍布斯认为笑是自身优越感的表现，似乎人类开玩笑的全部目的就是为了取笑他人。那经常笑的人一定过得很苦吧！

笑更典型的是亲昵关系，比如好兄弟之间，恋人或配偶之间，父母与孩子之间，等等。没有幽默充当黏合剂，婚姻又会走向何处呢？我出生于一个有爱的大家庭，我清楚地记得餐桌上的笑声，气氛很活跃，我常常感觉要笑"死"了，我得走出房间喘口气，才能恢复平静。同其他灵长类动物一样，我们生命中最早的笑声总是出现在养育环境中。孩子刚出生不久，大猩猩母亲就会用自己粗大的手指在小婴儿的肚子上挠痒痒，让孩子发出第一声大笑。在人类中，母亲和孩子有许多情感交流，他们留意彼此的每一次表情和声音变化，也伴随着大量的微笑和笑声。这是笑的原始语境，完全没有恶意。

身体刺激仍然是笑的一部分，而且必定经历了很长的进化史，因为挠痒痒和类似笑声之间的联系在老鼠中也有。这些研究是由已故的爱沙尼亚裔美国神经学家贾克·潘克塞普率先开展的，他在把动物情绪作为一个可接受的讨论话题方面是先驱。潘克塞普最初因为提出"笑老鼠"这个想法而受到很多人的嘲笑。这些啮齿类动物仍然被人类轻视和低估，但自从我把它们当作宠物饲养以来，我就从不怀疑地认为它们是一种复杂的动物，并会腻在一起玩耍。潘克塞普发现老鼠喜欢被人用手指挠痒痒，以至于他们会来回多跑几趟，就为了被人挠。当你把手缩回去并走向别处时，他们会跟着你，他们在寻找刺激的同时，会发出超出人类听觉范围的50赫兹的短促叫声。

下面是一位匿名的老鼠爱好者的描述，他在家里也做过同样的实验：

我打算自己做个小试验，试验对象为我儿子的宠物鼠Pinky，他是一只年轻的雄鼠。一个星期内，Pinky就完全习惯了和我玩耍，每隔一段时间，他甚至会发出一种我能听到的尖锐的吱吱声。只要我一走进房间，他就开始啃笼子的栅栏，像袋鼠一样蹦来蹦去，直到我挠他痒痒。他抓住我的手，又咬又舔，翻滚着，背朝天，让

就像人类和类人猿被挠痒痒时会发出笑声一样，老鼠会发出尖锐的唧唧声，只是这种声音超出了人类的听觉范围。他们很喜欢被挠痒痒，说明他们在这一过程中是开心的。

我挠他肚子痒痒（这是他的最爱），当我和他玩闹的时候，他还会像小兔子一样踢我。[38]

　　潘克塞普得出这样的结论，挠痒痒是一种有益的体验（因此需要追逐的手），需要恰到好处的情绪。如果老鼠对猫的气味或亮光感到焦虑或害怕，那么再多的挠痒痒都不会引起他们发笑。当然，笑还依赖于之前的经验和双方的熟悉程度，因为比起只是爱抚他们的手，老鼠更愿意靠近之前曾经挠过他们痒痒的手，并发出尖锐的吱吱声。老鼠偶尔也会做出一些嬉闹的动作，被称为"快乐跳跃"，这是所有哺乳动物山羊、狗、猫、马、灵长类动物等的典型动作。这时，我脑海中就会浮现出达尔文活泼的奶牛。尽管动物有各种各样的玩耍信号，但唯一不变的是突然的随机跳跃。他们会弓着背朝你跳过来（猫），或者会绕着轴线跳上禁止的沙发（狗），以此来显示他们已经准备好去追逐你了。快乐跳跃很容易被识别，以至于在物种之间很容易理解。在圈养环境下，小犀牛可能会和狗玩耍；狗可能会和水獭玩耍，山羊可能会和小马驹玩耍，在野外，我们能观察到年幼的黑猩猩和狒狒摔跤，乌鸦和狼追逐彼此。游戏有自己的通用语言。

　　用幽默的表达方式来评论正在上演的情况，或者作为一种让每个人放松的方式，就像我们在尴尬的情况下突然大笑，或者在紧张的情形下开玩笑来缓解气氛，其他物种中这种情况并不常见，但并不代表没有。以雄性黑猩猩为例，我曾看到他们为消除潜在冲突而倍感压力。三只成年黑猩猩全部竖起毛发，就像中了电一样，令人印象深刻。这是一种非常紧张的局面，危机四伏，竞争对手们会互相试探彼此的神经。他们从一根树枝荡到另一根树枝，搬走沉重的石头，把东西扔得到处都是，发出阵阵巨响。但当这些雄性黑猩猩试图离开现场时，突然间，其中一只拉了另一只的腿。另一只在反抗，他一边笑，一边试图挣脱自己的腿。然后，第三只也加入进来，没过一会儿，这三只体形硕大的雄性黑猩猩就飞速追逐彼此，嬉闹着，爆发出嘶哑的笑声，毛发也放松下来了。紧张的局面就此缓和。

亚里士多德认为，笑是人类区别于野兽的特征，许多心理学家怀疑，动物笑是为了喜悦或是为了好玩。不过，众所周知，猿类喜欢看闹剧电影，很可能是因为这类电影呈现的物理灾难。当一个他们喜欢的人朝他们走来，突然滑倒或跌倒时，他们的第一反应是一种焦虑的紧张，但如果人没事儿，他们就会松一口气并哈哈大笑，跟我们人类在相同情况下的反应一模一样。前文中，我提到过"大妈妈"发现自己被一个带着黑豹面具的人欺骗时哈哈大笑的场景。倭黑猩猩也有类似的反应。很久之前，圣地亚哥动物园有一条很深的护城河，它将猿猴与游客分开。在倭黑猩猩这边，有一条塑料链子挂在护城河上，这样猿猴就可以随时顺着链子滑下去，再爬上来。然而，如果雄族长弗农下去，一只青年雄性猿猴卡琳德就会迅速拉起铁链。这样，弗农就被困在河底了，而卡琳德就会居高临下地看着他，脸上露出大笑的表情，同时拍打着护城河一侧。他在取笑老大。这时，在场的其他成年猿猴通常就会冲过去营救，放下链条，站在那里，直到弗农爬出来。

另一种有趣的笑声被一位日本驻非洲西部的野外工作人员用镜头记录了下来。一只九岁大的野生黑猩猩正在高兴地用石头砸坚果。他会一个接一个地把坚硬的棕榈果放在大石头平坦的表面上，另一只手拿着一块小石头，直到把坚果砸开为止。在森林里，要找到合适的砸坚果的石头组合并不容易，雄性黑猩猩的妈妈看了一眼他那完美的工具，然后走过去给他梳理毛发。这通常是让对方给自己打扮的邀请动作，所以她会停下来并站在那里等待儿子转过身来为她整理毛发。就这样，他把石头丢在一边，短短几秒钟，他的妈妈伸手抓住了石头。这看起来是有意为之，好像她所做的，包括给她儿子简单地整理毛发是分散他注意力的一种方式。就在她收起儿子工具（石头）的那一刻，你就会听到并看到她发出轻声的笑，她为自己的小计划成功而高兴不已。[39]

诚然，这里的证据都是坊间逸事，但这些事情的确暗示了猿类的笑并不仅仅是一个玩耍的信号。有时候，笑似乎有更广泛的含义，比如欢乐、亲密以及缓解紧张气氛，这些似乎更接近人类的生活。

情感互融

《微笑和笑》的进化史表明，简提出它们的起源不同是多么正确。二者源自情绪谱的不同角落。起初是一种恐惧和屈服的表达，后来变成一种非敌意的信号，最后才演变成喜爱。另一个开始是对粗暴行为和挠痒痒敏感的指示信号，但随后它变成亲密和幸福的信号，甚至演变成快乐和幸福。这两种表情在我们人类中越来越接近，再加上我们常常混合情绪，最后我们将二者混为一谈。我们常常从微笑到大笑，或者从大笑到微笑，或者一会儿微笑，一会儿大笑。

混合表情是人科动物（人类和猿类等小型灵长类动物家族）的典型特征。然而，包括猴子在内的大多数其他动物都有离散的叫声和表情，原始人类则通过他们分级的交流方式脱颖而出。一只猴子可能会有威胁的、露齿笑的或玩耍的表情，但这些表情之间不会有任何组合。他们的表情所传达的信号是固定的、一成不变的，而且彼此之间完全分离，就好像非蓝即红，永远不会出现二者的结合色（紫色）。与猿类相比，这是一个严重的限制，猿类很容易在委屈地噘着嘴，伤心地呜咽和露出牙齿吠叫之间来回移动。即便在冲突中，猿类也可以随机变换各种表情，以掩盖这样那样的倾向。同样，一个小孩可能会哭，接着眼泪还在脸上就开始笑，然后又哭得更惨。

通过对黑猩猩25种面部表情的分类，我们分析了耶基斯灵长类动物研究中心的黑猩猩在户外活动时的数千种面部表情。我们注意到，他们的表情有很大程度的分级和混合。[40]例如，一只年轻的雄性黑猩猩试着寻找机会与雄族长接触时，内心是害怕的，他会远远地坐着观望，等待族长开心的信号。这只年轻的雄性黑猩猩会发出友好的信号，比如向上级伸出手的同时快速地喘着气，但同时也会发出顺从的咕哝声以示尊重。一只雌性黑猩猩对小伙伴手里多汁的西瓜充满兴趣，但当她被拒绝时就会感到不安，是继续乞求对方分自己一点，还是干脆大声嚷嚷，理直气壮地跟她要，她犹豫不决，这最后可能会引发一场冲突。她时而噘着嘴，时而哀怨地乞求食物，时而嚎叫，时而温柔地尖叫，这些都暴露了她日益增长的挫败感。社交活动中充满了这种截然相反的情绪，人类和猿类的表情揭示了这一切，它们不仅是情绪的剪影，还能很好地显示不同情绪之间的细微差别。事实上，独立的情绪状态是很少见的，这也是为什么把面部表情放在"愤怒""悲伤"或其他基本情绪不同小盒子里的做法是如此成问题的原因。这不仅在人类身上不成立，而且在我们的近亲原始人类身上也不成立。

第 3 章　　　近身接触
　　　　　　移情与同情

03

我第一次与黑猩猩近距离接触是在荷兰奈梅亨市的拉德堡德大学。为了快速赚几个荷兰盾，我在一个心理学实验室当研究助理。上班第一天，当我听到我的工作会和黑猩猩打交道时，我有点儿惊讶。因为哪个头脑正常的人会把两只猿类放在办公室和教室之间的大楼顶层呢？那时候住宿条件不尽如人意，跟现在的没法比，但我过得很快乐，因为我和两个毛茸茸的朋友相处得很愉快。

　　我每天都对他们进行认知能力测试，这些测试对老鼠来说可能是非常完美的，但并不适合猿类。那时候，心理学家仍然相信学习和智力的普遍规律，因此他们对每个物种的特殊才能没有一点兴趣。甚至大脑的大小对他们也不重要。行为主义学派的创始人，伯尔赫斯·弗雷德里克·斯纳金曾直言不讳地指出，"鸽子、老鼠、猴子，是什么物种都没关系"[41]（言下之意，这些动物的智力没有差别）。然而，我们现在知道，这世间有许多不同类型的智力，每一种智力都适用于一个物种的特殊感觉和自然历史。你不能简单地用评价乌鸦或章鱼的方式来评价猿类或大象。特别是猿类，他们是有思想的生物，他们总会试图去理解自己面临的每一个问题。一旦把问题搞清楚了，他们就失去了兴趣。与在同一个实验室接受测试的几只恒河猴相比，我们的黑猩猩表现不佳，这说明表现和智力不是一回事。当猴子们目不转睛地盯着奖励的时候，他们就会选择一种能尽可能多的收集东西的例行程序，而猿类就会表现出不耐烦，尽管以他们的水平很容易就能完成这项任务。因此，我花了很多时间和他们嬉戏打闹，他们似乎更喜欢这样。

　　我就是通过这种方式第一次了解到猿猴的典型声音和其他交流方式，以及如何像猿类一样行动，这并不是什么难事，因为人猿本就是一家。我唯一无法复制的，就是他们的肌肉力量。我不能用一根手指吊在天花板上，也不能脚不碰地就在墙壁之间弹跳。尽管这些猿类还不到六岁，但他们很快就明白我身体虚弱，不喜欢被困在他们绑的结里（他们经常这样玩耍）。我仍然记得，那时候我会尽自己最大的力气拍打他们的背，我确定我用了最大的力气，任何人被这么打一下一定会生气到还手，但他们只是不停地笑，好像觉得这是我做过最滑稽的事情。

一旦到了性成熟的年龄，他们的性冲动就呼之欲出，他们甚至会向人发射"性"号。只要看到一个女人经过，两只雄性黑猩猩都会勃起。他们对异性的识别如此准确，以至于我在想他们是怎么做到的。不太可能是通过嗅觉，因为猿类的感官与人类的类似，视觉占主导地位。我和另外一位男同学决定把这件事情搞清楚，于是就有了我们的第一个行为试验。我们穿着裙子，带上假发，花枝招展，分外妖娆，故意尖声尖气地说话，看看他们会有什么反应。我还记得我们走进去聊天，用手指着那些黑猩猩，假装自己是意外到访动物园的女游客。他们连头都不抬一下，阴茎没有勃起，眼神没有迷离，只是开始拉我们的裙子。几分钟之后，一位女秘书朝这边看了一眼，她看到两位陌生女士走过来，想着她们应该是迷路了，于是立刻出现了我们期待的反应（阴茎勃起，两眼放光）。于是我们得出这样的结论，黑猩猩比人难糊弄多了。

这个试验几乎就像一场恶作剧。要不是这次试验说明了本章的主题，即黑猩猩具有敏锐的洞察力，我都不愿提起它。一个有机体如何解读另一个有机体的身体语言？比如，许多动物在区分人类的性别时，与那两只黑猩猩同样敏感。即使鸟类、猫这种与我们人类关系甚远的动物，都能很轻易地做到这一点。我知道许多只喜欢男人或只喜欢女人的鹦鹉。他们放大了动物王国可见的性别差异：雄性的动作更唐突、更果断，而雌性的动作更流畅、更柔软。我们甚至不需要看到动物身体的全貌就能区分他们的性别。当科学家们在人们的手臂、双腿和骨盆上安装小灯并拍摄他们走路的样子时，他们发现这些点本身就包含了我们需要的全部信息。[42]在黑色背景下，通过观察几个移动的白色小斑点，研究人员很快就能判断他们是男人还是女人。女人走路的姿势因她们排卵周期的不同而不同。如果我们能够基于如此有限的信息来准确地判断一个人的性别，就不难理解为什么对于许多动物来说，男人或女人的身体都是一本开放的书。反过来也一样，因为通过远远地观察黑猩猩的移动方式，我们就能轻易地判断是雌是雄。

多年之后，我们就性别差异展开了一项更科学的实验。这一实验起源于对面部识别的触屏研究，但最终却发现黑猩猩彼此的臀部更亲密。坐在监视器前，黑猩猩首先看到的是自己同类的背部，然后是两幅肖像。只有一幅肖像与他们先前看到的背部相匹配，这意味着它展示的是同一只猿类的脸。如果两张正面照上是性别不同的猿类，那这项任务对黑猩猩们来说就太简单了，因为雄性和雌性猿类的臀部有很大差别，而且他们的面部特征也很不相同。但如果他们不得不在看过一个雄性的后背后，在两幅雄性肖像之间进行选择，或者在看过雌性的后背后，在两幅雌性肖像之间进行选择，情况又会怎样呢？他们还能做出正确的选择吗？我们发现黑猩猩确实选择了与臀部相匹配的肖像，不过他们只能正确挑选出自己熟悉的黑猩猩。他们不能准确挑出陌生同类的照片，表明他们不是根据照片本身显示的特质（如颜色、尺寸等）来做选择的。他们的知识来自外面，他们天天见面非常熟悉。他们对自己熟知小伙伴的身体全貌了如指掌，以至于他们能正确地把小伙伴身体的某一部位与其他部位联系起来，比如将正面和背面准确配对。我们以《脸和屁股》为题发表了我们的研究成果，因为每个人都认为猿类能做到这一点很有趣，于是乎我们就被授予"搞笑奖"，这个奖是对诺贝尔奖的恶搞，意在表彰那些"先让人发笑，后引人深思"的研究。[43]

尽管同样的实验从未在人类身上进行过（至少是没有在不穿衣服的人身上进行过），我们必须拥有同样的全身形象判断能力，因为我们所有人都能在拥挤的人群中一眼挑出自己的朋友和亲戚，即使我们只看到了他们的背影。

日子有功

情绪既有输出的一面，也有感知的一面。后者是指情绪如何被理解，以及我们怎么理解这样那样的情绪。情绪涉及沟通、移情和协调，所有这些都需要一个人能读懂另一个人的肢体语言。因为仅仅通过观察几乎不可能研究这个问题，我们的大部分认知都来自实验。通常情况下，我们将图像呈现在触屏上。长久以来，人类一直接受这样的测试，其他物种也一样。

有趣的是，这些研究让我们的黑猩猩兴奋不已。这一定是因为他们对测试机器的痴迷，就像孩子们迷恋智能手机一样。要想让黑猩猩们自愿进入我们的耶基斯认知大楼，最快的办法是骑着一辆装有电脑的车经过他们的户外围栏。这时，黑猩猩们就会大喊大叫着冲到我们做试验的大楼门口，排队等着进去。他们渴望花一小时的时间来体验他们眼中的游戏和乐趣，这在我们看来是认知测试。我们甚至不需要对他们的表现给予奖励：接触图像和解决问题已经足够让他们愉快了。一些黑猩猩在这方面变得很有竞争力。他们能从监视器的声音中听到自己做得有多好（若他们的解决方案正确，机器会发出更为悦耳的声音），如果他们听到旁边小伙伴的表现更好，他们就会坐立不安。这是让他们集中注意力的绝妙方法！

这就是我喜欢的试验方式：科学家和受试动物都很享受。诀窍就是设计的任务要足够有趣。例如，很长时间以来，面部识别都是让灵长类动物展示人脸来实现的。从黑猩猩糟糕的表现来看，只有人类才能识别人脸。有些科学家甚至宣称，人类大脑中有一个特殊的面部识别模块，它只在我们的谱系中进化。随后，研究人员对黑猩猩进行了同类面孔的测试。突然间，他们的注意力提高了，而且在面部识别中表现得跟人类一样优秀，他们甚至表现出整体知觉的迹象。人类不是通过人脸的一小部分来进行识别，如鼻子有多大，眼距有多宽，而是通过整体轮廓来识别，我们将人脸看作一个整体。如果测试其他灵长类动物对自己同类的面部识别能力，他们也会有同样的表现。即便是被驯养专门用来陪伴我们的狗狗，也比人类在识别狗的情绪方面表现得更好。所有这些都不足为奇，只是长久以来，人类都认为自己的脸一定是世界上最卓越的，并一直错误地用人脸图像测试动物。显然，猿类和狗狗都不像我们期待的那样喜欢我们。

那情绪表达呢？这个问题就有点棘手了，因为我们不可能问动物他们究竟想表达什么意思。我们不能像艾克曼那样，给他们一连串形容词，比如说"快乐""悲伤"等。当时，我的一个学生丽莎·帕尔在获取动物生理数据的同时，找到了一个绝妙的解决方案。生理学告诉我们身体是如何反应的。这很重要，因为情绪不仅仅是精神状态。情绪既属于身体，也属于精神。现代词汇"emotion"（情感）源于法语动词"émouvoir"，它翻译过来有移动、触摸或煽动的意思。追溯历史，有一个拉丁词"emovere"，也有煽动的意思。换言之，情绪不能离开我们单独存在。情绪是一种精神状态，它让我们心跳加速、皮肤泛红、面部颤抖、胸膛紧绷、音量提高、眼泪滑落、胃里翻滚等等。情绪不仅仅影响着身体，反过来也是如此。情绪在很大程度上受性激素（如月经周期）、性唤起、失眠、饥饿、疲劳、疾病和其他身体状况的严重影响。我们将不同的情绪与特定的身体部位联系起来，身体反过来又影响着我们的感觉。比如，肠道神经系统（一个嵌入在消化道内层的，由数百万神经元组成的神经网络）可能会让我们的胃感到有点难受或焦虑，接着胃就会将这种感受传达给大脑。这种系统的自发性就是情绪被称为"第二大脑"的原因。情绪根植于我们的身体中，这就解释了为什么西方科学家花那么长时间才理解它。在西方，我们钟爱心灵，对身体却漠不关心。心灵是高尚的，而身体是拖后腿的。我们说心灵强大而肉体虚弱，总是把情绪和毫无逻辑的荒谬决定联系在一起。我们也经常警告别人"别太情绪化"，时至今日，大多数时候，情绪也总是被忽视，原因竟然是人们认为情绪有损人类尊严。

情绪往往比我们自己更清楚什么对我们有益，尽管并不是每个人都愿意去聆听。在向表妹艾玛·威基伍求婚之前，查尔斯·达尔文列出了一连串支持结婚的理由，如"无论如何，比狗更好"；以及反对结婚的理由，如"不用被迫访问亲属，不必被琐事困扰"。[44]通过这种方式，达尔文希望自己做出一个完全理性的决定，但我严重怀疑这个清单是否真的会左右他的决定。他甚至忘记了成就婚姻的两种因素，这两种因素很多人都认为是最重要的：爱情和身体吸引。在最终决定向艾玛求婚之前，达尔文写下了一份坚定的Q.E.D（ *quod erat demonstrandum* ），他的所作所为就像在证明某道数学问题，但显然他的做法是行不通的。我们在做重要决定的时候，往往有这样或那样的倾向，但这种倾向很少是在完全理性的情况下完成的。17世纪法国哲学家布莱斯·帕斯卡曾有这样的优雅措辞："人心有理性，理性却对此一无所知。"[45]

情绪帮助我们在一个我们无法完全理解的复杂世界中前行，它们是确保我们的所作所为对自己最好的身体方式。而且，只有身体才能采取实现目标所需要的行动。心灵本身是无用的：它们需要身体参与，才能与这世界互动。在心灵、身体和环境三者之间起纽带作用的是情绪。情绪也被称为情感，但因为这一术语本身有歧义，这里我还是要继续探讨情绪，定义如下：

情绪是与机体相关的外界刺激带来的一种临时状态。它以身体和思想的特定变化（比如大脑、性激素、肌肉、内脏、警觉性等）为标志。究竟是哪种情绪被触发，可以通过有机体自我发现的情况，以及有机体本身的行为改变和表达来推断。情绪和随之而来的行为之间并无一一对应的关系，情绪将个人经验和对环境的评估结合起来，让有机体随时准备着做最佳反应。[46]

猴子只要碰到了蛇，就害怕不已。类似的，如果你刚从路边走到街上，一辆公交车就从你眼前几米处飞驰而过，那么你就会变得异常恐惧。恐惧让身体冻结和颤抖，同时产生一系列快速变化，如心率飙升、呼吸加快、肌肉紧缩、毛发竖起、肾上腺素激增等。所有这些都向大脑和肌肉输送氧气，以应对感知到的危险。猴子需要判断来者（蛇）是危险的还是无害的，以及最好的行动方式是爬树、折回、逃跑，还是打架。遇到飞驰而过的公交车之后，你会查看交通状况，可能会决定一切是否安全，或者你最好走斑马线。情绪的绝妙之处在于，它不像本能一样支配特定的行为。本能是固定的、反射性的，这不是大多数动物的运作方式。相比之下，情绪在集中心智、调动身体的同时，给经验和判断留出了足够的空间。情绪提供了一个远远优于本能的灵活的反应系统。经过数百万年的进化，情绪"了解"身体所处的环境，而我们作为个体却常常不了解。这就是为什么人们有时会说，情绪被认为是岁月智慧的完美见证。

丽莎决定在测试黑猩猩时测量他们的体温。她教他们耐心地伸出一根手指，上面绑上一根带子，然后测量他们的皮肤温度。人类在遇到令人害怕或不安的事情时，皮肤温度会在负面唤起时骤降。在准备应战或逃跑时，当血液从四肢抽离时，我们确实会"不寒而栗"。在电视节目《流言终结者》的某个片断中，每个人的脚上都安装了一个热传感器，测试狼蛛从他们身上爬过或在他们乘坐特技飞机进行恐怖飞行时，他们皮肤温度的变化。温度的下降是惊人的。当我们感到害怕时，我们双脚冰凉，受惊的老鼠也会有同样的反应，它们的尾巴和爪子会变冷。[47]

猿类害怕时，体温也会骤降吗？丽莎在屏幕上放映了一个短视频。影片要么营造快乐的场景，如饲养员提着装满水果的桶走过来；要么营造不愉快的场景，如兽医手持麻醉标枪走过来。后者是我们所能营造的最接近捕食者的场景。看完视频之后，猿类可以在屏幕上的两张脸之间做出选择。一张是他们物种开心的笑脸，另一张是紧张的露齿笑。我们的目标是观察猿类在所处情境之下会自发地将笑脸联想到哪个场景，因为他们从未接受过这些刺激的专业训练。在他们的第一次测试中，他们将笑脸与开心的场景相匹配，将紧张的露齿笑与兽医出没的场景相匹配。在做后一个选择时，他们的皮肤温度骤然下降，与人类和老鼠在不安情形时的反应如出一辙。[48]

我发现没有主观经验的推断，就很难解释这一结果。这已经不仅仅是情绪问题了，情绪可能会被自动触发，这还涉及感受。当情绪渗透到我们潜意识中时，我们会有感觉，因此我们就会意识到情绪的存在。我们知道自己是在气头上还是坠入爱河，因为我们能感受到情绪的存在。我们可能会说，我们的"内脏"能感受到情绪的存在，但事实上，我们能察觉到全身的变化。在丽莎的实验中，猿类在没有任何感觉的情况下，是如何正确地选出面部表情的呢？最有可能的是，他们对这些视频感觉好或坏，然后帮助他们决定去匹配什么样的脸。丽莎的体温测量结果证实，这个任务是依赖情绪而不是智力完成的。因此，这个实验给我们留下了一个有趣的可能性，即猿类可能和人类一样，能意识到自己的感受。

然而，大部分时候，动物的感受仍然是未知的。我们所能做的只有测试他们的反应。这样，我们就知道猴子和猿类对自己的面部表情了如指掌。他们能以惊人的速度快速、准确地识别相似和不同之处，就像我们人类能立刻分辨微笑和皱眉一样。我们对卷尾猴进行了测试，发现在屏幕上不同种类的照片（有鲜花、动物、汽车、水果、人脸和猴子脸的照片）中，他们最快识别出来的是自己同类的照片。[49]这些照片种类各不相同，不仅因为这些表达是有意义的，而且因为它们是非常吸引人的。最初，这些猴子竟然对照片做出反应，比如拒绝触摸扑克脸的照片，或者对着友好挑眉的照片吧唧嘴巴。表情激发情绪，这是移情作用最基本的形式之一。实际上，如果没有面部表情的联系，移情作用就很难实现。

瑞典心理学家丁伯格于20世纪60年代通过将电极贴在人脸上记录最微小的肌肉收缩，发现了人类身上的移情作用。他发现人类会自动模仿显示器上的表情。最夸张的是，他们甚至都不需要知道自己在看什么。即使在一系列风景图片中，下意识地闪现过几张人脸照片（只有几分之一秒），人类还是会模仿这些表情。他们压根儿没意识到屏幕上一闪而过的面孔，还以为自己在欣赏美丽的风景，他们看完之后会觉得高兴还是忧伤，完全取决于他们看到的人脸表情是微笑还是皱眉。微笑使我们快乐，皱眉使我们愤怒或忧伤。我们的面部肌肉无意识地复制着这些面部表情，告诉我们有什么感受。[50]

这意味着在现实生活中，我们不得不受他人情绪的影响。这就像桌子底下身体之间的握手，被认为是一种"氛围"，比如一个有积极而鼓舞人心的老板，或者一个我们认为有毒的、消耗我们精力的人。要意识到这些需要一定的时间，因为这些过程常常让我们有意识的大脑变得毫无方向。你可能赞同丁伯格对人类事务提供了极好的见解，但不幸的是，他遇到了巨大的阻力和漫天的嘲笑。有一段时间，他没有出版自己开创性的作品。原因跟之前提到的一样：他的研究把身体放在首位，而在西方，我们更喜欢大脑来掌控一切。我们首先喜欢把自己看作理性的存在。这就是为什么达尔文会列出愚蠢的婚姻利弊清单，也是为什么我们会用理性来掩饰情绪所做的决定，如我们需要一辆跑车来避免交通拥堵，或者需要摄入抗氧化剂而吃巧克力。出于同样的原因，科学将同理心提升为一种认知过程。让情绪和身体过程来决定是不被人们接受的，所以，据说人们在与他人交往时，有意设身处地地为他人着想。当前盛行的理论认为，我们理解他人的基础是基于"想象力的飞跃进入别人的大脑空间"[51]，或者有意识地模仿他人的处境。这一理论对身体只字未提。

然而，最近几年，科学已经被迫改变。现在，身体是任何同理心的前提和中心。新的脑成像研究支持丁伯格提出的"非自愿生理过程"理论。我们知道面部模拟什么时候会受到阻碍，比如当让受试者在牙齿之间夹一支铅笔时，他们的面部肌肉就不能动弹，同理心就会大打折扣。我们的脸比想象的要灵活得多，这有助于我们通过模仿他人的表情、动作来与他人建立联系。对于那些注射了肉毒杆菌的人来说，这已经成了一个问题。肌肉的放松使他们无法模仿别人的表情，这就让他们无法感受别人的感受。这些人可能看起来光彩照人，但他们却很难有同理心。问题是，他们不仅不能很好地理解别人，别人要理解他们也比较困难。因为打过肉毒杆菌的脸看起来很僵硬，没有日常交流中的微表情，所以其他人会因为面部反应迟钝而感到被隔绝，甚至被拒绝。[52]

对这些生理过程最初的怀疑现在让我们觉得很奇怪。谁没有在别人哭的时候哭过，谁没有在别人笑的时候笑过，谁没有在别人高兴的时候高兴地跳过？我们会通过模仿别人的姿势、动作和表情来感受别人的感受，同理心也从一个个体跳转到另一个个体。

看见什么学什么

1904年，俄罗斯小说家列夫·托尔斯泰出版了一本儿童读物，书中描写了这样一个情景，一只战战兢兢的小狗被推进狮子笼里，它显然被吓坏了。故事以令人震惊的台词开头："伦敦野生动物秀开始了。人们想要观看这场秀，要么出钱买门票，要么带着自己的宠物狗或猫，把它们扔进秀场，成为垂涎欲滴的野生动物的盘中餐。"[53]

今天，如果发生同样的事，一定会有愤怒的人群聚集在动物园门口。人们的态度已经发生了翻天覆地的变化，大部分人会对这样的事情震惊不已。而事实是，我们都没看到当时发生了什么。这件事情告诉我们：我可以详细地描述狮子袭击小狗的细节，你可能会读到我所描述的内容，但读是一回事，实地看狮子对小狗血雨腥风的袭击又完全是另外一回事，我们可能会退缩。这就是身体通道对我们的作用：它将所发生的一切带到我们面前，我们无处可逃，就好像狮子袭击的是我们一样。我们所能做的只有用手捂住眼睛，眼不见为净。因此，很难想象之前的几代人怎么会喜欢这样的表演。这是否意味着我们变得更有同理心了？说实话我不太确定，因为人类的同理心不太可能在如此短的时间内发生改变。相反，改变的是人们关注的焦点。同理心由一扇开关自由的门控制着，这完全取决于我们对谁感同身受，对谁感觉亲近。我们对朋友、亲人和自己喜欢的动物敞开大门，但对我们不关心的敌人和动物关上大门。

与一个世纪前相比，西方人以前所未有的姿态向他们所喜爱的宠物敞开了同理心之门。宠物已经成为家庭的一分子。此处我们将伦敦动物园与美国总统林登·约翰逊的做法进行对比，后者因为对待小猎犬方式不当而惹上了大麻烦。在1964年一个阳光明媚的日子里，约翰逊站在白宫的草坪上，周围都是媒体记者，他拽着狗狗的耳朵把它抱起来。这一小小的举动引起了轩然大波。很快，如山的愤怒邮件如雪花般飘至白宫。之后，约翰逊解释说，这是他让狗尖叫的特有方式。好吧，狗是叫了，但公众并没有看到他这种支配手势的意义所在。抗议活动持续了很长时间，造成了巨大的负面影响，约翰逊被迫公开道歉。事实上，据说因为这件事他收到的愤怒邮件比整个越南战争收到的都多。这是否意味着，比起一百多万平民和士兵的丧生，我们更关心一只被虐待的狗（它好歹活下来了）？坦白讲，不见得。我无法想象我们能做出这样的事来，但我们的本能反应是受感官而不是数字支配的。

与亲眼看到伤者的画面和采访相比，读到关于千里之外的一场大灾难的报道不太可能触动我们的内心。视觉效果对筹集善款至关重要，这一点慈善机构心知肚明。约翰逊运气欠佳，因为他

引起公众对动物感受关注度增加的标志是美国总统林登·约翰逊虐待他的一只比格犬时公众的强烈抗议。1964年的一天，他在媒体面前揪起狗的耳朵。他并没有把狗扯离地面，而是把狗的身体拉直。狗痛苦地尖叫着。这一臭名昭著的事件，被媒体拍了下来，引致公众对动物同情心的大量流露和对总统的谴责，已经到了让总统道歉的地步。

抓狗狗的那一幕被镜头捕捉下来了。我们总是对身体和脸最敏感。因此，无论对错，安妮·弗兰克的画像都代表了数百万在大屠杀中惨遭杀害的犹太人，一张三岁叙利亚男孩脸朝下躺在地中海海滩上的悲惨照片扭转了多年来人们一直争论的关于大规模难民危机的风向。我们需要一个个性化的识别对象，一张切实存在的脸或者一个实实在在的身体，来打开通往我们心灵的大门。16世纪法国哲学家米歇尔·德·蒙田早已领教了身体语言的力量，他认为人类认知在悲伤和同情中的作用被严重高估了。相反，他更强调身体亲近。他说我们被所发生的事件所"触动"（用身体术语来形容内心感受）绝非偶然，因为我们与他人的关系很大程度上依赖于实际看到的、听到的和感受到的。

这个身体通道如此古老，以至于我们与其他物种共享它。我曾看到过一些引人注目的例子，比如一只叫梅的黑猩猩在一群兴奋的旁观者的簇拥下完成了分娩。这件事发生在一个再平凡不过的午后，在我的办公室正好可以俯瞰他们的户外区域。当黑猩猩们互相推搡着以争取更好的观看视角时，梅上半身直立，双腿分开，将一只手放在两腿之间，以便在婴儿出来的时候能接住它。在她身边的就是她最好的朋友亚特兰大，她是一位年纪稍长的女性，让我感到惊讶的是，她的姿势与梅一模一样。亚特兰大并没有怀孕，她只是在模仿梅。同样，她也把手放在两腿之间：她自己的双腿。或许这里有一个建模的元素，就像在传达"这是你应该做的"这样的意思，父母在用汤勺给孩子喂食时，总是不自觉地做出咀嚼的动作，同时发出声音。人类和其他灵长类动物不仅模仿他人，而且与他人关系非常密切，以至于别人的处境都变成了他们自己的处境。经过漫长的等待，梅的孩子出生了，大家都沸腾了。一只黑猩猩兴奋地尖叫着，其他黑猩猩互相拥抱着，显示出那一刻每只黑猩猩有多么被当时的情绪吸引。

有时辨认黑猩猩的身份是为了消遣，比如有几周时间，我们的幼年黑猩猩玩了一场非常有趣的游戏。他们会跟着受伤的成年雄性黑猩猩。这只雄性黑猩猩并没有表现出典型的关节行走（把前额的重量放在趾关节上），而是弯着手腕以保护他被咬的手指。在他身后的一列纵队中，这些幼崽跟这只倒霉的雄性黑猩猩一样蹒跚前行，好像他们自己也受伤了一样。黑猩猩们总是对那些以不寻常的方式移动的同伴充满好奇，比如乌干达布顿哥森林的野生黑猩猩。廷卡是一只接近50岁的雄性黑猩猩，他的双手严重畸形，手腕瘫痪，这意味着他甚至不能自己抓自己。廷卡发明了一种双手抓痒技术，就像我们双手拿着毛巾擦自己的后背一样。他会用脚拉紧吊着的藤蔓，去摩擦自己的头部和身体侧面。这是一个奇怪的操作，任何健康的黑猩猩都没有理由这样做。然而，有几只年幼黑猩猩常常用藤条摩擦自己的后背，就像廷卡所做的那样。[54]

正如普鲁塔克说的那样："你和瘸子在一起生活，你就学会了跛行。"我们的宠物也有类似的交感神经运动。我的一个好朋友腿摔坏了只能跛行，没过几天他的狗也开始拖着腿走路，而且和他一样，也是拖着自己的右腿走路。狗的跛形持续了几个星期，我朋友的腿好了以后，狗狗也奇迹般地能正常行走了。同其他许多哺乳动物一样，狗狗与其他动物的身体是完全合拍的。他们不仅是完美的同步器，还乐在其中。有些狗狗学会了和孩子们一起跳绳，而其他狗狗则跟着婴儿穿过房间，腹部着地爬行，像极了小孩子。同步和模仿在自然界中都很常见，如当一只海豚跳出水面时，其他海豚也会争相跃出水面，鹈鹕会以无缝衔接的方式飞翔。我们在人工饲养的动物身上也看到了类似的现象。当训练两匹马一起拉车时，起初他们会互相推搡，各有各的节奏。但经过数年的合作之后，他们就会合二为一，同步性极高，在越野马拉松比赛中以极快的速度拉着马车越过水障碍。他们都快变成连体婴儿了，哪怕短暂的分离对他们来说都是煎熬。西伯利亚雪橇犬（哈士奇）也是这样的。或许最极端的例子就是，一只雌性哈士奇在眼睛看不见之后，仍然能依靠自己的嗅觉、听觉和触觉与其他小伙伴同步奔跑。

身体融合是核心。以下是一位长期研究非洲象的美国动物学家凯蒂·佩恩的描述：

> 我曾经看到一位大象母亲在原地自顾自地跳着轻快的舞蹈，眼睁睁地看着她的儿子追赶着落荒而逃的羚羊。在观看孩子们的表演时，我自己也跟着跳舞，而且忍不住告诉你，我有一个孩子是马戏团的杂技演员。[55]

她的例子与一个世纪以前德国心理学家西奥多·利普斯使用的例子极为相似，后者提出"同理心"这一术语。他用一位高空钢丝艺术家的例子解释了 Einfühlung（德语，意为"感觉进入"）。在观看钢丝艺术家表演的时候，我们感同身受，替他担心，好像我们也和他一样走在钢丝上。利普斯是第一个认识到我们对其他人有特殊渠道的人。我们无法感受到外界发生的任何事，但可以通过无意识地与对方的身体融为一体，从而获得了相似的体验。我们感受他们的感受，好像他们就是我们一样。这就解释了为什么我们的反应是瞬间的。想象一下，当我们看到一位马戏团杂技演员不慎脚滑坠落，而且只有在对别人的处境进行心理重现的基础上，才会产生同理心。这一过程需要时间和精力，所以我猜测，直到杂技演员粉身碎骨倒在血泊中时，我们才会有所反应。但事实并非如此。观众的反应绝对是瞬间的：当杂技演员的脚打滑时，成百上千的观众发出"喔"和"啊"的声音。杂技演员有时故意表演这些小伎俩，其实他们并没有要摔倒的意思。确切地说，他们比谁都清楚自己的每一小步都会让观众揪心。我有时候会想，如果没有观众和演员之间的这种密切联系，太阳马戏团会变成什么样子。

大约25年前，在意大利帕尔马的一个实验室里发现了镜像神经元，身体通道得到了巨大的提升。这些神经元在我们做动作的时候会被激活，比如伸手去拿杯子时，或我们看到别人伸手去拿杯子时，这些神经元都会被激活。因为这些神经元不能区分我们自己和他人的行为，它们允许一个人激怒另一个人，别人的行为就变成了我们自己的行为。这一发现对于心理学的重要性不亚于DNA的发现对于生物学的重要性，因为它对模仿和其他形式的身体融合有着深远的影响。这就解释了为什么我们在《国王的演讲》中看到口吃的国王乔治六世时，我们会情不自禁地说出他的台词，也解释了为什么黑猩猩亚特兰大会模仿梅的姿势和动作。

然而，在围绕镜像神经元进行讨论时，我们不应该忘记它们不是在人类身上被发现的，而是在猕猴身上被发现的。而且，时至今日，关于"猴子所见，猴子所做"的神经元证据都比在人类大脑中类似的神经元证据更为详尽。镜像神经元可能会帮助灵长类动物模仿其他动物，比如当他们像训练过的模型那样打开盒子时，或者在野外，他们会按照自己母亲的方式把水果中的种子取出。猴子所处群体不同，他们这样做的方式也不同，而年轻的猴子则忠诚地模仿着他们长辈的做法。[56]灵长类动物是与生俱来的墨守成规者。他们不仅模仿，也喜欢被模仿。在一项试验中，两名调察人员给了卷尾猴一个塑料球让他玩，并与他互动。一个人模仿猴子扔球的每个动作——扔球，坐在球上，把球砸向墙壁，而另一个人没有模仿。最后，猴子显然更喜欢那个模仿他的人。[57]类似的，青少年与别人约会时，相比自顾自独立行动的人，他们显然更喜欢那些模仿他们一举一动的人，比如拿起杯子，胳膊肘支在桌子上，或挠头。他们并不知道自己为什么会有不同的感受，但他们显然把别人对自己的模仿当成一种赞美。

别人在我们面前打哈欠时，就很容易看出这是怎么回事。我们极有可能跟着他们一起打哈欠。我曾经听过关于打哈欠的讲座（当然讲座用的是"伸体哈欠"这样的花哨术语），整场讲座大部分时候，观众的嘴巴都是大张开的。打哈欠传染与同理心有关，因为最易被传染的人也是在其他测试中最有同理心的人，而且女性（她们在同理心方面平均得分高于男性）对别人打哈欠最敏感。同时，有同理心缺陷的儿童，比如患有自闭症谱系障碍的孩子，往往不会被他人打哈欠传染。这方面的知识让我们进行了不少研究，观察我们是如何以及何时能感知别人打哈欠的，以及其他动物是否也会打哈欠。比如，我们现在知道狗和马打哈欠是对人类打哈欠的反应——狗甚至只要听到主人打哈欠之后就开始打哈欠，而且在一个猴子群体中，打哈欠常常会传染。

我们教黑猩猩用一只眼睛盯着桶上的洞，透过洞看桶另一端的iPad。通过这种方式，我们可以测试他们对打哈欠的猿类录像的反应。他们一看到猿类打哈欠，就开始疯狂地打哈欠。然而，只有了解录像中的猿类时，他们才会这么做。他们对陌生猿类的录像反应冷淡。所以，事情并不是看到嘴巴的一开一闭那么简单，还涉及更多问题，如他们需要认同视频中打哈欠的猿类。[58]熟悉程度在人类中的作用也是一样的。在餐馆、候车室和火车站的一项秘密调查中，人们发现，如果一个男人站在他妻子旁边，只要他妻子打哈欠，他就会跟着打哈欠。而如果站在他旁边打哈欠的是一个陌生人，那他就不会受任何影响。我们与其他人共同之处越多，或者与其他人越熟悉，同理心反应就越强烈。[59]

虽然这并不能解释托尔斯泰笔下狮子的惊人反应，但显然作者指望年轻的读者关心弱者。他知道读者会认同这只小狗，得知小狗活下来了，读者会很开心。碰到可怕的大狮子，这只可怜的小狗飞快地翻了个身，拼命地摇着尾巴。这种讨巧的投降方式一定让狮子心软了，因为他没有飞扑上去。不仅如此，他们还成了最好的朋友。虽然一切看起来匪夷所思，但这世界就是有许多奇奇怪怪的动物之间的友谊（大象和狗，猫头鹰和猫，还有狮子和达克斯猎狗，他们都是好朋友），所以不要不信托尔斯泰的故事。这个故事最后归结为两个动物身体之间是如何相互作用的，比如狮子的肚子有多饱，狗的翻滚有多令人信服。

亲吻伤疤

当身体通道帮助情绪从一个人传到另一个人的时候，就不仅仅是打哈欠或模仿了，而是感受他人的感受。尽管问题的根本还是身体之间的联系，但我们正在接近真正的同理心。众所周知，情绪传染从婴儿出生时就开始了，比如当一个婴儿听到另一个婴儿哭泣时就开始哭。在飞机上或产房里，你有时会听到婴儿有节奏的啼哭，奏成一曲交响乐。你可能会认为他们对任何噪声的反应都是哭，但经过测试，婴儿对同龄婴儿的哭声反应尤其大，而女婴比男婴的反应更强烈。社会的情感黏合剂在生命早期就已经出现了，这揭示了它的生物学本质。这是我们与所有哺乳动物共有的能力。

举个现实生活中的例子，黑猩猩母亲能灵活地从一棵大树跳到另一棵大树，而小黑猩猩却跟不上母亲的步伐。对小家伙来说，树冠之间的距离实在太大了。他呜咽着，绝望地向她求救。听到孩子的求救声，母亲一边呜咽着，一边匆忙赶回去为孩子搭桥。她一只手抓住一根树枝，另一只手或脚抓住另一棵树上的树枝，将两棵树拉得更近，自己置身两树中间，这样孩子就能把她的身体当作桥，顺利跨过去。这种日常活动顺序是由情绪传染驱动的，母亲听到孩子的哭声感到不安，她运用智慧理解并解决问题。

所有情绪传染中，最让人惊讶的莫过于消极情绪的传染。你可能会认为恐惧和痛苦的信号是非常让人厌恶的，但最近的一项研究显示，老鼠实际上会被其他痛苦的老鼠所吸引。[60] 我很熟悉年轻恒河猴中的这种现象。一次，一个猴宝宝因为不巧落在一只位高权重的雌恒河猴身上，并被咬了，它不停地尖叫，很快就被其他宝宝包围了。我数了一下，总共有8只小猴宝宝爬到被咬的小可怜身上，他们推搡着、拽拉着。显然，这无益于缓解小可怜的恐惧。猴子们的反应似乎是自发的，好像他们和受害者一样心烦意乱，试图像安慰自己一样安慰别人。尽管如此，这远非事情的全貌。如果这些小猴子只是想让自己冷静下来，那他们为什么要接近受害者呢？为什么不去找自己的母亲呢？为什么要去寻找真正的痛苦之源，而不是找一个确定的舒适之源呢？但猴子宝宝们总是这么做，没有任何迹象表明他们知道发生了什么。他们似乎被别人的不幸所吸引，犹如飞蛾扑火一般。

我们喜欢从他们的行为中解读出关心，但他们可能不知道自己的小伙伴身上发生了什么。我把这种对陷入困境的盲目吸引称为"预先关心"。就好像大自然赋予新生儿和许多动物一个简单的规则："如果你感受到了他人的痛苦，就去安慰他！"显然，任何严格的自我保护理论都会预测出全然相反的结果。如果其他人在尖叫和呜咽，很可能表示他们处境危险，所以明智的做法应该是让自己置身事外。听到痛苦的声音也应该如此。如果你耳边响起刺耳的尖叫声，捂住耳朵迅速撤离似乎是合乎逻辑的做法。但许多动物的反应恰恰相反，他们靠近声源，想知道究竟发生了什么。他们甚至在痛苦或疼痛的声音变得逐渐微弱之后，比如几乎听不到呜咽声和抽泣声时，也会这么做。这都是关于对方的情绪状态。老鼠、猴子和许多其他类动物都会主动去寻找那些深陷困境的小伙伴，这并不符合任何纯粹的自私情形，也证明20世纪七八十年代盛行的理论是存在缺陷的。

我们都听过这样的描述：大自然是狗咬狗的地方，这一切都归结为动物自私的基因和倾向。"最强者法则"总是被这样描述。真正的善良是不存在的，没有一种生物会愚蠢到不顾自身安危去帮助深陷困境的同伴。如果这种行为确实发生了，人们会认为是海市蜃楼的空想或"失火"基因的产物。这个时代臭名昭著的总结是："抓一个利他主义者，看一个伪君子流血。"[61]这句话被一遍又一遍地引用，带着某种调侃的成分。这句话告诉我们，不能相信利他主义，因为那一定是假的。这句话被用来反驳那些"忧国忧民"的浪漫主义者和一厢情愿的思考者，因为他们天真地相信人性本善。无独有偶，这也是里根时代、撒切尔时代以及虚构的电影角色戈登·盖柯所推崇的思想，即贪婪是这世界运转的原动力。几乎每个人都在追求一个简单的想法，这个想法显然与包括我们人类在内的社会动物被自然选择塑造的方式不一样。

幸运的是，我们几乎听不到有关它的消息了。在大量新数据的掩盖下，这一观点已经悄无声息地消亡了。科学证明，合作是我们人类首要和最重要的倾向，至少在群体成员中是这样的，以至于马丁·诺瓦克将最近所写的一本关于人类行为的书命名为《超级合作者》。在神经成像试验中，当人们被要求在自私和利他之间做选择时，大多数人会选择后者。只有在有足够的理由不合作时，他们才会选择自私。[62]许多研究都支持这一观点，认为除非有什么东西阻碍了我们，否则我们更倾向于对他人友好和开放。我有时开玩笑说，这一定是为什么俄裔美国小说家、未来的哲学家艾茵·兰德需要用如此乏味的、沉重的、毫无血性的大部头书来证明自己观点的原因。她的主要观点是，我们是纯粹的个人主义者，她需要努力说服我们，因为在内心深处，每个人都不知道我们是谁或者我们是什么。兰德提供的并不是对我们人类这一物种的描述，而是一种反直觉的意识形态建设。人类和灵长类动物的默认行为模式是高度社会化的，这可以从我们最喜欢的活动，如参加体育比赛和唱诗班及聚会和社交活动中体现出来。考虑到我们的祖先是群居动物，他们靠互相帮助生存，那么，这些倾向完全合乎逻辑。因为，单枪匹马从来都不能成功。

下面是我们的灵长类近亲社会本性的一个典型示例，其中包括纳蒂亚·拉蒂吉纳·科茨向她收养的黑猩猩乔尼发出求救信号时的故事：

> 如果我假装闭上眼睛哭泣，乔尼就会立刻停止他手头的一切活动，快速从房间的任何地方（如房顶或笼子）跑向我，这些都是平时我再怎么求爷爷告奶奶都把他弄不下来的地方，他紧张得毛都竖起来了。他火急火燎地在我身边跑来跑去，好像在寻找惹我伤心的罪魁祸首；他看着我的脸，温柔地用手掌托住我的下巴，轻柔地用手指抚摩着我的脸，好像在试图理解刚刚发生了什么，然后转过身来，把脚趾紧紧攥成拳头。[63]

看到自己的女主人万分痛苦，黑猩猩立即从房顶上跳下来安慰她，那可是平时吃饭时他都不愿意下来的地方，有什么比这更能证明猿猴同理心的呢？科茨描述了她假装哭泣时乔尼看她的眼神："我哭得越伤心，乔尼就越暖心。"当她用手捂着眼睛时，乔尼会试图把她的手拿开，把嘴唇伸向她的脸，专注地看着她，轻声地呻吟和呜咽。

当动物和儿童理解对方的处境时，他们就会抛下盲目的吸引，表现出移情关怀。他们试图缓解疼痛，就像乔尼对科茨所做的那样，或者野餐时父母看到自己的孩子膝盖擦伤、磕到头或者被另一个孩子欺负时所做的那样。要让他们停止哭泣，最快的方法就是亲吻他们的痛处。我第一次听说人类研究这种行为是在一次发展心理学家的会议上，他们发现了一种针对儿童的移情测试。研究人员在家里拍摄时，他们会要求家里的成年成员假装哭泣或假装很痛苦，看看孩子们会做何反应。相机拍摄到孩子们表情焦虑地走向那个痛苦成员的全过程。他们温柔地抚摸、拥抱或亲吻家人。同样，女孩比男孩做得更多，但最重要的是人们发现了这些反应在生命中出现得有多早：两岁之前就有了。那些蹒跚学步的孩子已经这么做了，说明这一反应有多么自发，因为不太可能有人教他们做何反应。[64]

对我来说，真正让我大开眼界的是，孩子们的行为像极了猿类的所作所为。在相似的环境中，猿类不仅会接近受伤者，而且还会抚摸、拥抱和亲吻对方。当我看到移情测试的研究后，意识到我为什么要采用不同的术语呢？从狗到啮齿类动物，从海豚到大象，很多动物都有安慰行为，尽管每种动物都有自己特有的手势。事实上，在孩子们被拍摄的同一个房间里，心理学家无意中发现狗也有同样的反应。狗也会被家里痛苦的成员所吸引，把头深埋在他们膝盖上或者舔他们的脸。[65]

当然，并不是每个人都喜欢听到狗和猿类被描述为具有同理心，但多年过去，这种反对的声音已经越来越少了。动物移情的概念现在已经相当成熟了。毕竟，这并不是说狗拥有我们人类在理解他人时所具备的所有智力。然而，在许多层面上，这标志着同理心，我们当然可以认识到狗对他人情绪的敏感，他们采取相似的情绪，表达关心。这就是为什么我们认为狗是人类最好的朋友。在灵长类动物中，同理心是如此明显和普遍，以至于现在有几十项关于"安慰"的研究，即安慰和宽慰那些经历过痛苦的人的倾向。

要记录他们是如何做到这一点的，我们只需要等待那些让他们压力爆发的自发事件。在灵长类动物的社交生活中很多动物在打架、跌倒或沮丧之后，我们观察其他同伴如何安慰受害者。通过这项研究，我们了解到身体接触的镇定作用，以及它是如何在亲密的社会关系中脱颖而出的。观察安慰的效果真是妙极了，因为前一分钟猿类还因为得不到自己想要的食物而撕心裂肺地叫着，用痉挛的手臂猛烈地拍打着自己的身体两侧。下一分钟，他朋友紧紧抱住他，他的尖叫声就逐渐减弱，变成了轻声的呜咽。[66]

因为这种行为并不仅仅局限于倭黑猩猩和黑猩猩，当有一天一位加入我们团队的学生乔希·普拉尼克想研究大象时，我很高兴。我们与他一起对陆地最大的哺乳动物——大象进行了类似的观察，大象因其密切的社会关系和互帮互助而闻名。在泰国北部的一个露天避难所，获救的亚洲象在半自由状态下漫步，一头名叫乔基亚的象有视力障碍，每当她有需要时，她的朋友梅·佩姆就会第一时间出现在她身边。这两头象总是保持口头上的联系，她们互相吹口哨，互相怒吼着，梅·佩姆扮演乔基亚的"导盲犬"。如果乔基业被公象的吼声或者远处的交通噪声弄得心烦意乱或受到惊吓，两头大象都会竖起耳朵和尾巴。梅·佩姆可能会发出令人安心的叫声，用自己的鼻子爱抚乔基亚，或者把鼻子放到乔基亚嘴里。这让她变得极为脆弱（对大象来说，没有什么比鼻尖更敏感、更重要的了），这也说明了她们对彼此的信任。乔基亚也会做同样的事，把鼻子放进梅·佩姆的嘴里，这样她们之间的信任就建立起来了。如果周围还有其他大象，这些旁观者的反应可能会和乔基亚一样激动，他们会竖起尾巴和耳朵，有时候还会一边唧唧地叫，一边排尿和排便。他们会让自己身处一个保护圈。

乔希在这些厚皮动物身上找到了足够的证据来证明情绪感染和安慰。[67]然而，在很多人眼里这是不言自明的，以至于有时候他甚至会被问及他的研究有何必要。大象有同理心，这不是人尽皆知的吗？在某种程度上，听到这样的问题我很高兴，因为这表明动物同理心的观念是多么根深蒂固。尽管如此，科学还是在巨大的质疑声中进步，任何谨记这句话的人（当然我也记得）都意识到，没有可靠的数据支撑，科学永远站不住脚。但同理心做到了，就像如今我们所有人都接受心脏供血或地球是圆的一样。我们甚至无法想象人们过去曾有不同的想法。然而，即使哺乳动物的情绪敏感度达到这一程度之后，我们仍然需要不断学习它是如何工作的，以及它在何种情况下会表现出来，因为同理心从来都不是唯一的选择。例如，梅·佩姆就没有趁乔基亚身体缺陷之危去偷吃她的食物。

抓住别人的缺陷意味着你有机会利用这个缺陷。

好的和坏的

自相矛盾的是，人类对彼此如此深不可测、残忍至极的原因竟也与同理心有关。同理心的典型定义——感受他人的敏感情绪，理解他人的处境——丝毫没有提及友善。就像智力和体力一样，同理心是一种中性能力。它是善是恶完全取决于一个人的意图。例如，想要成为一个有效的施虐者，就需要知道怎么做最伤人。即使是二手车销售员也可能会同情你，和你开玩笑，最后却高价卖给你一辆破车。尽管围绕这一术语的假设有很多,但同理心是一种万能的能力。

不过,同理心的进化确实是为了帮助他人。大多数时候,同理心有利于产生积极的结果。人们认为它最早起源于父母对子女的照顾,这是利他主义的典型形式,也是所有其他情绪的基础。在哺乳动物中,照顾幼崽是母亲的义务,而父亲则可以选择做或不做。哺乳动物需要哺育他们的幼崽,而只有一种性别(雌性)能做到这一点。因此,雌性比雄性更具抚育能力和同理心就不足为奇了。例如,雌性动物比雄性动物更懂得去安慰,在我们人类中也是如此。最近的一项对监控录像的分析显示,人们对商店抢劫案的反应,证实了那些令人不安的事件的受害者从女性那里得到的安慰要远远多于男性。[68]这一性别差异适用于迄今为止所研究的所有哺乳动物,在我们人类中,同理心的差异甚至反映在学术和科学上。许多人都写过关于利他主义的“谜题”,好像利他主义本身是一件毫无缘由而又需要被特殊对待的事情。这是个很棘手的问题,以至于我们的图书馆里充满了利他主义是为何,以及是如何进化的学术推测,并将其描述为反直觉的。这些文献忽略了母婴看护现象,因为这还远远不够让人困惑。既然人们能轻而易举地解释自己对后代的照顾行为,那为什么还要纠结于此呢?

相比之下,我不知道有哪位女科学家对利他主义的困惑如此着迷。女性会发现很难忽视母亲的养育,以及随之而来的持续担忧和关注。这一点可以通过两位女科学家写的有关合作的很多文章来验证。美国人类学家萨拉·赫迪提出了一个“举全村之力”的理论,根据这一理论,人类的团队精神始于对年轻人的集体关怀。[69]

同样的，精通神经科学的美国哲学家帕特里夏·丘奇兰认为人类正是从照顾后代的倾向里衍生出了道德观念。在女性体内，本来是调控自身功能的神经回路，也被用来照顾孩子的需求，仿佛孩子是我们身体的一部分，所以我们不假思索地保护和照顾他们，就像对待我们自己的身体一样。同样的大脑回路为其他类型的照顾提供了基础，包括对远亲、配偶和朋友的照顾。[70]

这种母性起源解释了同理心中普遍存在的性别差异，这种差异在生命早期就开始了。刚出生时，女婴更喜欢看脸，而男婴更喜欢看机械玩具。在后来的生活中，女孩要比男孩更亲近社会，更能读懂面部表情，更能适应声音，在伤害过别人之后感到更愧疚，也更善于站在别人的角度看问题。[71]在成人的自我研究报告中也发现了同样的差异。我们也知道把催产素喷进男人和女人的鼻孔里时，他们的同理心就会得到增强，因此用女性性激素来愚弄他们效果最好。但，我们几乎没有注意到自己每天为子孙后代所做的努力，甚至拿自己付出的代价开玩笑。远方的亲戚和朋友得到的帮助较少，但那种潜在的满足感仍然不会改变。18世纪的苏格兰哲学家亚当·斯密早已谙熟这一点，他比谁都明白，追求自身利益需要用"同伴情感"来调和。他写过一本名叫《道德情操论》的书，这本书不及他后来的著作《经济学原理》有名，他的第一本书有一个著名的开头：

不管人们认为一个人有多自私，他的本性中都有一些原则，这些原则使得他对别人的命运感兴趣，并使别人的幸福对他而言是必需的，尽管除了开心他从中什么也没得到。[72]

为了生存，我们就得吃饭、做爱和喂奶，这就是为什么大自然让所有这些活动都变得有趣的原因。结果，我们心甘情愿地参与其中。大自然在同理心和互相帮助方面也做了同样的事情，它会让我们在做好事时感觉良好，这被称为利他主义的"温暖光辉"效应。这样做时，我们激活了哺乳动物最古老、最重要的脑回路之一，这有助于我们在建立赖以生存的互助社会时，照顾身边亲近的人。通过寻找人类利他主义最古老的、最令人信服的表达方式的起源，我们解开了这个谜团。

动物移情背后的神经机制鲜为人知，因为我们不可能在猿类、大象和海豚等动物身上进行类似的研究。这些动物要么不适合常规的脑部扫描，要么不能在清醒时安安静静地坐着，配合接受测试。同时，啮齿类动物一直被用于神经科学研究。在我工作的埃默里大学，詹姆斯·伯凯特发现草原田鼠会在压力下互相安慰。这些小型的雄性和雌性啮齿类动物会生活在一起，共同抚养他们的幼崽。他们以一夫一妻制的方式互相依附。如果同伴中一方因某事而心烦意乱，另一方同样也会受到同等程度的影响，即使对方本身并不处于压力之下，情况也是如此。之后，雄性血液中的皮质酮（一种应激激素）就与伴侣保持同等水平，反之亦然，这表明二者之间有强烈的情感联系。通过进一步研究，詹姆斯发现，一方面，如果伴侣中一方处于压力中，他们就会互相整理毛发，这种活动能让他们平静下来。另一方面，如果田鼠对催产素产生了免疫，他们就不会再对对方的压力做出反应，这表明催产素起着关键作用。这使得田鼠与人类从根本上有相似的同理心，在大脑中也是如此。[73]

　　测试人类与田鼠情绪传染的方法相同，都是通过测试应激激素来实现的。一项研究利用普通人对公众演讲的恐惧大于对死亡的恐惧这一事实，要求研究对象对听众发表演讲。演讲结束后，所有参与者都被邀请往杯子里吐口水。这样科学家就能从中提取出一种与焦虑有关的激素。他们发现演讲者的压力会对听众产生影响。观众们听着演讲者的每一个字，自信的演讲者让他们倍感放松，而紧张的演讲者让他们感到很不舒服。演讲者和听众体内的性激素水平以与田鼠同伴相同的方式聚集在一起。[74]这些相似之处在生物学家所说的同源性中就有暗示，该术语的意思是性状源自共同的祖先。就像我们的手与灵长类动物的手是同源的一样，哺乳动物的移情在不同物种之间也是同源的，因为它以同样的方式工作，并且有着共同的进化起源。

　　很久之前，比如在史密斯时代，当我们还没有同理心这一术语时，所有这些都归结为同情。而如今，同情又有了其他的意思。同理心寻求他人的信息，并帮助我们理解他人的处境，而同情反映了对他人的切实关心和改善他人处境的愿望。[75]例如，我自己的职业在很大程度上就是依赖同理心而不是同情。连续几小时观察动物，如果不与他们产生共鸣，也不感受他们的起起落落，着实是一件让人感到无聊而厌烦的事情。一个同伴的突然死亡，一个健康婴儿的出生，收到所爱食物的喜悦，所有这些都牵动着观察者的心。我知道科学家经常宣称客观是他们的目标，但想我不能苟同。它给我们的只能是一种冷冰冰的、机械的动物观。科学可能是客观的，但它完全忽略了动物的情感。在动物行为研究方面，一些最伟大的先驱拒绝这种不考虑动物情感的做法，他们强调必须认同并接近我们的研究对象。日本灵长类动物学创始人今西锦司和奥地利生物学家洛伦茨都曾提出，同理心是通往动物内心的大门。洛伦茨更夸张，他说任何跟狗生活在一起的人，如果不相信狗和我们有同样的感受，那这些人就是精神错乱的，甚至是危险的。[76]

我认为同理心是我的生存之道，因为它让我通过深入研究我观察对象的皮肤而得到很多东西。然而，这并不等同于同情。当然我也很有同情心，但它不那么自发，而是需要更多的计算。有些人对动物表现出几乎无止境的同情，比如那些救助流浪动物并让他们恢复健康的人，或者像亚伯拉罕·林肯，他为了从泥潭中救出一只尖叫的猪，终止了自己原本计划好的行程，弄脏了自己昂贵的裤子。同情是行动导向的，它往往根植于同理心，但又超越了同理心。

虽然同情从定义上说是积极的，但同理心不必是。如果理解他人的能力与他们背道而驰，这一点就尤为明显。脑容量较小的动物，如鲨鱼和蛇，很可能无法做到这一点。这些动物有出色的攻击和伤害其他动物的能力，但却丝毫没有意识到他们的影响。大多数"残忍"的本质都是这样的：残忍是结局，但并不是有意为之。同时，猿类的大脑足够复杂，复杂到能造成故意伤害的程度。理解他人的能力可以用来折磨他人。就像男孩们向池塘里的鸭子扔石头一样，猿类有时候伤害别人只是为了好玩儿。在一个游戏中，实验室的幼年黑猩猩用面包屑把鸡引诱到栅栏后面。每当容易上当受骗的鸡接近时，黑猩猩们就会用棍子打它们，或用锋利的铁丝戳它们。这种名为"坦塔洛斯"的游戏是黑猩猩们为了打发无聊而发明的，小鸡们愚蠢到可以与黑猩猩一起玩耍的程度（尽管这对它们来说不是游戏）。他们甚至将游戏升级到一只黑猩猩当诱饵，另一只当杀手的程度。

我们在自己的研究中也看到了相关的东西，尽管没有那么残酷。我们设置了一个测试，在这个测试中，我们的一些黑猩猩会在一栋大楼里发现一个装满苹果的盒子。我们对他们的叫声很感兴趣，比如黑猩猩用来宣布食物大丰收时的叫声和咕哝声。有时候他们私下发现了苹果，但其他时候会有一个小窗户向其他黑猩猩敞开。这种情况下，他们所有的朋友都能看到里面正在发生什么。他们会聚集在窗前，推开彼此，张开双臂，讨苹果吃。偶尔，成年黑猩猩会将自己的一些苹果分享给小伙伴们，尽管对他们来说据为己有更容易。与此相反，青少年黑猩猩则把这看作戏弄外界的绝佳时机。他们坐在离窗户很近的地方，手里捧着闪闪发亮的红苹果嘚瑟，让每个窗外的小伙伴都能看到，但只要有人伸手去拿苹果，他就迅速把手抽回去。这不是"有钱人"在戏弄"穷人"么？[77]

在自然界中，我们观察到黑猩猩会虐待松鼠、蹄兔这些小动物。他们似乎从中收获了很多快乐，因为他们边虐待边哈哈大笑，好像这样做很有趣。一名日本野外工作者赞马小泉纯一郎描述了坦桑尼亚马哈尔山国家公园的一只成年雌猩猩恩科博是如何将一只小松鼠拖来拖去，摇晃了长达6分钟，直到小松鼠最后在绝望的叫声中死去。赞马描写道："这看起来就像一场斗牛，恩科博是斗牛士，她在公牛（一只小松鼠）面前挥舞着一块红布（她的下臂），然后刺（咬）伤它。这一动作看起来像是一种带有戏弄性质的社交游戏，因为恩科博允许小松鼠进行反击，而恩科博脸上又表现出一副玩世不恭的样子。"[78]后者指的是黑猩猩微笑的表情。小松鼠死后，恩科博的行为发生了一百八十度大转弯。她不再激怒小松鼠，而是抓住它的身体，不是像以前一样抓住它的尾巴，赞马认为恩科博理解小松鼠处境的变化。她没有吃掉尸体，而是将它晾到一边。

有一种可能性，即我们人类以外的物种不仅具有同理心，而且可能被认为是有意做出卑鄙的行为，这给予了野外观察到的杀戮行为额外的筹码。就像动物王国里的许多雄性黑猩猩一样，他们不仅会为了领地而斗，偶尔也会费尽心思故意干掉竞争对手。对这些情况的描述包括：几只雄性黑猩猩在自己的领地周围巡逻，他们跟踪一个受害者悄无声息地穿过边境，在果树上给他一个"惊喜"，他们会对敌人进行突然袭击，又咬又揍。这种群殴行为会一直持续，直到受害者死去，然后他们对尸体不管不顾。我自己也目睹过类似的囚禁暴力，有一次他们甚至对受害者进行了阉割。当时，人们认为那可能只是一场意外，或者是生存条件下的人工产物，但现在已经确认野外的雄性黑猩猩也会做同样的事。事实上，我所目睹的可怕的施暴行为在黑猩猩这个物种中再正常不过了。我不再认为死亡和阉割是雄性之间争斗的不幸副产品，我现在倾向于将两者都看作是有意而为的。考虑到我们正在处理的是能够基于对他人处境的了解而关心他人的动物，为何不能假设他们可以为了杀戮而杀戮，因而才有了谋杀的能力呢？

每当这种野蛮行径作为一种驳斥黑猩猩同理心的论点被提出来时（"你知道这帮家伙自相残杀，对吧？"），我需要吸引人们对我们优良物种的关注。没有人会因为人类在某些情况下会杀人就否定人类的同理心。我们的态度随环境的改变而改变，这使得我们人类有幸成为世界上最善良和最险恶的动物。不过，我并没有看到太多矛盾，因为对他人的关心和残忍比我们想象的有更多共同之处。他们不过是一枚硬币的两面，表现方式不同罢了。

来自迦太基的德尔图良（早期基督教神学家）对天堂有一种最不寻常的看法。他认为，地狱是一个充满磨难的地方，而天堂是一个绝佳的阳台，那里幸运的人们可以俯瞰地狱遭受折磨的人们，从而享受注定要死的灵魂身处水深火热的景象。多么荒谬的想法！对我们很多人来说，看到别人痛苦比自己遭受痛苦更煎熬，所以这个情形让我感觉像身处地狱一样令人不快。

但我们的对手呢？我们对他们也会有同样的怜悯之情吗？当德国神经学家塔尼亚·辛格研究这个问题时，她发现了另一个有趣的性别差异。扫描大脑区域时，若人们看到别人的手被轻微电击时，他们大脑中的痛感区域就会亮起，表明他们与被电击者有同样的痛感。这是典型的同理心，但只发生在扫描之前他们与受试者因玩过友好的游戏而喜欢对方的情况下。如果搭档在游戏中对受试者不公平，那试验结果就会发生戏剧性的变化。若受试者感觉被骗了，那他看到搭档被电击时反应就会小一点。这次同理心之门没有打开，而是关上了。这在女性身上只是部分成立，她们仍然表现出温和的同理心，但男性的同理心是完全没有了。实际上还有更夸张的情况，看到对自己不公平的球员被电击，男性大脑的快感中枢会被激活。他们从同情转向正义，并对他人受到的惩罚喜闻乐见。他们的主要情绪是幸灾乐祸。[79]

因此,如果德尔图良所说的天堂真的存在,那一定是人们看到他们的敌人被活活烧死。

老鼠的同情心

我最喜欢的关于人类同情心的故事还是一则有关善良的撒玛利亚人的寓言。故事是从一个牧师和一个利未人的麻木不仁开始的,他们从一个受重伤的犹太人身边依次经过,没有片刻停留。他们对所有督促我们关爱邻居的文字都非常熟悉,但显然他们有不同的优先级。只有被宗教拒之门外的撒玛利亚人对受害者产生了同情心,并提供了帮助。这个故事所要传达的信息是,要警惕道德而不是内心。每当学者或政客对我们可以轻易摆脱的温情嗤之以鼻时,这就是个需要铭记在心的极好信息。谁需要同伴的同情?心理学家保罗·布鲁姆就这一话题写了一本书——《反共情》。其中心思想是,我们是理性的存在,因此我们的道德应当建立在逻辑和理性的基础上。如果我们足够努力地思考(最好是在科学的指导下),我们最终将会在对与错之间做出深思熟虑的选择。还有什么比客观道德更好的呢?

然而,从最近发生的种种情况来看,这一立场着实令人恐惧。科学和理性缺乏人道作为支撑,这意味着基本上可以用它们来证明任何事,包括罪恶的行径。他们为奴隶制提供了合理的经济论据,也为把囚犯当作试验品使用提供了合理的医学依据。他们还督促我们通过强制绝育和种族灭绝来改善人种。优生学还曾是一门备受尊重的学科，在世界各地的大学里都有教授。对那些自视高人一等的人来说，淘汰劣等种族是有道理的。这是当逻辑规则和人之常情被排除在游戏规则之外时得出的结论。第二次世界大战期间，我们了解到这种理性思维的后果，那时我们也了解到，最伟大的英雄不是那些与芸芸众生想法相同的人，而是那些对他人的同情使他们敢违背可怕命令的人。他们秘密地给挨饿的囚犯喂食，或者把受迫害的人们藏到地下室和阁楼里。一名波兰籍护士伊雷娜·森德勒把数百名犹太儿童一个接一个地从华沙（波兰首都）贫民窟解救出来。她之所以这么做是出于与生俱来的同情心，而不是基于某种崇高的道德准则。

然而，许多理性主义者将同理心和同情看作软肋。在他们看来，这些倾向太过冲动和任性。但这不正是它们的优势吗？同理心能满足我们对他人的兴趣。我们从他人的陪伴和幸福中获得的快乐是我们身体的一部分。这就是我们，因此不需要任何道德上的辩护。我们也不需要《圣经》来证明，因为我们身边每天都有暖心的善举上演。人们跳进冰冷的河流去救陌生人，把他们从即将驶来的地铁轨道上拖下来，或者在枪林弹雨的射击中掩护他人的身体。人们在做出这些牺牲的时候都没有太计较后果，这就是为什么英雄们常常被突如其来的关注弄得不知所措的原因。在他们看来，他们只是做了自己该做的。几乎每天网络上都有这么一段新鲜视频，视频中一只狗拖着受伤的同伴离开高速公路，或者大象拖着小牛防止它被湍急的河水冲走，或者座头鲸从掠夺成性的虎鲸口中救出海豹。大多数这种救援行动都是对痛苦迹象的反应，这是哺乳动物为帮助身处危险中的后代做出的典型反应，但也扩展到其他同伴，有时甚至扩展到其他物种。

更有趣的情况是，在没有任何清晰求救信号的情况下提供帮助。现在，施救者需要去鉴别，在当时的情境下，需要什么样的行动。举个例子，在圣地亚哥动物园有被围栏围着的倭黑猩猩，那里有一条潮湿的护城河。有一天，饲养员把护城河的水抽干进行洗涤，准备洗完后再将之灌满。他们走到厨房打开水闸，但突然间，族群的雄族长科渥特出现在厨房窗户前，尖叫着挥舞着自己的双臂。饲养员说，科渥特急到"快说出话来了"。原来，是几个年幼的倭黑猩猩跳进了干涸的护城河，但他们爬不出来了。如果继续灌水，他们就会被淹死，因为猿类不会游泳。饲养员支了个梯子，在人们的帮助下，除最小的倭黑猩猩外，所有受困的小家伙都得救了，而年纪最小的那只是被科渥特亲自救上来的。科渥特疯狂的干预行为表明他知道水源是怎么控制的，以及是谁在控制水源，而且一旦任由水充满护城河，后果将不堪设想。他在任何紧急情况出现之前就提前采取了行动。

另外举一个例子，猿类有时候会给族群中年老的伙伴送水或食物。在我们的黑猩猩群落中，我们曾经观察到这种情况发生在牡丹身上，她是一位患有关节炎的雌性老黑猩猩，有些日子她几乎不能走动，甚至连水龙头也开不了。年轻的雌性黑猩猩会去水龙头那里猛吸一口水，然后带给牡丹。牡丹会张大嘴巴，这样别的黑猩猩就能把水喷进她嘴里。其他情况下，一只年轻的雌性黑猩猩会帮助牡丹加入攀爬架上一群正在互相整理毛发的黑猩猩，她会将双手放在牡丹背后，将她托起来。在野外会看到这样的情况，女儿双手捧着水果孝敬她失去爬树能力的母亲。

在我资助和合作的路易斯安纳州的黑猩猩避难所，那里的黑猩猩们生活在巨大的森林岛屿上。他们已经从研究实验室"退休"了，这意味着他们常常对草地、树木和户外环境知之甚少。这时，有经验的黑猩猩就会教那些缺乏生活经验的同伴。有一次，一只名叫萨拉的雌性黑猩猩从一条毒蛇嘴里解救了她的密友茜拉。萨拉率先看到那条毒蛇，她大声吠叫着发出警报，这样大家就都知道了。但当茜拉跑过来一看究竟时，萨拉不得不使劲儿拽着她的胳膊，把她拉开。萨拉用棍子捅了捅那条蛇，看看它的反应，同时继续拉住茜拉。她一定以为茜拉想抓住那条蛇，这可能酿就一个弥天大错。

我可以提供更多灵长类动物的例子，至少和海豚、犬科动物和鸟类等一样多的例子。特别是大象，他们提供了丰富的素材，比如他们通过把鼻子放在挣扎的幼崽身下，然后再把他抬起来，把小家伙从泥潭中解救出来。韩国一家动物园流出了一则病毒式传播的视频，一头小象不慎滑进水池里，岸边小象的母亲则惊慌失措。小象的姑妈急忙赶来，用头使劲地推象妈妈，把她一步一步地推向泳池边的台阶。接着，两头象一起冲进水中，一起游向小象，把他赶向刚刚的台阶，让他爬出来。小象是天生的游泳健将，他用鼻子作为通气管，成年大象们这么惊慌失措似乎有点夸张了，然而，这就是为什么专家乔伊斯·普尔评论说的："大象是戏剧女王。"对我而言，这个视频最有趣的部分是，姑妈明明知道怎么把小象救出水池，但她会督促妈妈带头做这件事。

许多物种似乎捕捉到了其他动物的需求，并自发地事事为别人着想。但我不想提供更多故事，在这里我想集中讨论几个试验，因为这是确定证据的唯一途径。观察结果过于宽泛，无法得出确切的结论。试验为动物提供各种各样的选择，同时排除潜在的自我利益，试验提供环境是受控。然而，直到最近，有关帮助行为的试验还寥寥无几，因为人们普遍认为只有人类才关心他人的幸福。动物被认为是冷漠的、漠不关心的。有时候，这是一种最戏剧化的方式，强调人性的高贵，或声称这是一种相对近期的进化"火花"，让我们的祖先与众不同。就像那些拒绝从伽利略的望远镜里一看究竟，并坚信从中看不出什么东西的神父们一样，在20世纪的大部分时间里，对动物科学的低期望已经让动物行为研究变得一蹶不振。既然动物不可能拥有这样的能力，为什么要测试他们呢？然而，事情已经悄然改变。因为人类所做的每一件事都应该在其他物种中有先例或相似之处，帮助行为也不例外，后者现在已经成为一个受人尊敬的研究课题。

美国人类学家布莱恩·黑尔和他的同事们开展了一系列引人注目的测试，他们关注猿类中最富同情心的倭黑猩猩。[80] 倭黑猩猩和黑猩猩一样是我们的近亲，但他们更加敏感和温柔。他们对性的使用促使很久以前我就称他们为"做爱而不是战争"的灵长类动物，而且这个标签也一直沿用至今。在黑尔的创造性试验中，他们不负众望。在一项试验中，一只年轻的倭黑猩猩得到了一大堆水果，他可以自己独享这些水果，实际上，如果他自己吃，完全能吃光。但是猿类经常能看到一个同伴坐在网眼门后面，他知道如何打开这扇门。许多倭黑猩猩在吃水果之前做的第一件事，就是打开那扇门，让其他小伙伴们进去。这一举动让他们的好处折半，因为他们不得不与小伙伴分享水果。另外，如果门后面没有小伙伴，他们就很少去碰那扇门。让人更惊讶的是，试验过程中，猿类有机会为其他小伙伴提供食物，而自己却得不到任何好处。他们可以拉一根绳子，打开一扇门，另一只倭黑猩猩就能进去吃水果，但他们自己却什么都吃不到。尽管如此，他们还是拉了绳子，这里我想起史密斯关于同情的字眼——"除了愉悦，他们什么都没得到"。

这种形式的测试不仅涉及利他主义（可以以各种方式出现），而且涉及亲社会倾向，后者一向被定义为让他人的生活更好的意图。我团队的一位成员维姬·霍纳在保持其他条件完全不变的情况下，研究了黑猩猩的亲社会选择和自私选择。维姬会把两只黑猩猩叫进认知大楼里，让他们排排站，中间隔着铁丝网。我们的第一个测试涉及年长的牡丹和与她素不相识的一位雌猩猩丽塔。牡丹收到了满满一桶彩色塑料代币，一半是绿色的，一半是红色的。她学会了一次选一个代币并递给我们，但她对两种颜色的代币所代表的意思一无所知。不管她选择什么颜色，都会得到奖励。唯一的区别是丽塔能得到什么样的奖励。红色代币代表"自私"，因为上交红币只有牡丹能得到奖励；而绿色代币代表"亲社会"，因为上交绿币双方都能得到奖励。连续选择多次后，牡丹开始三次里有两次都选绿币。其他受测试的黑猩猩搭档中，十个有九个都做出了亲社会选择。而且，如果我们只测试一只黑猩猩，他们对颜色的选择就是随机的。亲社会倾向只有在自己的搭档从中获得好处时才会产生。[81]

然而，总是存在半满半空的争论。尽管我们对猿类的亲社会属性印象非常深刻，但批评者指出猿类并不总是亲社会的。他们说，黑猩猩一定是"小肚鸡肠"的动物，不然他们为什么故意不给同伴奖励呢？然而，这种试图收复人类利他主义的企图失败了。黑猩猩是复杂的生物，他们的行为一直处于变化之中。我还不知道有任何一项任务他们能百分之百完美地完成，即使他们非常清楚它是如何运作的。人类也没有什么不同。我们的表现也会因所处环境、当时心情、注意力和搭档的不同而异。通过阅读有关人类亲社会选择的研究，我们发现了完全相同的多变性。举例来说，七岁到八岁的孩子只有四分之三的时间是亲社会的，这意味着他们有四分之一的时间会做出自私的选择。其他研究也得出了同样的结论。跟黑猩猩一样，人类从来都不是完全亲社会的。

在日本，山本神弥进行了一项测试，测试中黑猩猩可以互相帮助，但前提是他们要接受对方的观点。这与之前提到的故事类似，他们知道其他同伴什么时候需要水和食物，什么时候又会对蛇做出愚蠢的举动。山本在可控条件下提供了这种富于洞察力的帮助。他给一只猿猴两种获取橙汁的方法。猿猴可以用棍子把容器耙拢，或者用吸管吸果汁。问题是她手头并没有任何可用的工具。在她旁边的另一个地方，坐着另一只黑猩猩，他拥有一整套不同的工具。那只黑猩猩会看一眼她缺什么工具，然后挑出适合的工具，通过小窗交给她。不过，如果拥有工具的那只黑猩猩看不到她的处境，他就会随机挑选工具，表明他不知道对方需要什么。因此，黑猩猩不仅随时准备帮助同伴，还会考虑同伴的特殊需求。[82]

无论是圈养黑猩猩还是野生黑猩猩，我们对猿类的能力仍然知之甚少，但很明显，他们并没有人们想象中的那样自私，而且在人道行为方面，他们可能比普通牧师和利未人表现得还好。然而，出于实际和伦理上的原因，我们几乎没有开展利他主义形式的试验，比如让一个个体冒着生命危险去救其他小伙伴，这样的试验代价太大了。顺便说一句，人类的利他主义也是如此。没有人会把黑猩猩扔进河里，观察其他小伙伴是否会去救他，但通过实际观察，我们知道小伙伴们会这么做。动物园里的猿类通常生活在护城河环绕的小岛上，也有报道说，他们试图拯救掉下去的小伙伴，有时双方都会有生命危险。一位雄性黑猩猩在去解救一名被无能的母亲抛弃的婴儿时，丧失了生命。在另一个动物园里，一只年幼的黑猩猩因为撞上电线而惊慌失措，他从妈妈身上跳到水里，妈妈为了救他最后不幸和他一起被淹死了。而当世界上第一只接受过语言训练的黑猩猩华秀听到另一只雌性黑猩猩的尖叫声并被撞到水里时，她飞快地闯过两根电缆（这些电缆通常是用来防止猿类接近受害者的），结果发现那只黑猩猩正在疯狂地挣扎着。华秀涉水到护城河岸边的泥潭里，抓住那只雌性黑猩猩摆动的手臂，把她拉到安全的地方。他们算不上认识，只是几小时前见过一面。[83]

　　显然，若不是强大的动力驱使华秀这么做，她也不会克服对水的恐惧。从心里计算的角度来解释（"如果我现在帮助她，那她将来也会帮助我"）站不住脚：为什么会有人为了这么一个不可靠的预测而冒着生命危险救别人呢？只有瞬时反应才会让一个人将所有的谨慎抛之脑后。这就是同理心通过将两个个体的情绪状态连接在一起所起的作用。用美国心理学家马丁·霍夫曼的话来说，同理心具有"将他人的痛苦转化为自己的痛苦"的独特属性。[84]这一机制也被英巴尔·本—阿米巴塔尔（Inbal Ben-AmiBartal）在芝加哥大学验证了，不是在灵长类动物或其他大型哺乳动物身上验证出来的，而是在啮齿类动物身上验证出来的。一只老鼠被放进一个围栏里，她在里面看到了一个有点像果冻罐的透明小容器。而容器里关着另外一只老鼠，那只老鼠痛苦地挣扎着。这只老鼠不仅学着如何打开一扇小门来解救另一只老鼠，而且她非常乐意这么做。她这么做完全是自发的，没有接受过任何训练。接着研究人员通过让她在两个容器中做选择来测试她的动机，一个里面装有巧克力曲奇（一种她们最喜欢的食物，而且很容易就能嗅到曲奇的气味），另一个里面装有被困的同伴。老鼠通常会先解救她的同伴，表明对她来说，解救同伴比享用美食更重要。[85]

但有没有可能是老鼠为了给自己找个伴而故意解救对方？因为如果对方被锁起来，她就没有玩耍、交配或梳理毛发的对象。老

我们把老鼠放进一个空间，旁边她的同伴被困在玻璃容器里，来测试老鼠的移情作用。面对深陷困境的同伴，这只老鼠用尽一切办法去解救她。但如果给这只老鼠注射了肌肉松弛药，就不会出现这种解救行为，因为这种药让她对同伴情绪状态的敏感度降低。

鼠这么做只是为了日后与对方建立某种联系吗？尽管最初的研究并没有解决这一问题，但另一项研究却让老鼠在与被困者没有任何机会建立日后联系的情况下解救彼此。[86] 他们仍然这么做了，表明背后的驱动力并不是一种社交欲望。阿米巴塔尔认为这是一种情绪传染：老鼠注意到对方的痛苦之后，自己就会变得很痛苦，这促使他们采取行动。当她给老鼠服用一种抗焦虑的药物，将他们变成快乐的嬉皮士时，这种观点得到了验证。尽管老鼠表面上不声不响，但这些啮齿类动物仍然知道怎么打开小门，并利用小门来够到巧克力曲奇。而他们对被困的老鼠却失去了兴趣。他们满不在乎，表现出服用百忧解或止痛药时特有的情绪迟钝。老鼠对对方的痛苦变得麻木不仁，袖手旁观。与基于眼前自身利益的解释相比，这样的结果更符合同情的观念。[87]

"瞬时"这个词在这里至关重要，因为没有人声称同理心从长远来看没有任何意义。在生物学中，我们把两种对自己利益的服务方式分得很开。第一种发生在进化层面。一般来说，一个物种的所有典型特征都具有优势。如果同理心对人类可以互相依赖的合作社会没有贡献，它就永远不会进化。这种能力可能充满了互惠互利和生存价值。第二层含义是心理层面的：个体追求什么样的目标？进化目标通常不为个体所知。就像小鸟沿着自己物种的迁徙路线飞翔，不明缘由；就像动物发生性行为，不计后果。自然界充满了进化带来的好处，而这些好处并不只是动机的一部分。如果拿解救溺水的雌性黑猩猩华秀或帮助失明伙伴的大象梅·佩姆来举例，他们都不是流血的伪君子。相反，我们会发现两个善良的灵魂，他们对同伴的困境都高度敏感。

尽管如此，学者们仍然沉迷于自私的动机，仅仅因为他们被灌输了这样的思想，即动物或人类所做的每件事都必定由动机驱动。经济学和行为主义都奉此为箴言。不过，我不相信这句话的任何一个字眼，最近关于孩子们的一项试验就巧妙地证明了这一点。德国心理学家菲利克斯·沃内肯调查了年幼黑猩猩们和孩子们是如何帮助成年人的。他们会不会捡起试验者在工作途中掉下来的工具呢？他们会不会为一位忙得不可开交的试验者打开橱柜呢？孩子们和年幼黑猩猩们都会自愿地、热心地提供帮助，表明他们理解他人的难处。然而，当沃内肯开始奖励提供帮助的孩子们时，他们就变得不那么乐意帮忙了。这样的奖励似乎分散了他们对笨拙的试验者的同情。[88] 我想弄清楚这种情况在现实生活中是如何起作用的。想象一下，每次我都乐意帮助我的同事或邻居，我总是敞开大门或者帮他们取邮件，如果他们因此给我小费，我会感到很生气，好像我这么做就是为了钱一样！我肯定不会再为他们提供帮助了，我甚至开始刻意回避他们，因为他们太见外了。

认为人类行为完全是由有形的奖励所驱动的这个想法很奇怪，因为大多数时候奖励都是无形的。照顾老年痴呆的病人会得到什么奖励？把钱捐给慈善事业又会得到什么奖励？内心的满足感（感觉良好）很有可能发挥作用，但也只会通过改善他人的处境来起作用。它们是确保我们以他人为导向而不是以自己为导向的方式。如果我们把这称为自私，那自私这个词就失去了它所有的意义。同样的，当涉及其他物种时，他们所追求的一切都是自我获得这一概念，也是对他们亲社会性的一种侮辱。

我们进化到能够与他人的情绪状态产生共鸣，主要通过我们的身体，我们将他人正在经历的内化到自己身上。这是社会联系的最佳状态，是所有动物和人类社会的黏合剂，它保证了对同伴的支持和安慰。

第 4 章

人类特有的情绪
厌恶、羞耻、内疚和其他不适

04

维多利亚女王或许厌恶她在伦敦动物园接触到的猿类，那猿类自己的感受如何呢？动物曾感到过厌恶吗？如果感受到，他们是因为什么而感到厌恶呢？当我们看到狗舔自己的睾丸，吃大便，或在烂泥里打滚儿时，我们想当然地认为他们没有羞耻心和厌恶感。但同样的论点也适用于我们人类自己的习惯。比如我们喜欢吃橙子、喝鲜榨柠檬汁，但只要我们给狗狗吃柑橘类水果（不推荐这么做），我们就会看到他厌恶的反应，他会噘起嘴唇，流着口水，迅速远离这些散发酸味的东西。甲之蜜糖，乙之砒霜。我们认为健康的水果，却是其他动物厌恶的对象。狗狗是否也曾想过人类有没有厌恶感？

排斥反应在猿类中很常见。在我们的耶基斯灵长类动物研究中心，一向勇敢的凯蒂有一次在一个大型拖拉机轮胎下面挖土时，发现了蠕动的东西。她轻轻"呼"了一声，用中指和食指把蠕动的东西拿开，就像人们拿香烟的动作一样。她先是闻了闻，然后转过身来把它展示给包括她母亲在内的其他人看，她伸出胳膊把它高高举起，好像在说："瞧瞧这家伙！"它很有可能是个爬满蛆虫的死老鼠。她母亲"呜呜"地大叫了几声。

凯蒂的小表妹塔拉在意识到这家伙带来的戏剧性后果之后，常常很淘气地用尾巴卷着老鼠的尸体，并小心翼翼地让尸体不碰到自己的身体，然后偷偷地把它放到熟睡的同伴背上或头上。被她捉弄的小伙伴一感觉到（或闻到）那只死老鼠，就会跳起来，大声尖叫着，疯狂地摇晃自己的身体，想把这丑陋的东西从自己身上弄下去。为了让那恶心的气味不停留在身上，她甚至要抓一把草擦拭刚刚被老鼠碰过的身体部位。这时候，塔拉就会迅速捡起那只死老鼠，寻找下一个捉弄目标。我们暂且不谈为什么塔拉认为捉弄别人很有趣，也不谈为什么我们人类会认为整件事情很搞笑，这里我感兴趣的是厌恶的情绪，它有着好坏参半的名声。

一方面，在进化史上，厌恶被认为是一种原始情绪。因为厌恶通常基于嗅觉，用来防止摄入有害食物（柑橘类食物对犬科类动物有害），因而厌恶被认为是一种最基本的情绪，有时甚至还是"首要"情绪。另一方面，关于厌恶的文学正在蓬勃发展，它认为厌恶是人类特有的情绪，是一种用来表示道德上的喜欢或排斥的文化建设。例如，美国神经学家迈克尔·加扎尼加在《人类的荣耀：是什么让我们独一无二》一书中将厌恶划分为5种情绪模块之一，这5种情绪模块将我们与其他动物区别开来。

塔拉一定没读过这本书。

鼻头皱起的厌恶情绪是人类通用的厌恶表情，常常伴随着眼距变窄，眉头紧锁（上图右）。这是一种对发臭的食物或其他不愉快情境的反应，但同时也表达了对人类不良行为的不喜欢。黑猩猩也有同样的面部表情，比如他们所谓的阴雨脸，就是从一个放松的表情（上图左）到一个厌恶的表情（上图中）。

一匹口渴的马

如果有人想知道是什么情绪让我们人类成为人类，过去我常常会说是羞愧和内疚这种自我意识最强的情绪，即使我知道有些同事会有不同的看法。他们会说动物只拥有屈指可数的情绪，他们从来不会将这些情绪融合，也不会有像我们一样的感觉。不过，所有这些纯粹只是推测，就好像何塞·奥尔特加·加塞特突然断言的那样，黑猩猩与我们人类不同，因为他每天早上醒来，就好像他面前从来没有黑猩猩存在过一样。这位西班牙哲学家是不是在暗示，每只黑猩猩都以为他们是一夜之间被创造出来的？为什么要说这样的话？严肃的学者们为了将人类与动物区分开来，提出了最疯狂的建议，这些建议有些是捏造的，有些是未被证实的。要理解这些建议，包括关于动物感受是什么的建议，我们必须添加很多个人臆想，不然很难感受得到。

尽管如此，我还是愿意相信羞愧和内疚是"只有人类才有的"，这些观点在学术界仍然占据着主导地位，我认为这两种情绪需要一定程度的自我意识，而其他物种可能缺乏这种自我意识。但现在我不再那么确定了。我越来越相信，我们所熟悉的所有情绪都可以在所有哺乳动物身上以这样或那样的方式找到，区别只是情绪细节、表现形式、使用情境和强度上的不同。部分问题是人类语言。你可能会认为，能够描述自己的感受是一种巨大的优势，但这件事本身喜忧参半，它让有关情绪的研究陷入了深深的困境中。

问题始于艾克曼对面部表情贴的标签。你向受试者展示一张脸的照片，问他们这张脸是否透露出"愤怒""悲伤"或"喜悦"的信号。看到一张笑着的女人的照片，你会毫不犹豫地选择"喜悦"作为匹配。在全世界范围内，人们都就一组有限的情绪达成共识。所有这一切看起来似乎完全合乎逻辑，信息也很全面。但如果你不给他们选项，不贴标签，让他们用自己的语言描述照片上的情绪，会发生什么呢？或者如果你给了他们一系列标签作为备选，但偏偏剔除了最明显的选项，情况又会怎样呢？他们会转而选择另一个选项吗？如果照片中的表情不是演员们在完美的灯光下做出的，情况又会怎样呢？演员们做出固定的表情，比如他们的笑，一定不会被误认为是别的表情。但现实生活中，人们的表情远没有那么刻板，而是稍纵即逝，更低强度。当我们在看向别处、咀嚼食物、眨巴眼睛或坐在黑暗中时，我们脸上都有微表情。在做了大量的额外研究之后，我们如何解释面部情绪已经不那么清晰了。如果受试者可以自由地描述自己所看到的表情，那他们不会总是用某个标准来衡量表情。在少数几个问题上，大众达成了共识，但结果并不和人们想象的那样一致。[89]

而且，意识到给情绪贴上标签是毫无意义的行为是件好事。这是因为情绪独立于语言之外。在阳光明媚的阳台上与好友边喝咖啡边聊天，对他的每一个面部表情或身体动作我都能在几毫秒之内做出反应，根本不需要在脑海里搜寻一个与他的标签匹配的词。人类不断地对彼此的身体语言做出反应，犹如置身溪流之中，或动作协调地"跳舞"。当我的朋友说话时，我会扬起眉毛，转着眼睛，喃喃地说"嗯"或"啧啧"，拉伸着我眼睛和嘴巴周围的肌肉，表明我同意、不同意、同情、赞同、高兴、惊讶等等。我与朋友的瞳孔同步扩张，我的身体姿势也常常与他的相匹配。但是，如果你事后问我，我朋友脸上是什么表情，我可能压根儿不知道或不在乎，因为贴语言标签并不是情绪交流的一部分。语言帮助我们传达情绪，但在情绪的产生、表达或感受上作用甚微。然而，现代情绪研究已经把语言放在首要和中心的位置。

然后才是情绪表达时所处的情境。若你看到一张网球明星小威廉姆斯的照片，她张大嘴、露出牙齿，你可能会认为她正在生对手的气。但对手恰巧是她深爱的姐姐维纳斯·威廉姆斯，她姐姐刚刚在比赛中获胜，这意味着此时此刻她正欣喜若狂，可能在为胜利而尖叫。这种差异至关重要，很难从近距离特写中分辨出来。或者，你看到一个女人满脸泪水，但你就是判断不出来她是在婚礼上喜极而泣，还是在葬礼上悲痛欲绝。乔治叔叔在一张照片上露出牙齿，你知道他是为了微笑，还是因为正在费力地打开一瓶酒的瓶塞而露出牙齿？美国心理学家莉萨·费尔德曼·巴雷特把"根据情境判断表情"发挥到了极致，她认为情绪是由心理构成的。她认为我们的感受可以归结为我们如何评价自己所处的环境，而不是生来就有一套明确的以身体特征为标志的情绪。她的观点与那些相信艾克曼的科学家的观点相左，后者认为6种基本情绪是一切的基础。基本情绪学派喜欢给可描述的情绪贴上简单的标签，而巴雷特对我们如何判断自己情绪的多样性印象深刻，而对我们如何表达这些情绪并不总是很清楚。人们悲伤时微笑，开心时尖叫，甚至在痛苦时大笑。《玛丽·泰勒·摩尔秀》中有这样一个著名的"桥段"，玛丽在葬礼上忍不住大笑，尽管她知道那样做不合时宜。然而，外部表情和内心感受不完全匹配并不意味着任何一方是可疑的。假设人类面部表情具有普遍性，全世界人民都能理解，承认表情和情感之间缺乏一对一的关系，这两者之间并没有很大的矛盾。两者并不总是一致的，也不需要总是保持一致。

出于同样的原因，我拒绝接受我们不能谈论动物的情绪这一观点，因为我们根本不知道动物的感受。一位恐惧研究的拥护者曾经告知世界，恐惧是通过扁桃体传达的，最近他痴迷于自己的观点，忽然之间，他拒绝谈论他毕生研究的老鼠的"恐惧"。美国神经学家约瑟夫·勒杜经常在一个句子中用"老鼠"和"恐惧"这两个词，他对老鼠和人类的恐惧进行了充分对比。然而，如今，他要求我们避免提及动物的情绪，因为没有迹象表明老鼠与我们有同样的感受。此外，勒杜还推测，因为我们有几十种关于恐惧的词汇（恐惧症、焦虑、恐慌、担心、惧怕等），而老鼠没有所有这些词汇，或者根本什么词汇也没有，他们不可能像我们一样体验到如此多的情绪。[90]

这种认为语言是情绪的根源的观点，让我想起了之前参加的一场关于性行为的研讨会，在那场研讨会上，后现代人类学家更信任语言，而不是科学方法。他们认为，没有语言，情绪无从感知，他们甚至声称，那些语言中没有"性高潮"这一词汇的人无法感受到性快感。这种未被证实的说法让在场的科学家们坐立不安，我们开始传字条，上面写着："没有氧气这个词，我们就不能呼吸了吗？"在进化和人类发展中，情绪显然先于语言出现，因此语言并没有那么重要，它只是个标签。语言所做的只是给内部状态贴标签，但谁说它能帮助我们区分不同的情绪呢？尽管德语中有"愤怒"和"厌恶"两种不同的表达方式，但来自墨西哥的玛雅语（Yucatec Maya）用一个词汇就能表达两种情绪，来自两种文化背景的人们在区分愤怒和厌恶这两种表情上表现得同样优秀。对情感的理解超越了语言所能描述的范畴。[91]

然而，勒杜对"恐惧"这个词感到如此害怕，以至于现在他否认老鼠身上有这样的情绪。相反，他认为老鼠大脑中有"生存回路"，它的存在让老鼠对外部威胁做出反应。我非常熟悉这个论点，因为动物行为学（我在欧洲学校接受过动物行为训练）更倾向于类似的功能性解释。这种解释浅尝辄止。我的动物行为学教授真的会做出厌恶的表情——其他动物也有这种表情！——只要"情绪"这个词与动物有关。他们更容易接受特定行为如何帮助生存的功能性故事。

再说老鼠的情绪，我们一直都知道情绪和感觉是两码事。情绪外化为身体表达，因此可以被观察到，而感受则是私人的东西。这没什么新鲜的。既然我们无法感知老鼠的感受，那为什么现在才听到这样的说法呢？最好避免任何对他们情绪的谈论，不是吗？以及为什么不把同样的论点延伸到我们自己的行为上呢？我们可能有很多形容恐惧的词汇，但这些真的能帮助我们理解他人内心的这种状态吗？我们知道所有这些词的确切含义吗？它们是否能恰当概括人们的感受？我们的词汇真的能足够准确地描述情绪吗？比如，当被问及你对你父亲的死有何感受时，你可能告诉我你很"难过"，但这真的能让我理解你的感受吗？我无法感同身受。谁说你的悲伤就像我的悲伤，谁说你的悲伤中没有夹杂解脱、愤怒，或者其他一些你不愿提及的情感呢？甚至可能有一些你不愿意承认的情绪。

情绪往往是潜意识的。当我还是学生时，有一次我准备坐飞机去印度尼西亚苏门答腊岛的热带雨林看猩猩，那是我的第一次空中之旅。你可能会认为我会担心丛林里的蛇和老虎，或者是在森林里的地面上爬行的成千上万条水蛭，但实际上我非常期待自己的第一次热带旅行，至少我认为我非常期待。然而，离出发的时间越近，我的肚子就越不舒服。我不知道为什么会这样，但我的胃已经绞痛好几个星期了，直到坐飞机的那天也是一样痛。然而，飞机一降落到棉兰（印尼城市），我的胃就奇迹般地好了。一天之后，我以最好的心情迎接丛林之旅，并在那里度过了一段美好的时光。现在回想起来，我当时恐飞得要死，但我把这种恐惧感抑制住了，因为它会干扰我实地去看野生猩猩的计划。我并不认为我是唯一一个让前额叶皮层抑制不快情绪的人。人们告诉我们的关于他们感受的东西往往是不完整的，有时还明显是错误的，或是为了公之于众而改编过的。

好像这还不够，即使最好、最准确的描述也不能让我感受到你的感受。感受是我们可以随心所欲畅谈的私人的东西，但说到底它还是私密的。因此，我怀疑我对与我一起工作的人们的情绪并不比与我一起工作的动物的情绪更了解。表面上看起来，从你的感受推及我的感受似乎比从黑猩猩的感受推及我的感受更容易，但事实是否就是这样，我怎么确定呢？当然，除非我们假设动物完全没有情感。这种情况下，我们可以根据勒杜的提议，完全忽略情绪暗示。但考虑到情绪在动物和人类身上表现得有多么相似，以及在神经递质、神经组织、血液供给等细节方面所有哺乳动物的诸多相似性，这种提议是极其不合理的。这就好比说某一天天气非常炎热，马和人都口渴了，我们会说马"需要水"，因为我们不清楚他们是否感受到了什么。接下来又有一个问题，如果不是马体内有脱水的迹象，马如何决定是否需要喝水呢？马的身体监测到身体内部的变化，并将信息告知下丘脑，下丘脑负责监测血液中的钠浓度。如果钠浓度超过特定限度，血液中含盐量就太高了，大脑就会产生强烈的喝水欲望。欲望通过感知来起作用。马就会自觉地去河边或水槽边喝水。这一探测系统是现存最古老的探测系统之一，在包括我们人类在内的许多物种中本质上都是一样的。真的会有人相信，经过沙漠中长途跋涉之后，牛仔对水的感知和他的马驹不一样吗？

在充分认识到我感受不到动物感受的情况下，基于动物个体的行为和他们产生特定行为的环境，将马称作渴马，将老鼠称作恐惧老鼠，这一说法我举双手赞成。在我看来，这种情况与考虑人类的情感并没有什么本质上的区别。当谈及感受时，我所能确定的只有我自己的感受，因为我很容易产生想当然的想法、否认、选择性记忆、认知失调和其他心理诡计。法国小说家马塞尔·普鲁斯特不断地分析自己的情感，并对它们了如指掌，而我们大多数人都做不到这一点。但即便是普鲁斯特（他是一位浪漫的伴侣，他的女人不再爱他了，但他却一直爱着她，直到她去世）也总结道："我以为我能看清自己的内心，但是我错了。"[92]他不能，因为我们的内心常常比我们的大脑更了解我们的感受。我意识到这是对内心感受一种相当不科学的理解，或许把身体作为一个整体来看待会更好，但毋庸置疑，我们很难真正深入了解自己的内心感受。尽管如此，这并不能阻止我们一直讨论和剖析动物情绪，在最模棱两可的话题上使用大量无关痛痒的词语，这使得对动物情绪的研究更加小心翼翼。

以牙还牙

就像《黑猩猩有四岁小孩的大脑》一书所描述的一样，我们常常将成年猿类比作儿童。不过，考虑到我从来不会把一个成年黑猩猩当作小孩来看待，我对这番话竟无言以对。一方面，如果是雄性，他就对权力和性感兴趣，并随时准备为这两者拼尽全力。如果他位高权重，他可能会扮演领导者的角色，维护族群秩序，保护弱者。参与权力争夺的雄性永远一副愤世嫉俗的样子，暗示他们内心其实是极其混乱的，而且，众所周知，他们压力巨大。另一方面，如果是雌性猿类，那她的主要兴趣就是照顾后代，以及承担好作为母亲的职责，比如花时间照料幼崽、寻找食物、抵御捕食者的入侵和同物种成员的攻击。她还得忙着处理社会关系，为朋友梳理毛发，在朋友与其他同伴发生冲突之后做好安慰工作，如果需要的话，还会帮助朋友照顾幼崽。因此，成年猿类的生活主要围绕自己所关心的事，他们很少与涉世未深的孩子们分享什么。

如果你曾经看到过青少年猿类为食物争得头破血流，互相推搡着，尖叫着，与此形成鲜明对比的是成年猿类互相谦让，礼貌地请求与分享，秩序井然，用当天早些时候收到的食物换取服务，那么你会明白，最好的对比就是猿类和青少年人类，或猿类和成年人的对比。这与情绪有关，因为有些情绪（特别是那些需要比年轻人更珍惜时间的情绪）是成年人特有的。年轻人活在当下，成年人不是。有些情绪是面向未来的，比如希望和担忧；而有些情绪则与过去有关，比如复仇、宽恕和感恩。所有这些时间线情绪（我喜欢这样称呼它们），似乎都存在于成年猿类或一些其他动物身上。

对黑猩猩来说，分享食物是给予 —— 互惠经济的一部分，这种经济还包括互相整理毛发、性交、打架时支持一方以及其他类型的援助。所有这些恩惠都与感恩一起被扔进一个大的交换篮子里，感恩起到了情感黏合剂的作用。感恩的功能是维持交换资产负债表的平衡。它促使个体去寻找那些曾经善待他们的小伙伴，一旦时机成熟，他们就会报恩。经过成百上千次观察，我们发现黑猩猩更愿意与那些曾经善待他们的小伙伴分享食物。每天早晨，当黑猩猩们聚集在攀爬架上耐心地为彼此梳理毛发时，我们就会记录谁在给谁梳理毛发。下午的时候，我们会给他们提供便于分享的食物，比如几个大西瓜。西瓜主人会允许曾经在早上帮他们整理过毛发的同伴从他们手中或嘴里拿走西瓜，但不允许那些在早上与他们没有任何交流的同伴拿走西瓜。后者可能遭到反抗，有时甚至受到威胁。因此，分享模式每天都在变化，这取决于早上互相梳理毛发的组合。因为这两件事之间的时间跨度有几小时，这就需要对过去的遭遇产生记忆，并对所享受的服务产生积极的感受。我们知道这其中夹杂着感激之情。[93]

马克·吐温打趣地说道："如果你收留一只流浪狗，把他养得胖胖的，他不会反咬你一口。这就是狗和人的主要区别。"在我自己家里，被收养的宠物总是对我们提供的食物和温暖感激不尽。我们在圣地亚哥收留了一只骨瘦如柴、周围飞满苍蝇的流浪猫，在我们的精心照料下，他长成了一只非常漂亮的猫，我们给他取名叫迭戈。在他整整15年的生命中，每当被喂食时，他都会呼噜呼噜地叫个不停——即使他几乎什么都不吃。我们把他的这种行为理解为感激，尽管他有可能只是单纯地感到幸福。迭戈可能比一般被宠坏的宠物更享受美食。

但现在，让我们来聊聊这个猿类的故事。有一次，外面狂风暴雨，两只黑猩猩被关在避难所的门外。研究工具使用的先驱德国科学家沃尔夫冈·科勒碰巧路过，发现两只黑猩猩站在雨中瑟瑟发抖，浑身都湿透了。他为他们打开了门。然而，黑猩猩们并没有匆匆绕过教授直接冲进房间，而是满怀感恩地拥抱了他才进去。

他们的反应与昆达很相似，昆达是刚果布拉扎维钦普根康复中心一只被救助的黑猩猩，她被释放到森林的那天也表现出了极大的感激之情。2013年，记录这一感人时刻的视频在网络上走红，人们为昆达和珍·古德（国际知名行为学家，参与了此次释放活动）之间的情感互动所动容。起初，昆达走开了，但随后她很快又跑回来拥抱照顾过她的那些人。接着，她又特别转向珍·古德，来了个长长的拥抱，久久不肯离开。这一切都更加引人注目，因为昆达刚开始已经离开了，接着她似乎意识到这么做不妥，于是又折回来了，好像觉得自己就这么离开照顾她的人不好，毕竟是他们把她从捕食者那里救出来，又把她的身体养好。类似的情境也会发生在救援者释放鲸鱼和海豚的时候，救援者将他们从渔网中解救出来，或在搁浅后把他们推入大海时，鲸鱼和海豚会游回救援者身边，在游走之前他们会轻推救援者或将救援者顶到半空中。在所有上述情境中，在场的人无不为之动容，他们把像这样动物和人类之间的互动看作感恩的象征。

之前我曾经提到过，"大妈妈"最好的朋友高芙对我感恩有加，因为我教会她如何使用奶瓶抚养孩子。从我们允许她照顾茹丝耶的那一刻起，这个被收养的幼崽就一直放在她卧室的稻草上，从那时起，她就把我当家人看，之前可从来不是这样的。我把这看作是一种感激之情，我们帮助她从一个因哺乳失败而接连失去孩子的母亲，变成一个顺利将茹丝耶养大的母亲，而且从那以后她学会了用奶瓶喂奶来照顾幼崽。

报复是感恩"丑陋的姐姐"，这是一种消极的情绪，有着清算的意味。芬兰人类学家爱德华·韦斯特马克首次向我们提供了人类道德进化的观点，强调了惩罚对使人们遵守规矩的重要性。而且，他并不认为我们人类是唯一有这种倾向的物种。尽管在他生活的时代，关于动物行为的研究寥寥无几，但他根据逸事（比如他在摩洛哥听到的关于一只骆驼复仇的故事）展开研究。那只可怜的骆驼因为走错了路，被一个14岁的男孩狠狠地揍了一顿。当时那只骆驼被动地接受了惩罚，但几天之后，当只剩他和那个小男孩单独在一起时，"他嘴巴张开叼住男孩的头颅，张到嘴变畸形，把他叼在空中，又重重地摔到地上，男孩的头颅上部完全被撕扯下来，脑浆撒了一地"[94]。动物园里经常有动物复仇的故事，通常发生在大象（众所周知他们有良好的记忆力）和猿类身上。每一个新来的学生或管理员都被告知不要去烦扰或攻击动物。你对猿类的不好他们都会记住，并且会想尽一切办法复仇，不管什么时候。他们会等待合适的机会，有时候甚至都不需要很长时间。一天，一位女士来到我们动物园前台，抱怨说她儿子被黑猩猩用石头砸了。然而，她儿子却出奇地克制，不哭也不闹。后来，目击者说是他儿子先动的手。

黑猩猩之间也会互相报复。他们遵循互帮互助的原则，在冲突发生时会帮助自己的小伙伴。试验证明了这一事实。如果给他们一个互帮互助的机会，比如为让搭档得到食物而拉操纵杆，或者给食物贴标签，许多动物都愿意这么做。只要他们的搭档是一个被动的接受者，他们就会有分寸地这么做；但如果他们的搭档给予他们回报，他们就会更加慷慨大方地提供帮助。如果双方都获益，那他们的互帮互助就走上了一个新台阶。当然在现实生活中情况也是如此。[95]黑猩猩的独特之处在于，他们对于负面行为也会以牙还牙进行报复。他们会报复那些跟他们对着干的同伴。比如，如果一只雌性黑猩猩常常被另一只强势的"女性"欺负，即使她当时无力还击，但她也会伺机报复。一旦她的仇人卷入与别人的争斗，她就会加入这场混战，给她的仇人一点儿颜色瞧瞧。

尼基成为布尔格尔斯动物园的新首领之时，我们经常能看到他的战略性报复行为。那时，他的统治地位尚未被完全承认，他常常受到下属的欺压。下属们会聚集在一起，追着他跑，留他气喘吁吁地舔着自己的伤口。但尼基没有放弃，几小时之后他恢复了平静。那天接下来的时间里，他在岛上转了一大圈，一一"问候"那些挑事儿的下属，而下属们此时正分散开忙自己的事儿。他会吓唬他们，或者把他们揍一顿，这着实是个下马威，下次这些下属就不敢轻举妄动了。这种"以牙还牙"的行为在黑猩猩中非常常见，我们的数据库中成千上万次统计结果证明了这一事实。尽管报复是一种附加不受欢迎行为的"教育"反应，但黑猩猩是否也这么想目前仍然不得而知。[96]他们只是想要报复，我们也会有同样的倾向。毕竟，我们把复仇称作是"甜蜜的"，就好像它是一道美味一样。如果给受试者提供巫毒娃娃（代表曾经伤害过他们的人），并允许他们用针扎这些娃娃，他们的心情就会好很多。[97]我们的司法制度又向前迈进一步。当被谋杀者的家人或那些被骗得身无分文的人寻求赔偿时，毋庸置疑，他们内心有一种强烈的欲望，这种欲望驱使他们一定要让伤害过他们的人受到惩罚。

多亏黑猩猩有灵活的等级制度，为他们实施报复行为提供了足够的空间。然而，恒河猴和狒狒的情况却大不相同，因为前者实行的是专制等级制度。对恒河猴来说，违背上级指令几乎意味着自杀。恐吓和惩罚总顺着等级从上级到下级，这也让下属没有复仇的机会。但即使这样，这些猴子也知道如何反击。他们会依靠遍布社会关系网的亲属纽带伺机报复，他们的祖母、母亲和姐妹们会花大把时间在一起，形成一个被称为"母系"的坚强联盟。受害者经常会把他们的不满发泄到仇人的亲戚身上。他们不会对袭击者进行报复，而是寻找袭击者所在母系的年轻成员，从她们身上下手更容易。他们有时会在被袭击之后很长时间才实施报复行为，这表明他们记忆力惊人。[98]这种复仇策略显然要求猴子们知道每只猴子分属于哪个家族，很明显他们了然于胸。这很像我被我老板训斥之后的反应，我会找他的小女儿，揪她的头发。这样，我不需要违背等级，也惩罚了训斥我的人。

对过往事件的最终情绪是宽恕。我一生都在研究灵长类动物的和解，之前，我曾多次研究过黑猩猩是如何拥抱并亲吻他们以前的对手，猴子们如何为前对手梳理毛发，倭黑猩猩如何用性行为来化解社会矛盾。不过，这种和解行为并不局限于灵长类动物。现在有成百上千的关于其他群居哺乳动物在发生冲突之后和解的报道，以至于如果有人声称某个物种在发生冲突之后不采取行动弥补他们之间的关系，我们会感到很奇怪。解决冲突是社会生活的重要组成部分，其中涉及的情绪很难被准确地描述，但最基本的要求是愤怒和恐惧（双方对抗时典型的情绪）必须要瓦解，以建立一种更积极的态度。这种逆转相当反直觉。刚刚才被"别人"打败，现在又需要鼓起勇气和打败他的那个"人"讲和。对于强势一方来说，突然卸下敌意有违逻辑。许多动物能很快地进行这种情绪的转换，就好像他们脑子里有一个控制旋钮，让敌对和友好自由切换。如果我们生活在一个容易发生冲突的环境里（如一个大家庭里，或有很多同事的工作场所），我们也会成为情绪掌控大师。这些场合每天都需要妥协和宽恕。但宽恕从来都不是完美的解决方法，即使我们经常说"宽恕和遗忘"，遗忘本身就是有问题的。我们无法抹去脑海中那些不愉快的记忆，我们只是决定不计前嫌，继续前行。许多群居动物也是出于同样的原因才选择宽恕，因为他们要继续生活，就得依赖和平共处和团结协作。和解是外化的行为，而宽恕是内心的想法。考虑到这一机制的悠久进化历史，很难想象我们与其他物种之间所涉及的感情是截然不同的。

所有这三种情绪——感恩、复仇和宽恕——维系着以多年互动为基础的社会关系，有时可能追溯到青少年时期一起玩耍的时候。这些情绪服务于友谊和对抗，增强或损害了信任，并让社会向对每个人都有利的方向运转。动物们非常擅长这种平衡行为，这需要他们互相帮助，缓解紧张关系。我们现在知道猴子（可能其他动物也是）有专门的脑回路以处理社会信息。这些神经网络在猴子们观看电视画面时得到了验证。当看到他们的同伴参与社会事务时，他们的神经网络就会被激活，但他们的身体仍旧岿然不动。研究动物行为学的学生长期以来坚持认为社会智力有特殊地位，他们说神经科学现在服务于动物科学。[99]

是否也会有与未来有关的情绪？众所周知，猿类和一些脑容量较大的鸟类并不纯粹活在当下。比如，野生黑猩猩在到达目的地之前，会拿起工具，提前几小时做好计划，目的地可能会有白蚁或蜂巢，都需要他们用到工具。黑猩猩在收集工具时，一定已经知道他们即将要去哪里。试验也证实了灵长类动物和鸦科动物会提前做好计划，他们可能会为了将来的利益而放弃眼前的利益。[100]如果在工具旁边放一颗多汁的葡萄，他们会选择放弃这颗葡萄，因为几小时之后他们就能得到更好的奖励。这需要自控能力。在社会领域，尽管雄性黑猩猩之间的政治斗争颇具启发性，但他们是否是提前计划好的，不得而知。当一位成年男性开始挑战现在老板的权威时，他可能会在每次对抗中都败下阵来，并且接连失败。不过，即使没有立竿见影的回报，他也会日复一日地坚持下去。仅仅几个月之后，当他终于有了突破，他可能会从中获益，并从帮助他推翻对手的人那里得到支持。即便如此，就像尼基的例子一样，年轻的雄性黑猩猩在完全被接受之前仍然会遇到重重阻碍。要让他的地位得到真正的巩固可能仍需几年时间。这是他一直以来的计划吗?如果不是,为什么要经历这地狱般的磨难?就像我在职业生涯中多次所做的那样,很难不去关注这些策略,而且我不认为它们建立在希望之上。

尽管动物很少被认为有"希望",但"期望"的相关概念早在一个世纪以前就已经被提出来了。美国心理学家奥托·廷克劳展开了一项试验,试验中他把莴苣叶或香蕉藏在杯子下面让猕猴观察。只要允许猴子进入屋子,她就会跑向藏有诱饵的杯子。如果她发现了被藏起来的食物,那么一切都进行得很顺利。然而,如果猴子发现藏在杯子下面的是莴苣叶而不是香蕉,那么她只会呆呆地盯着奖品。然后,她会疯狂地环顾四周,一遍又一遍地检查,还会愤怒地对着鬼鬼祟祟的试验者尖叫。经过很长时间的停顿,她才会勉强接受那不甚满意的菜叶子。廷克劳证实奖品和藏匿地点并没有简单的联系,只是猴子有记忆,她知道奖品被藏起来了。她本来抱有很高的期待,而现在见不到奖品让她感到局促不安。[101]当灵长类动物或狗狗面对能让东西奇迹般消失或凭空变出东西的魔术师时,我们从他们脸上也会看到类似的惊讶反应。猿类可能会笑,也可能看起来很困惑,而狗狗会疯狂地四处寻找消失的物体,表明与他们脑海中所想的完全不同。

让这种物物交换更针锋相对的是期望,很多动物都是这样的,尽管亚当·斯密曾经说过:"没有人见过一只狗公平而审慎地和另一只狗交换骨头。"[102]斯密关于狗狗的言论可能是正确的,但众所周知,几内亚的野生黑猩猩会为了性交而偷袭番木瓜种植园。成年雄性黑猩猩通常会偷大个儿的水果,一个给自己,另一个给生殖器肿胀的雌性。雌性黑猩猩会乖乖地待在一个地方等待,而雄性黑猩猩为了给"心上人"摘到美味的水果,会冒着惹恼农夫的危险,水果传递可能发生在性交过程中,也可能发生在性交之后。[103]

或者,以巴厘岛一些寺庙里的长尾猕猴为例,他们已经养成了偷窃游客贵重物品的习惯。在寺庙的入口处,有明显的标语告诉大家摘掉太阳镜和珠宝,但还是有很多游客不遵从指示,他们根本不知道这些地方的猴子行动有多敏捷。猴子可能会跳到游客的肩

以物易物是灵长类动物的第二天性。图中一个青少年雌倭黑猩猩注意到一个成年雄猩猩一手拿一个葡萄柚。她匆忙过去做好了性交的准备,交配过程中表现得极度兴奋。之后雄猩猩就给了她一颗葡萄柚。

膀上，抢走一副眼镜或一部智能手机，然后逃之夭夭。他们还会神不知鬼不觉地从游客脚上偷走人字拖。他们不拿起这些东西玩，也不拿走，而是耐心地坐在那里，看游客为了赎回东西愿意付多少钱。几颗花生可不够，至少一整袋饼干才能让猴子们乖乖交出东西。研究这种勒索游戏的灵长类动物学家发现，猴子清楚地知道什么东西对人类来说是最重要的。[104]

鉴于这种行为都是以未来为导向的，我们不应该对狗狗在面对特定的任务时被划分为"乐观"或"悲观"而感到惊讶。当主人把狗狗独自留在家里时，狗狗会沮丧不已、非常不安——他们会通过破坏房子来释放自己挫败的情绪，或者通过疯狂的吠叫来放松自己——当主人给狗狗一碗食物时，狗狗会感到沮丧，因为他们不知道里面究竟是什么。他们犹豫着慢慢接近那个碗，也许他们根本希望碗是空的。相反，乐观的狗对分离没有那么焦虑，他们会飞快地奔向碗，期待碗里装满食物。这种所谓的认知偏见在人身上也很普遍。乐观、随和的人期待生活中一切美好事物的发生，而悲观的人则认为任何有可能出错的事情注定都会出错。[105]

认识偏见为我们提供了一个难得的机会来测试农场动物是如何感受给他们安排的生活的。一方面，毕竟，如果小猪压抑地生活在一个小笼子里，那他们可能就不会期待有什么好事发生在他们头上了；另一方面，如果他们生活在一个有趣的环境中，比如睡的地方铺满稻草，让他们能很好地保存身体的热量，身体也很舒服，那他们的精神状态可能会更好。在一项研究中，一群小猪被安置在一个用小围栏围着的水泥地上，另一群被安排在一个大箱子里玩耍，里面铺着每天都换的新鲜稻草。所有的猪都被训练听两种不同的声音。积极的声音意味着有一片苹果的奖励，相反，消极的声音意味着猪头上会被套上塑料袋来回晃动。这些猪足够聪明，很快他们就学会去寻找积极的声音。

经过一番训练之后，我们会让猪听一种模棱两可的声音，这种声音介于积极和消极之间，看猪会有什么反应。结果完全取决于猪的生活环境。生活在舒适环境中的猪总是期待美好事情的发生，并急切地想听到这种模棱两可的声音。相比之下，那些生活在压抑环境中的猪看待事物的方式就截然不同了。他们会避而远之，或许他们以为那该死的塑料袋会再次出现。如果改变猪的生活环境，他们对这种模棱两可的声音的反应也会随之改变，表明他们的日常生活很大程度上影响着他们对世界的看法。认知偏见测试提供了大量信息，能让我们验证那些公司的产品是否跟宣传的一样来自快乐的动物，比如赫赫有名的法国奶酪品牌 *La vache qui rit*（快乐牛）。通过测试，我们能知道这些牛是否真的快乐。[106]

对未来有所期待就是我们所说的"希望"。一只猴子在寻找有利可图的交易时可能满怀希望，一只黑猩猩试图提高自己的地位，一只海豚试图在海洋中寻找自己消失的幼崽，狼群出动是为了狩猎，或者一个象群会跟随一位老妇人，只因老妇人知道沙漠中最后的水源在哪里。这种情况可能会发生在农场动物身上，也可能不会。和我们一样，许多动物会在一个背景下评估过去和现在发生在他们身上的每件事。有越来越多的证据表明，动物对特定的事情有记忆，他们有前瞻性，能够互相影响，并且还会"以牙还牙"。

傲慢与偏见

牙买加短跑名将尤塞恩·博尔特以"闪电"的姿势庆祝胜利。他将一只手肘弯曲，另一只手臂指向远方。许多名人都模仿过他标志性的庆祝胜利的姿势。著名的欧洲足球运动员在进了一个球之后，会撩起球衣炫耀自己的腹肌，同时他们会双膝跪在草地上滑行，张开双臂，尽情享受球迷热情的欢呼。通常情况下，一场胜

运动员通过舒展身体，高举双臂来庆祝胜利。这种表达自豪的方式全世界通用。动物在击败竞争对手时也会出现类似的庆祝胜利姿势，比如鹅在胜利时候的展示。

利之后，我们会让自己的形象看起来更高大，我们展开身体，像是在展示胜利：我们会抬起下巴，挺直胸膛，打开肩膀，张开双臂，脸上还挂着微笑。与这个动作相伴的情绪是骄傲，在动物中这种情绪叫作支配，但原理是一样的。动物在胜利之后也会让自己看起来更高大，他们会竖起自己的羽毛或头发，双腿分开走路，昂首挺胸，伸展躯干，让自己看起来更高大。这种夸大造成了体积大小的错觉，因此人们可能误以为总是块头更大的那个会赢。

美国专家凯特琳·奥康奈尔这样描述纳米比亚埃托沙国家公园地位最高的公象雷格：

……他身上有一种更深层次的东西，就是这种东西让他与众不同，这是一种能展示他性格的东西，是一种能让他在茫茫象群中一眼就被发现的东西。这家伙有王者风范——他昂首阔步的样子，他无与伦比的气场：他是与生俱来的王者。很显然，其他大象都承认他的王者地位，因为他每次昂首阔步走向水源喝水时，他的地位就会得到巩固。[107]

早在进化时期，优势个体就会发出权力信号了。我们会看到鱼类将所有的鳞片扩张来示威，有些蜥蜴会把脖子上的褶边拉长，占支配地位的公鸡总是第一个打鸣，或许最有名的是灰背雁的 *Triumfgeschrei*（德语，意为凯旋歌）。公鹅在赶走入侵者之后，会张开翅膀朝伴侣飞奔而去，同时发出刺耳的尖叫声。接着，双方就会展开一场亲密的庆祝仪式，庆祝对手落荒而逃，他们俩脖子都伸得笔直，发出吵吵声。他们的关系经受住了另一个挑战。

美国心理学家杰西卡·特雷西在她的著作《骄傲》中记录了人类庆祝胜利的方式。特雷西分析了数百张世界顶级运动员的照片，以确定他们对成功或失败的反应。2004年雅典奥运会每一场柔道比赛之后，胜利者的姿态都被记录了下来，照片显示胜利者都有同样的自豪表情：身体伸展，双臂高举，双拳紧握。我们常常认为西方人更注重个人的成功，强调个人品质和成就，但事实上庆祝胜利的方式与运动员的文化背景联系不大。无论什么国籍，所有获奖者都展现出同样的胜利姿势。这一次，我们可能又要问，这个世界是不是已经被同化了？会不会是运动员通过互相观看学会了如何表达胜利？通过分析残奥会期间拍摄的一组照片，我们也找到了答案，这些照片上展示的都是先天失明的一些运动员。因为盲人运动员庆祝胜利的方式与普通运动员一模一样，特雷西得出的结论是，骄傲的表情不是从别人那里学来的，而是与生俱来的，这一观点在其他物种身上也得到了验证。[108]

但随后，特雷西发现了意想不到的转变。当涉及潜在情绪时，她看到了这方面研究的缺陷。她没有把骄傲归于动物，而是提供了一种我们动物行为学教授通常会喜欢的功能性描述。她认为，动物让自己看起来很大的唯一原因是吓唬、威胁或恐吓。这些通通都是为达到某个目的的使用的手段。动物通常在对抗前或对抗过程中这样做，而人类会在击败对手之后这样做，出于不同的原因。特雷西总结道，只有人类才会有成就感，这"要求我们理解自我是一个稳定的实体，随着时间的推移，它具有连续性，我是谁，我现在在做什么，与我昨天是谁，我明天会成为什么样的人有关"[109]。

我能否这样理解，奥尔特加·加塞特的意思是不是黑猩猩每天早上醒来都不知道自己是谁,也不知道自己是什么?我很困惑,因为对大多数动物来说,今天的行为是昨天行为的直接延续,是对明天行为的预测。想象一下,他们每天醒来都要搞清楚自己的等级制度和社交网络!友谊可能会持续一生,而且每个人在社会中都扮演着持久的角色。跟我们一样,黑猩猩清楚地知道自己是谁,适合待在哪里。而且,状态显示不仅仅是一种占上风的方式。有时它们与最近发生的事情有关,比如鹅的胜利仪式通常紧随胜利之后举行。用同样适用于人类的逻辑,这不正表明公鹅为赶走对手而倍感自豪吗?类似的,一场比赛中获胜的土狼可能会以蹦蹦跳跳的姿态出现,而失败者则平躺在地面上。两只家猫打架后,胜利者通常会在失败者视野范围内打滚儿。红树林蟹中,比赛之后庆祝胜利是很常见的。获胜的雄蟹会夸张地用一只爪子去摩擦另一只,奏出一首庆祝胜利的序曲。[110]同样,对于其他动物,从狼到马,再到猴子,他是输是赢,都写在他脸上了,你一看便知。大象格雷走起路来雄赳赳气昂昂,浑身上下散发着自信,显然他刚刚取得胜利。

一只雄性黑猩猩族长的毛发几乎永远是竖起的,让人很容易区分他和其他雄性。他可能"昂首阔步",双腿直立行走,双臂自然张开,身体左右晃动,像喝醉了一样,头重脚轻。他可能还会装模作样地手里拿着一块石头或者一根木棍,以示威胁。这是个无比傲慢的姿势,再明显不过了,以至于我经常向观众展示一张照片,照片中一只黑猩猩昂首阔步,旁边是来自得克萨斯州的美国前总统的枪手,他和黑猩猩走路的姿态几乎一模一样。

我更认同亚伯拉罕·马斯洛对地位不同的黑猩猩态度差异的

看法。一个鲜为人知的事实是，早在这位美国心理学家因需求层次（心理学教材和管理培训的主要内容）出名之前，他就进行了灵长类动物社会主导地位的研究（他研究生期间的研究内容）。我对这一事实再熟悉不过了，因为他当时就在威斯康辛州麦迪逊的维拉斯动物园工作，几十年之后我也在那里观察过恒河猴。马斯洛描述了那些趾高气昂、信心十足的猴子，也描述了他所谓下属们的懦弱胆怯。一只恒河猴雄族长整天竖着尾巴走路，他也是唯一一只这么走路的猴子，尽管其他雄性恒河猴在首领不在时也敢竖着尾巴走路。族长经常蹿到树上，用力摇晃着树枝，让大家都知道谁才是这里的老大。马斯洛的"自尊"观点直接源自灵长类动物的"支配感"。起初，他交替使用这两个术语，强调人类心理的根源在猴子行为中暴露无遗。因此，马斯洛欣赏地位高的灵长类动物的自信和自我优越感。[111]

特雷西和马斯洛观点的差异在于我们对其他动物自我意识水平的认可。我这么说，当然有点勉为其难，因为"自我意识"的能力目前还无法被适当地界定。这意味着我们不得不进行假设。但也不是完全如此，因为可观察的行为仍然是起点。在这方面，人和动物之间有惊人的相似之处。就像达尔文提出的"对立"原则一样，谁会注意到一只向来坚定而自信的狗狗会从一个顺从的身体姿态（蜷缩着，尾巴和毛发都耷拉着）转变为完全相反的姿态（仰着头，四肢僵硬，毛发竖起）。如果不同物种之间赢和输的表现如此相似，如果地位信号是普遍存在的，人们会想，我们是否也应该假设潜在的情绪是一样的。从进化角度来说，只要相关物种表现相似，这就是完全有可能的。我们不想假设没有证据的重大情感差异来给傲慢加上偏见。因此，我赞同马斯洛的观点，根据他的观点，那些系统地超越其他同伴的个体，无论是人类还是其他动物，都会得出本质上完全不同的自我评价。他们自我感觉良好，并将这一点在他们行为中表露无遗。因此，不仅骄傲的表达是长期进化遗留下来的一部分，相关情绪也是。

罪大恶极

在特雷西的研究中，输掉比赛的柔道选手肩膀下垂，头低下来。种种迹象表明他们感到羞愧又挫败。这也是人们在未能达到预期目标或因触犯标准而遇到麻烦时的典型反应。"羞愧"一词被认为源自一个意为"掩盖"的早期词语。我们深埋着脸，避开他

当宠物主人回到家发现异常时，比如枕头破了，或鞋子被咬了，他们不费吹灰之力就能判断是哪个家伙干的。当罪魁祸首（上图右边的狗）挨训时，他双眼下垂，表现出顺从的姿势。但即使他表现得很愧疚，但他是否真的感到懊悔不得而知。极有可能是他知道自己惹上大麻烦了。

人的目光，膝盖弯曲，目光朝下，看起来很痛苦，身体姿态也降低了。我们嘴角下拉，皱着眉头，呈现出一种明显人畜无害的表情。我们也可能会咬或噘着嘴唇，或者用手遮着脸，好像我们"想找个地缝儿钻进去"。我们说自己感到很羞愧，部分原因是因为我们知道人们对我们很生气，或者至少他们对我们很愤怒或很失望。

灵长类动物也有类似的降低身体姿态或"钻地缝儿"的行为。黑猩猩在尘土中匍匐前进，只为了仰视比他们地位高的"领导"，或者将自己的臀部对着领导，这样能让自己处于一个非常脆弱的状态。位居统治地位的黑猩猩可能会故意从下属身上跨过去，强调身形的反差，或者从下属身边跑过，一只胳膊搭在他肩上，这样他们就别无选择，只能弯下身子。

不过请注意，形容人类和动物是用不同的语言。这一点从我们用"骄傲"一词来形容人，而用"支配"一词来形容动物就能看得出来。同样的，如果一个人与别人发生了冲突，或者在比赛中失利了，他会感到"羞愧"；而相同的情况下，一只黑猩猩只会"顺从"或者表现得像个"下属"。我们更喜欢用功能性术语形容动物，而涉及我们人类自己时，我们更关注行为背后的情感。我们不愿承认动物可能有同样的感受，或者动物压根儿没有感受。但显然，其中包含了情感，为什么会有不同呢？如果羞愧是人类没有任何进化先例下的独有情感，这一点属实的话，那它在人和动物之间的表达方式不应该完全不同吗？它们为什么需要看起来像任何生物学家都会归类为的顺从行为？而且，不仅仅是生物学家，一位专门研究人类羞耻感的美国人类学家丹尼尔·费斯勒将普遍的放低身体姿态的样子与下属面对上级发火时的样子做比较。羞愧反映了一种意识，即一个人要么让别人感到不安，要么让自己出丑，所以接下来就是缓和与解释。[112]

这并不意味着人类的羞耻心等同于服从。人类的羞耻心似乎比我在其他任何灵长类动物身上看到的都要夸张。我从未见过年轻的黑猩猩为自己的母亲感到羞愧，也从未见过胖乎乎的大象为自己惊人的体重烦恼。我们人类在文化习惯、规范和时尚等方面表现卓越，而且这些东西都随着时间的推移而不断改变。这造就了人类特有的羞耻心，包括代际之间的羞耻。比如，青少年们会在自己的父母跟不上潮流或者使用具有年代感的（20年前）词汇时感到尴尬。在家的时候，这帮孩子与父母的相处没有任何问题，但只要身边有朋友，他们的反应就大不相同。想象一下，被朋友看见自己与"穴居人"（父母）一起走，他们会怎么想？乍一看，对自己的父母感到羞愧是一种从众心理而不是等级观念，但归根结底，还是青少年的自尊心在作祟，他们想融入同龄人的圈子。

只有一种羞耻感对我们人类来说是新鲜的，因此，这种感觉要么暗示着一种更深层次的情感，要么是一种新的情感。我之前已经提到过脸红是人类所特有的。它是由皮下毛细血管增流引起的面部和颈部颜色变化。查尔斯·达尔文对此备感困惑，于是他就写信给世界各地的殖民地管理者和传教士，咨询他们世界各地的人是否都会脸红。他推测脸红是否会受皮肤颜色的影响（在浅色背景下，脸红更明显），以及羞愧和道德地位的作用。他得出的主要结论是，在进化过程中脸红表示羞愧和尴尬，而且是人类的一种天生的、普遍的反应。

脸红极具交流性，但并非出自自愿。眼泪都比脸红更容易伪装。需要时我们无法立刻脸红，不需要时我们又无法让脸红褪去。事实上，我们越意识到自己在脸红，脸红就越难消失。为什么我们人类需要一个其他灵长类动物完全没有的羞愧信号呢？为什么大自然没有赋予我们控制这一信号的能力呢？

这里，问题的关键是信任。相较于那些喜怒不形于色的人，我们更喜欢那些情绪挂在脸上的人。另一个特征与脸红也有同样的模式，那就是眼球周围的眼白。它们使我们的眼球运动比黑猩猩的更加明显，黑猩猩的眼睛是全黑的，而且躲在突出的眉脊阴影下。仅凭黑猩猩的眼睛，我们无法判断他们看向哪里，而人类却很难模糊自己视线的方向，也很难隐藏自己紧张不安的眼神。当我们对他人的操纵受到阻碍时，一定是因为人类在进化过程中信任变成了一种溢价，而欺骗的能力不得不受到限制。这让我们成为更具吸引力的伴侣。脸红可能是进化过程的一部分，它赋予我们高水准的合作和道德。

在性方面，我们也有同样的羞耻心，比如我们对隐私的渴望，而且我们会在公共场合遮住身体的特定部位。其中一些行为完全是文化使然。我本人从未习惯美国人对乳房的迷恋。在这个国家我第一次感受到文化冲击是我在晨报上看到一位妇女因为在公共场合哺乳而被捕。在荷兰，这从来都不是个问题，而且我是一名灵长类动物学家，对我来说，没有什么比婴儿嘴含乳头吃奶更自然了。但不可否认，世界各地的人们都划出了特定的区域，在这些区域，所有与性和生殖有关的都会被禁止。最极端的是，人们无法在开灯时做爱。

有些禁忌很难被理解，但这一切可能都源于保护家庭的需要。

人类社会由一个个小家庭组成，家庭里有父亲和母亲，他们都有维护自身关系的既得利益。与鸟类和许多其他动物处理问题的方式不同，我们不会划定自己的领地，并将其他人拒之门外，而是与许多潜在的性伴侣和竞争对手生活在一起。当然，不乏婚外情的出现，但这也需要进行适度控制，或者至少不让别人知道。这是与没有核心家庭的其他原始人类最主要的区别。雌性猿类会独自抚养后代。即使有些雌性和雄性猿类更喜欢彼此的陪伴，但他们并不单独占有彼此。对黑猩猩来说，不在公共场合发生性行为的唯一可能是，雌性和雄性担心竞争对手的嫉妒。他们可能会在丛林下幽会，或者避开群体的其他成员，这可能是我们渴望隐私的根源吧。生物学家谈到的"隐形交配"，是动物中很常见的一种现象。由于性是引致暴力和竞争的主要原因，维持和平的一种方法就是尽量让其隐蔽。在这方面，人类比黑猩猩更进一步，人类不仅隐藏性行为，还会遮住任何可能挑起兴奋或骚动的身体部位，至少在公共场合人们会这样做。

在倭黑猩猩身上从来都不会发生这一幕，这就是为什么这些猿类常常被认为是性"开放"的原因。但事实上，在他们高度包容的社会里，隐私和压抑是无关紧要的，开放根本也不是问题。除了希望避免竞争对手找麻烦之外，他们一点不谦虚，也没什么禁忌，只是希望避免与竞争对手发生冲突。当两只倭黑猩猩交配时，小倭黑猩猩有时会跳到他们上面，窥探交配的细节。或者，另一只成年倭黑猩猩可能会参与进来，将自己的生殖器压其中一只身上，体会参与其中的乐趣。在这个物种中，性欲更多的是分享而不是竞争。雌性倭黑猩猩可能会在众目睽睽之下躺在地上手淫，其他同伴甚至都不会侧目。她的手指在阴部快速上下移动，有时还会用脚这么做，这样她的双手就能自如地为孩子梳理毛发，或者喂他们吃水果。在"一心多用"方面，倭黑猩猩是大师。

接近羞愧的情感是内疚。然而，后者略有不同，因为内疚与行为有关，而羞愧更多的与行为人有关。"我不该那样做！"这是内疚的人的感受，而羞愧更像是"不要看我，我一无是处"。羞愧和群体判断有关，而内疚和自我判断有关。然而，从外部表现来看，很难将这两种情绪区分开来，在动物身上这两种情绪同样惊人的相似。这就是为什么许多狗主人相信他们的宠物会感到内疚。网络上有很多关于两只狗的视频，其中一只偷吃了猫粮，而另一只则是无辜的。我最喜欢的一个视频叫《丹佛，有罪之狗》，在这个视频中，丹佛表现出意识到惩罚马上要降临到自己头上的迹象。[113]没有人怀疑狗狗知道他们什么时候有麻烦，但他们是否真的感到愧疚仍然是争论的焦点。

为一探究竟，一位美国专家亚历山大·霍洛维茨让一只狗狗在没有做错任何事的情况下面对生气的主人，或者在把厨房弄得乱七八糟的情况下，或在弄坏一双漂亮鞋子之后面对一位放松的主人（或者在霍洛维茨的试验中，狗狗在主人不让吃饼干的情况下吃了饼干）。经过一系列各种各样类似的测试后，霍洛维茨得出的结论是，狗狗无辜的表情（眼神楚楚可怜，耷拉着耳朵，放低身体，头向后转，尾巴在双腿之间迅速摇摆）与他们是否服从主人命令无关。他们不是在为自己所做的错事感到内疚，他们内疚的表情只是对主人训斥的一种自然反应。如果主人责骂他们，他们会表现得更加楚楚可怜。如果主人不追究，一切风平浪静，狗狗也没有忏悔的意思。事实上，狗狗独自在家时没少干坏事，因此狗狗考虑更多的是主人和麻烦之间的联系，而非破坏行径和麻烦之间的联系。这就是为什么狗狗经常在你面前"欢脱"地炫耀他们罪行的原因，比如一只被他咬坏的运动鞋或者一个被他"肢解"的泰迪玩偶。[114]

因此，狗狗在"犯罪"之后的表现并不是内疚，而是典型的等级动物在被惹恼的主人面前的一种恐惧感：这种情绪是服从与求和的混合，他们只是希望无辜的表情能缓解主人的怒火。我家里有猫，没有狗，我从未在我的"宠物大人"脸上看到一丝愧疚的表情，这与猫的等级属性有关。狗狗对违章行为很敏感，也能很好地理解这种行为。因此，负罪感的根源仍然是社会等级制度，尽管这种情绪比等级更进了一步，至少在我们人类中，对惩罚的恐惧已经内化到我们责备自己的程度。本质上来讲，我们责备自己是因为有些行为我们不该表现出来却表现出来了，或者有些行为我们该表现出来却没有表现。我们已经做好赎罪的准备了，比如弥补或接受惩罚。

这种内化情绪在其他动物身上很少见或不存在，但也不能被排除。一个问题是，我们太过以自我为中心，我们用那些完全适用于自己的规则测试宠物，但对他们来讲可能不适用，比如我们会说"别在那沙发上跳"或者"把你的爪子从我的皮椅上拿开"，人类总是有这些奇奇怪怪的禁令！对于动物来说，理解这些禁令一定和我理解在新加坡不能嚼口香糖一样困难。或许我们应该用所有标准来测试动物的错误行为，包括他们自己物种的错误行为。康拉德·洛伦茨举了一个很好的例子，他的狗"恶霸"破坏了不咬主人这条基本原则。这条规则不需要人类教，狗狗也知道，事实上

上图是布尔格尔斯动物园黑猩猩种群长久以来的女族长"大妈妈"和她的女儿莫妮卡。拍这张照片的时候，"大妈妈"正处在她权力的巅峰期。与任何成熟的雄猩猩相比，她都不占任何身体优势，但毫无疑问她拥有巨大的政治影响力。

五十岁的"大妈妈"看起来略显苍老，因为关节炎而行动不便。尽管如此，她还是受到绝对尊重。

"大妈妈"是最佳纠纷调解员。图中，她横插在发生口角的雄族长尼基（上图右）和一个叫作丰人的青年雄猩猩（上图左尖叫着抗议的那位）之间。"大妈妈"站在他们中间，朝尼基发出喘息的咕咕叫声，让他冷静下来。"大妈妈"即将开始为他整理毛发，然后让丰人离开。

图中一只青年恒河猴朝慢慢走来
的处于统治地位的雄猩猩咧开嘴
笑。这个张开嘴唇露出牙齿的表
情，传达出服从和想要留下来的
意愿。

许多灵长类动物包括人类在内的露齿笑，都被认为源自对有害刺激的本能反应。
图中，一只在肯尼亚正在吃仙人掌的狒狒收回她的嘴唇，以避免被刺伤。

图中一只雌性恒河猴朝一个下属做出典型的威胁表情：她凶狠地盯着对方，张开嘴，但没有露出太多牙齿。

奥林奇，是恒河猴族群的雌族长，坐在她的两个成年女儿之间，这两个女儿在她们之间爆发激烈战争之后就过来找她。在这场家庭和解中，三只雌猩猩都发出友好的咕哝声，她们在顾及对方的婴儿的同时咂着嘴。

所有灵长类动物都需要身体接触。这两只雌性黑猩猩搂着对方，远远地观望她们所属的猩猩群体的激烈战争。

在大雪融化之时，日本地狱谷公园的恒河猴在温泉里互相整理毛发。灵长类动物会花更多的时间整理毛发，这一举动能维持团结和互助的关系。

卷尾猴密切关注其他同伴所拥有的食物。他们乐于分享，但对不公平也高度敏感。

当灵长类动物的预期得不到满足时，他们就会大发雷霆。上图右边这只青少年猩猩在他妈妈（上图左怀抱婴儿的那只）把他推开之后，开始大喊大叫。直到新的婴儿出生，他还是习惯性地赖在妈妈肚子上。

移情作用最常见的表现就是安慰，一种别人悲痛时的安慰反应。图中一只在洛拉·亚倭黑猩猩保护区的倭黑猩猩温柔地抱着他刚刚打架输了的同伴。照片出自Zanna Clay。

雌性黑猩猩和雄族长打架了，后者追赶她，之后雌性黑猩猩（上图右）亲吻了雄族长的嘴唇。在人类看来，黑猩猩之间的亲吻是和解及久别重逢之后的典型动作。

这张图拍摄于1979年的布尔格尔斯动物园，由德斯蒙德·莫利斯提供。图中我怀抱着小玫瑰，我们成功地把高芙训练成一个合格的奶妈，给黑猩猩宝宝用奶瓶喂奶。

一只青少年黑猩猩一边尖叫着抗议，一边伸出手向成年雄猩猩乞求从他那里偷去的浆果。

自从达尔文开始，有关皱眉（由眉毛之间的小肌肉引起）是否是人类的专属这一争论从未停止。我们现在知道其他灵长类动物也有相同的肌肉，他们在愤怒的时候肌肉也会收缩。一只青少年雄性倭黑猩猩（上图左）朝他的对手怒目切齿，而他的对手，一只年轻的雄猩猩向一只雌猩猩（上图右）寻求帮助。雌猩猩用胳膊搂着他，拍打他，击退挑衅者。

像人类的微笑一样，倭黑猩猩的露齿笑常常用来取悦其他同伴，让他们开心。洛雷塔（上图右）就是用微笑解开僵局的，事情的原委是婴儿丽诺尔一直想伸手去够她的食物，一束树枝。问题是婴儿的妈妈（上图左）一直阻止她。洛雷塔就把树枝拿到丽诺尔够不到的地方，握住她的手，朝她露出友好的微笑。

两只成年雄黑猩猩打架结束之时高居在树枝上，其中一只伸出手臂做出和解的邀请。就在我拍完这张照片之后，两只雄猩猩互相拥抱、亲吻，接着一起爬下树枝。

黑猩猩发出的最大声音是尖叫，传达着害怕和愤怒的情绪。这常常出现在高级别的个体之间，比如图中这两只雌猩猩正愤怒地追逐着一只成年雄猩猩。

雄族长一直生活在压力之下，也深感焦虑。图中这只雄猩猩在耶基斯国家灵长类动物研究中心，有一个对手每天都孜孜不倦地挑衅他，透过他的眼神我们能感受到这种焦虑。

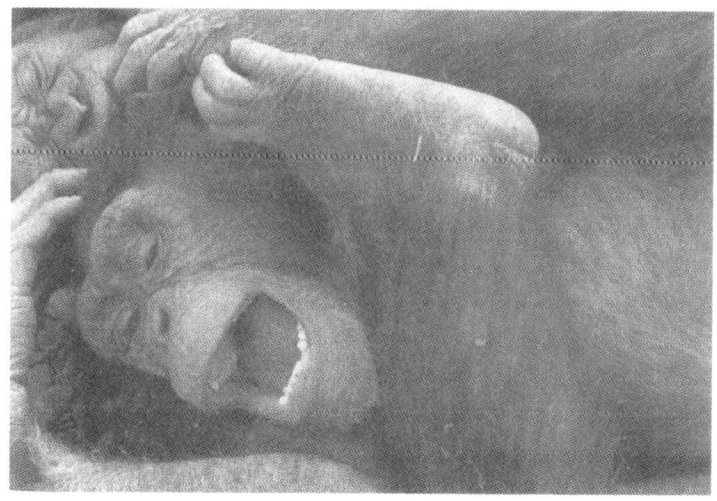

类人猿在嘻嘻打闹和追逐时发出嘶哑的喘息笑声。

成年雌性（上图左）和雄性倭黑猩猩（上图右）在圣地亚哥动物园直立地站着。对所有大猩猩来说，倭黑猩猩是最像我们人类祖先的，他们腿长，脚和大脑的形状都和人类的很相似。因为从遗传学角度讲，倭黑猩猩跟我们人类的关系和黑猩猩一样近，他们值得对人类进化论感兴趣者的足够重视。

洛伦茨指出，"恶霸"从未因此而受到惩罚，原因很简单，他从未违反过这条规则。这条狗在洛伦茨试图拉开他见过的最激烈的狗斗时，不小心咬了他。尽管他并没有斥责"恶霸"，而且试图立即抚摸他，他还是对自己的所作所为愧疚不已。狗狗完全崩溃了。几天后，他几乎瘫痪了，食不下咽。他会躺在地毯上，呼吸微弱，偶尔会被自己内心痛苦的灵魂发出的叹息打断。你可能以为他得绝症了。几个星期过去了，"恶霸"依然内心压抑。他违背了一大自然禁忌，这在他的物种或他们祖先中，可能会造成最可怕的后果，比如被驱逐出族群。这里，我们似乎正在接近狗狗社会的一个内化规则，违反这个规则可能会导致深刻的情绪和身体上的痛苦，这种痛苦可能与内疚相去不远。[115]

那么，我们的近亲灵长类动物，他们也会走这么远吗？在灵长类动物社会中，最广为人知的外部规则是，地位高的雄性对地位低的雄性性生活的影响。作为一名研究长尾猕猴的学生，我跟踪了他们笼子外的一个活动，这个部分通过一条隧道与室内部分相连。通常，雄族长都会坐在隧道里，这样他就能监视两边了。然而，只要他进入室内，其他雄性就会走到室外靠近雌性。通常情况下，他们这么做会有大麻烦，但现在他们可以肆无忌惮地交配了。然而，对惩罚的恐惧并没有完全消失。他们会频繁地跑到隧道入口处偷看族长是否还在里面，担心族长突然出现。如果他们在鬼鬼祟祟交配之后突然遇到族长，地位低的雄性就会龇牙咧嘴谄媚地笑，神情紧张，尽管族长压根儿不知道刚刚发生了什么。当这种情境在试验中系统地重现时，我们会观察到灵长类动物也有同样的反应，研究人员因而冷静地得出这样的结论："动物可以将行为规则与他们的社会角色联系起来，并能做出一种承认违背了社会准则的反应。"[116]

社会准则并不是简单的统治者在场时服从，统治者缺席时被遗忘。如果真是这样，低等级的雄性猿猴没必要在族长不在时窥探他的行踪，或者在做出违背禁令的事情之后表现出异乎寻常的顺从。在某种程度上，他们将规则内化了。更复杂的情形在阿纳姆黑猩猩群落出现过一次，那件事发生在雄性黑猩猩鲁特琴第一次打败了族长耶罗恩之后。冲突发生时，两位雄性黑猩猩各自在自己的住处活动。第二天早晨，当黑猩猩们被放到岛上时，他们才发现这场冲突产生的后果是惨绝人寰的：

> 当"大妈妈"发现耶罗恩受伤后，她开始大声喊叫，四处张望。这时候，鲁特琴也受伤了，他大喊大叫，于是所有黑猩猩都过来一看究竟。当所有猿猴都围着他叫的时候，"罪魁祸首"鲁特琴开始尖叫起来。他紧张地从一只雌性黑猩猩身边跑到另一只雌性黑猩猩身边，并拥抱她们，将自己的臀部呈现给她们。接着，他花了大半天时间来处理耶罗恩的伤口。耶罗恩脚上的一个伤口和腰部的两个伤口都是拜鲁特琴锋利的牙齿所赐。[117]

鲁特琴的处境与"恶霸"（那只狗）相似，因为他们都打破了等级制度的魔咒。在那之前的几年里，没有哪只黑猩猩敢伤害耶罗恩。大伙儿的反应都传达着这样的信息，多么可怕的一件事情啊，而鲁特琴也在尽自己最大的努力去弥补。但不是通过放弃统治耶罗恩的计划，因为在接下来的几个星期里，他将继续对耶罗恩施压，直到最后逼迫耶罗恩让出"皇位"。鲁特琴对耶罗恩受伤的反应是因为基于一种有关他们应当如何表现的内部规则的愧疚，还是他只是担心其他同伴会做何反应？

这方面，倭黑猩猩做得比黑猩猩好。在倭黑猩猩这个物种中，暴力很罕见。因此，暴力一旦发生就会让他们备感困扰。攻击者似乎在对自己行为的忏悔中夹杂着同情，因为他们在事后急于弥补。这和其他灵长类动物又有很大不同，因为在其他灵长类动物中，和解在下属对上级中更为常见。占统治地位的倭黑猩猩似乎懊悔不已，尤其是如果他们让对方受到伤害时，更是如此。我记得他们会回到受害者身边，毫不犹豫地伸手抚摸被他们咬过的手指或脚趾，以便检查伤口。他们的行为表明，他们清楚地知道自己做过什么，以及在哪些部位下的手。在我看来，如果有一种情形暗示着懊悔，那就是这样的场景，占统治地位的倭黑猩猩匆忙回到受害者旁边，花半小时甚至更长时间舔舐和清理他们造成的伤口。

倭黑猩猩心里的感受很难确定，但这里我必须补充一点，在我更愤世嫉俗的时候，我也会问一些关于人类负罪感的问题。难道我们不是在高估情绪内化的力量吗？看看当情况发生变化时，比如战争、闹饥荒，或者政治动荡时期，人们是如何将一切禁忌抛之脑后的。许多曾经正直的公民在资源变得稀少时，会毫不犹豫地去抢劫、偷窃和杀人。即使环境变化不那么剧烈，比如去一个遥远的地方度假，也可能促使人们做出许多出格的事（公然酗酒、性骚扰等），这些事在他们的家乡可是想都不敢想的。

那些说自己备感愧疚，并为自己的错误行径道歉的人也不一定能说服我。实际上，我更相信无声的愧疚。公众人物的道歉充满了虚假的情绪和眼泪，因此被称为"非道歉"或"假道歉"，即只是一种不承担任何实际责任的道歉声明。我还记得吉米·斯瓦格特1988年因为嫖娼被捕。这位赫赫有名的电视布道者在电视上哭得梨花带雨，眼泪成河，乞求上帝和他的追随者原谅他的罪行。然而，仅仅几年之后，他再次被捕。就像狗狗一样，人类的愧疚感是一种避免消极后果的方式，而不是明显区分是非的证据。

　　我并不是在否认人们区别对错的能力，也不是在质疑人们感到愧疚的真实性，但姑息和服从的区别远没有我们想象中那么尖锐。[118]愧疚感常常被描述为宗教和文化的产物，或者被定义为一种情绪，它促使我们修复和弥补自己造成的伤害。这很好，而且毋庸置疑是正确无误的，但我们不应该因此就低估恐惧因素。内疚和焦虑常常相伴而生，彼此助长。这一切的背后是比文化和宗教更为根本的东西。让人感到内疚和羞愧的是一种强烈的归属感。对于任何社会动物来说，这都是事关生存的问题。最大的潜在担忧是被群体孤立。这就是为什么鲁特琴拥抱受伤的竞争对手周围的"女性"，让"恶霸"近乎抑郁，青少年们对父母的举止尴尬不已，斯瓦格特哭得梨花带雨的原因。担心惹恼别人，失去别人的爱和尊重是导致人类内疚和羞愧的根源。

　　因为其他物种也有类似的恐惧感，让我以古拉的故事结束这个话题，古拉是20世纪30年代在温斯洛普和卢埃拉·凯洛格家里被抚养大的一只年幼黑猩猩，她通常会对养父母的指责做出回应。我并不认为古拉的反应代表羞愧和内疚，但她的确常常表现出一种强烈的归属感，并极度渴望被原谅，在我看来这都是羞愧和内疚这两种情绪的根源。凯洛格夫妇解释了其中的缘由，他们说如果一切进展顺利，古拉总会长长舒一口气：

> 当古拉因为咬墙壁、犯小错误或者类似的失礼行为而受到惩罚或者被责骂时，她就会发出"呜呜"的叫声，并试图奔向我们的怀抱。如果我们把她推开，她就会叫得更厉害，这一切只有在我们表示愿意接纳她时才会平息。接着，她的叫声会变成节奏紧凑的"呜呜"声，同时她还会张开手臂冲向我们。她会跳到我们肩膀上，不由分说地把脸靠近我们。接下来就是和解之吻。如果我们也是接纳的态度，她就会发出巨大的叹息声，声音大到一米之外都能听到。[119]

让人讨厌的因素！

黑猩猩在下雨天经常会皱着鼻子，我称其为黑猩猩的"雨脸"。只要一下起倾盆大雨，所有黑猩猩，不论老幼，都摆出一张臭脸，上唇紧贴鼻子，卜唇微微伸出。他们眼睛半睁半闭，嘴唇半开半合。因为黑猩猩不喜欢手被打湿，所以他们在湿漉漉的草地中双脚着地直立前行，双手灵活地放到胸前。他们看起来无比痛苦。人类也会摆出同样的臭脸，我再熟悉不过了，因为荷兰是世界上自行车最多的国家，成千上万的人骑着自行车在偌大的城市中穿梭。他们风雨无阻，因为这就是他们上班或上学的交通工具。每当下起雨，塑料雨披里就会露出他们惆怅的脸，因为他们被天气困扰，接下来的一天时间里他们都要穿湿漉漉的衣服。

厌恶和反感属于最古老的情绪，也是少数与大脑特定区域（岛叶皮层，又叫脑岛）有关的情绪。一只猴子津津有味地嚼着花生，一旦他的脑岛被激活，他就会把花生吐出来，并改变面部表情。他皱着上唇和鼻子，缩小两者之间的距离，同时移动舌头，把嘴里的食物送出来。[120]当人们看到恶心的东西（比如粪便、腐烂的垃圾、长满蛆虫的食物）的图片时，大脑扫描图像显示人类的脑岛也会被激活。同样的，我们也会把上唇靠近鼻子，眯起眼睛，皱着眉。皱鼻子是一种肌肉收缩运动的仪式化表现，其典型作用是保护眼睛和鼻孔免受即将到来的危险，比如污浊的空气。英语中，我们说我们对某事"turn up our nose"。

猴子、猿类和人类相似的面部表情和相同大脑区域的激活，暗示着他们有相同的情绪。然而，厌恶感比灵长类动物出现得更早，因为所有的生物都需要排斥危险物质和寄生虫。当老鼠闻到让他们作呕的食物时，就会张大嘴巴（我们称之为"张嘴"，这可能是一种呕吐的意向动作）。猫闻到香水后会畏缩不前，触摸到黏糊糊的表面后会疯狂地摇动爪子。狗在闻到酸味后就会呜呜直叫。猫在碰到有恶臭味的东西（如一只死蟑螂）时，反应最可爱。他们会用爪子刮来刮去盖住这个脏东西，即使周围没有灰尘，比如厨房的地板上。所有这些反应归根结底是对有害物质的自我保护。众所周知，"发自内心的厌恶"是免疫系统的行为延伸。它来自内心深处，而且几乎是无法控制的。

奇怪的是，厌恶变成了情绪的灰姑娘。尽管一开始很卑微，但如今没有一种情绪能像厌恶一样得到心理学家如此多的厚爱和关注。这要归功于它与道德的联系。我们对特定的行为（比如乱伦、人兽性交）感到厌恶，但同时我们也对政治腐败、叛国、欺诈和虚伪感到厌恶。我们对那些自私人的种种行径感到震惊不已，他们假装患有癌症在互联网上骗捐，或者在无权使用的停车位上停车。我们称这些人为"令人作呕的"，并说他们"狗嘴里吐不出象牙"。当政客们想要让我们与我们中的其他人（比如特定的族群）为敌时，总是玩着令人厌恶的把戏。他们说那些人跟我们讨厌的动物没什么两样，或者闻起来像极了那些动物。事实上，当他们在讨论这些话题的时候也会摆出一副臭脸。相反，我们把清洁等同于美德或美好的事物，他们的表情就好看多了。当我们说"金盆洗手"时，这只是一种说法，正如彼拉多（罗马帝国犹太行省的执行官）所说的那样，纯洁等同于无罪。[121]

"道德厌世"的作品有时候过分地把最初的情绪当作事后的想法。人类的厌恶情绪已经上升为一种文化现象，一种后天的嗜好，与仅仅回避病原体大相径庭。我们甚至把这种文化观点应用到我们所讨厌的食物上。毕竟，我们从别人那里学到了自己的饮食习惯，因而我们可能会特别不喜欢另一种文化中广受欢迎的食物。有一次，我因为在札幌的一个酒吧里吃了半碗纳豆（一种发臭的豆制品）而受到在场所有人起立鼓掌的待遇，因为我是第一个（或者在他们眼里是第一个）吃掉这种发臭豆制品的西方人。我感到无比自豪，但随后就有人问我喜不喜欢纳豆这种东西。在我想出一个圆滑的答案之前，我的表情出卖了我的情绪，每个人开始哈哈大笑。另外，日本人不能忍受苹果和梨的皮，他们总是削皮，这让我觉得很奇怪。显然，我们人类已经学会了喜欢和厌恶。动物不会做任何这种文化的区分，这就是争论所在，因为动物本能地知道他们该吃什么，不该吃什么。

另一个流行的观点是，厌恶帮助我们把动物和他们的产品归类为厌恶，从而让我们自己变得与众不同。腐烂的植物或水果不太会像腐烂的动物尸体以及他们的粪便、血液、精液、肠道等如此困扰我们。而且不仅仅是会引起视觉和嗅觉上的不适，从理论上来说，还有更深层次的原因。死亡的动物令人作呕，因为这让我们想到自己也会死去。我们对死亡如此恐惧，以至于我们厌恶一切强调我们与动物的共性，以及他们脆弱的存在的东西。逃避动物帮助我们解决存在主义问题，这也解释了为什么有些科学家认为厌恶不过是文明的标志！

我的脑袋被这种由直截了当的情绪所触发的夸张想法搞得晕头转向，而这种情绪的进化就是为了避免受到伤害。学者们往往被自己金玉其外、败絮其中的花言巧语冲昏了头脑。他们设法混淆和掩盖愤世嫉俗根源的痕迹，以至于它开始看起来像是一种全新的情绪。而且不仅仅是一种情绪，它还被视为定义并解释我们人类最崇高成就的一种心理活动。然而，并不是所有的心理学家都这么想。像我一样，有些人认为，如果我们深入研究厌恶这种感受，即使是涉及道德领域的感受，我们也会在脑岛发现相同的情绪，并通过皱鼻表现出来。

就像那些真正热爱动物并每天与动物相处的人一样，让我恼火的是，厌恶动物会以某种方式推进文明。如果确实如此，为什么我们要大张旗鼓地把动物带回家，不顾他清理粪便和尿液的麻烦，待他家人一样亲呢？爱猫之人不会被猫砂箱吓倒，爱狗之人不会被便便铲子吓倒，更别提爱马之人需要打理马的日常琐事了。看看人类对动物有多么依赖啊！我们饲养动物不仅是为了吃他们的肉，还为了让他们耕地、打仗、送信（飞鸽传书）、嗅出毒品、协助狩猎、放羊、安慰病人、捕捉啮齿动物、授花粉等。如果人类对动物感到厌恶，为什么仅美国的动物园每年就能吸引约1.75亿游客呢？再想想每个人都能在Facebook上看到的动物视频以及专门为孩子们制作的动画片，里面都是会说话的动物。玩具商店里出售的长绒熊、大象、恐龙等玩偶，都是孩子们睡觉时的好伙伴。事实上，人类非常喜欢动物，我们也有很多表达方式来赞美动物，比如"勇敢如狮子""聪明如猫头鹰""繁忙如海狸"。尽管在西方，我们喜欢刻意将自己和动物王国区别开来，但对于我们更亲近大自然的祖先来说，不太可能有同样的态度。他们可能和文字出现以前的人类一样，供奉动物神灵。因此，我并不认为人类的厌恶之情与我们拒绝兽性有关。

根据我们对其他物种文化的了解，这种情绪被认为颇具文化渊源，这一点很耐人寻味。动物也可能有文化上的厌恶。也许有些动物天生知道该吃什么，比如那些只吃单一食物的动物——大熊猫整天吃竹了，考拉以桉树叶为食——但这种情况相当罕见。热带雨林中有成千上万不同种类的植物，其中灵长类动物以水果和树叶为食。这些植物大部分是不可食用的，有些是有毒的，能致病，所以他们是怎么知道该吃什么，不该吃什么的？他们对吃的精挑细选，并准确地知道什么食物在什么阶段成熟。事实上，颜色视觉被认为是为帮助灵长类动物区分果实是否成熟而进化来的。黑猩猩也吃很多肉，肉是他们自己捕猎所得。他们一定和我们一样厌恶腐烂的尸体，因为他们从不以腐肉为食，除非是他们亲自杀死的猎物。这种厌恶情绪也解释了为什么塔拉拿着死老鼠捉弄小伙伴能如此奏效。

从大量的研究中，我们得知年幼的黑猩猩不仅要从长辈那里学该吃什么，不该吃什么，而且还要学怎么克服困难获取食物。他们学习如何钓白蚁，砸坚果，如何从蜂箱里收集蜂蜜。已有研究（比如我自己的研究）已经清楚地证明猿类是完美的模仿者，而在圈养地这种习惯转化为文化上对食物的偏好。如今，文化研究涵盖了各种各样的物种，从鸟类到鱼类，从海豚到猴子，一应俱全。在南非一个野生动物保护区里，通过一项优雅的野外试验就能证明这与厌恶有何关系。

荷兰灵长类动物学家埃里卡·范·德瓦尔给野生长尾黑颚猴打开装满玉米的塑料盒子。这些黑脸的灰色小猴子喜欢吃玉米，但有一个问题：科学家操纵了玉米的供应。两个盒子里是两种不同颜色的玉米，蓝色的和粉色的。一种颜色的玉米味道很好，另一种颜色的玉米里面加了芦荟，味道很恶心。仅凭颜色，有些猴子选择吃蓝色的，有些则选择粉色的。这可以用联想学习来解释。但随后，研究人员挪走了味道不好的玉米，并等待群体中新生儿的出生。他们观察了几组猴子，尽管他们现在吃的两种颜色的玉米味道都很好，但所有猴子都固执地坚持自己的偏好。猴子们表现得很保守，结果，他们从未发现另一种颜色的玉米味道已悄然改善。埃里卡·范·德瓦尔发现，27只新生猴子中有26只只吃族群先辈偏爱的食物。就像他们的母亲一样，他们从来不碰另一种颜色的玉米，即使它们也是免费的，即使它们同样可口。小猴子们甚至可能坐在装满被丢弃的玉米盒子旁边，开心地吃着另一种玉米。唯一的例外是一个婴儿，她的母亲地位很低，她整天处于饥饿状态，偶尔也会偷尝"禁果"。因此，所有的新生儿都沿袭自己母亲的饮食习惯，应验了那句俗话"身在罗马"。[122]

这类研究证明了因循守旧的巨大力量。它并不罕见，只是一种普遍存在的现象。通过遵循母亲饮食的红黑名单，婴儿们在生活中不用自己去试什么能吃，什么不能吃，也不用冒中毒的风险，这样就有更多的机会活下来。当然，这意味着我们不能排除动物也有厌恶的情绪。成年猴子会拒绝那些苦涩的玉米，并将他们的喜好传给后代。很难讲新生儿对那些玉米是否真的感到厌恶，但从行为角度来说，他们对一种玉米表现出明显的喜爱，而对另一种玉米表现出明显的厌恶，若类似的情形发生在人类身上，我们会毫不犹豫地归结为情绪使然。

法国灵长类动物学家塞西尔·萨若边在日本的一个亚热带岛屿幸岛展开了一项试验，测试野生猕猴对恶心东西的反应。在沙滩上放了三种不同的底物：猴子粪便、仿真塑料粪便和棕色粪便封面的笔记本。她在每个物品上都放置了一个麦粒或半粒花生，接着静静等候岛上的猴子们靠近。猴子们会从所有底物中取出花生享用（尽管他们在接触到粪便之后会夸张地搓搓手），但他们就是不拿麦粒。他们只从真粪便和假粪便中挑出大约一半的麦粒，而粪便塑料封皮上的麦粒，则原封不动。猴子们对粪便非常反胃，因此他们宁愿放弃麦粒，但为了吃花生，他们愿意接触粪便。食用受到潜在污染的食物总是厌恶和营养价值之间的博弈，显然花生的营养价值更胜一筹。萨若边现在正在对黑猩猩展开类似的试验，以观察哪些污染物能够让他们彻底放弃食物。[123]

当没有任何东西可吃的时候，杂质和污垢也会引起厌恶。雨不脏，但正如我们的近亲猿类一样，我们不喜欢雨，每当下雨我们就会板着脸。如果一个出租车里很脏或者别人的浴室很凌乱，我们也会感到厌恶。同样的，我们早上洗澡刷牙，因为我们关心自己的幸福感（功能方面），而且讨厌肮脏（情绪方面），动物追求身体卫生不仅仅是为了自身身体健康着想，也是因为他们对清洁的极度渴望和对杂质的极度厌恶。看看一只鸟是如何一丝不苟地用嘴来清理自己的，特别是他们翅膀和尾翼的羽毛（长而硬的飞行羽毛）。很难不佩服他们的"个人卫生"。而且，这样做，他们备感快乐。每周，我都会让我驯服的寒鸦通过将放在地上水盆里的水溅到四周的方式，往我学生宿舍的地板上洒水。在接下来的早上，他们会梳理自己身上的每一根羽毛。结束之时，他们都把自己整糊涂了，高兴地"唱歌"（唱歌加了引号，是因为寒鸦发出的声音确实不太好听），显然他们对自己的清洁状态非常满意，心情大好。猫也很讲究，这一点可以从他们仔细清洁脸和身体的每一个部位看出来。对于追捕猎物的动物来说，清洁有利于他们隐藏自己的体味。据说，家猫会花25％的时间来打扮自己，以达到一尘不染的状态。

在体外，对秩序的渴望和对无碎屑环境的渴望是穴居动物的典型特征。雄性凉亭鸟不断地排列和重新排列数百个小装饰品（鲜花、甲虫的翅膀、贝壳），他在布置好的自家"庭院"里摆好姿势吸引异性的到来。黄莺小心翼翼地清理幼鸟排出的粪便（黏膜内的粪便）。他们用嘴衔着白色的囊，飞离巢穴，把囊丢掉。裸鼹鼠在他们的隧道系统中有专门的厕所，他们排泄之后会用泥土堵住它，然后再在新的地方挖"厕所"以供排泄。许多物种都讲究整洁和清洁，而这样做的优势很明显（干净的羽毛有助于飞行和隔离身体，干净的窝不容易滋生寄生虫和不会招来食肉动物），我们需要更多地关注潜在情绪，这种情绪可能包括对原本不恶心的东西的强烈厌恶之情。无数物种都对杂质充满厌恶。

最后是厌恶的社会背景，这是心理学家非常青睐的领域。其他灵长类动物是否曾被社会行为或特定个体所排斥？我脑海中浮现的第一个例子是有关华秀的一则小故事。华秀是一只在美国接受过手语训练的黑猩猩，他学会用"脏"来表示被弄脏的家具和衣服。一次，她实在是被一只猕猴惹恼了，不断地打手语"脏猴子！脏猴子"。这个词是新用法，之前没人教过她。这表明，华秀对社会的厌恶感同对污秽的厌恶感是一样的。

当年长的雄性追求雌性时，在性方面也会引起别人的厌恶。我曾亲眼所见，如果一只年长的雄性黑猩猩试图与一只年轻的雌性黑猩猩发生性关系，后者就会尖叫着跑开。在交配季节，雌性恒河猴只要看到年长的公猴朝她们走来，她们就会迅速走开。这可能是一种避免与年龄人到可以当她们爸爸的雄性交配的方法，因而也避免了乱伦，但这些年轻的雌性确实表现得很惊慌。如果靠近自己的雄性是她们的亲戚，她们就会表现得更慌张。一只野生黑猩猩拒绝了自己儿子的性暗示，但她最终还是妥协了，因为她儿子一直在恐吓她。不过，她是在抗议中完成这次性交的，"在射精之前，她始终大声尖叫，并跳着离开"[124]。

简·古多尔（国际知名动物行为学家、环保主义社会活动家）描述了贡贝国家公园的黑猩猩是如何应对20世纪60年代爆发的小儿麻痹症的。受感染的社团成员由于四肢瘫痪，被迫进入奇怪的运动模式。他们几乎无法穿越森林，也不能爬树。健康的黑猩猩对他们的存在感到极度不安，他们通常先靠近行动不便的黑猩猩，接着在一段安全的距离停下来，有时会发出轻微的"呼"声作为警报。他们很少碰这些受折磨的"病人"，也从不给他们梳理毛发，这很不正常。一只成年雄性黑猩猩不顾自己行动不便的腿脚，费了很大的力气加入正在树上互相梳理毛发的两只黑猩猩中，但他们都离开了，留他独自待在那里。[125]

　　甚至对粪便的反应也有社会成分。母亲被自己的幼崽弄脏的情况很常见，因为她们整日带着幼崽。她们非常冷静地对待这件事，就像是工作的一部分。从婴儿的行为中她们就能察觉到婴儿要排便了，这时她们就会把婴儿放到稍远的地方。然而，如果察觉晚了，她们也只是抓起几片叶子清理婴儿的"杰作"。相比之下，如果黑猩猩是在一场攻击中被可怕的粪便弄脏了，特别是来自"敌人"的粪便时，他们就会疯狂地把脏东西甩掉，显然他们被这意想不到的脏东西弄得心烦意乱。烦扰他们的不仅仅是粪便，还有粪便的来源。他们对于群体外成员的反应就更激烈了，而且可能波及与之相关的无生命物体。如果在边界巡逻时，雄性黑猩猩发现附近的雄性黑猩猩在森林边筑巢，他们本能地认为这是对自己的一种侮辱。他们会爬上树，仔细嗅嗅，视察巢穴，之后他们会在里面四处炫耀，拔掉每一根树枝，直到巢穴被摧毁。我想象一只狗如果发现他的敌人在自己的领地上做标记了，并故意在上面撒尿，他也会被同样的厌恶情绪驱使。说到这里，最有意思的一件事发生在一个野外工作者身上，一次他去非洲平原工作，晚上就把自己的靴子放在帐篷外面。第二天早上醒来，他发现靴子里怎么有黏糊糊的东西，后来发现是豹子的粪便。豹子一定讨厌他靴子的味道，并决定给点儿颜色看看。

没有多少动物会因为其他动物的行为而产生厌恶感，也即我们所说的道德厌恶。不过这并不意味着道德厌恶是不存在的。除了一些关于灵长类动物如何评价其他动物"品行"的研究，没有人关注这些。在京都大学，科学家测试了卷尾猴对两个试验者的反应，这两个人一个总是热心地帮助别人，而另一个对找他帮助的人总是置之不理、冷漠对待。猴子们会喜欢好人还是那个自私的混蛋？请注意，这里不是两个试验者对猴子的态度不同，而是对屋子里其他人的态度不同。其他人拧不开塑料瓶盖，礼貌地请试验者帮忙。其他类似的测试，试验者要么提供帮助，要么漠然拒绝。目睹了眼前发生的一切之后，猴子们拒绝与自私的试验者有任何瓜葛。试验者因为自己没有合作精神被猴子看不起。[126]

涉及道德进化的这种试验被越来越多地开展。我之前的书里也提到过，这是一个我非常关心的话题。在我所能举的众多例子中，这里我只强调一个关于黑猩猩违反社会规范的故事。这件事发生在耶基斯野外试验站的雄族长基莫怀疑一只青少年雄猩猩和他最爱的雌猩猩交配之时。

透过办公室的窗户，我可以看到院子的每个角落，所以我目睹了整件事情的发展过程。然而，对于许多在地面上活动的黑猩猩来说，因视线被障碍物阻挡，他们并没有看到。也正因为这样，年轻的"男男女女"可以暂时逃离基莫的视线。然而，这位雄族长意识到发生了什么，于是乎就去一探究竟。通常，他只会把罪魁祸首赶走，但出于某些原因——或许是因为这位雌性黑猩猩在当天早些时候拒绝了他——他全力追赶那只青年雄性黑猩猩，没有丝毫迟疑。虽然成年雄性黑猩猩动不动就打年轻的黑猩猩，或者粗暴地踩踏他们，但这个群体的雌性们并不会忍气吞声，一味任由雄性欺侮——她们有自己的底线！不过，基莫那天疯了，追着年轻黑猩猩满场跑，可怜的受害者惊慌失措。基莫似乎一心想抓住他，惩罚他。

然而，在基莫抓住受害者之前，案发地现场的雌性黑猩猩们开始"呜呜"地吠叫。这是对侵略者和入侵者的警告。起初，发出叫声的黑猩猩还环顾四周，想看看其他同伴会做何反应，但当其他小伙伴，特别是雌族长加入的时候，呼声越来越大，最后变成振聋发聩的合唱。这像极了选举投票。一旦抗议升级到高潮，基莫就停止了攻击，脸上露出紧张的笑容：他明白了。

我感觉自己目睹了现场直播的道德谴责。

情绪就像器官

让我以一个激进的提议为开头：情绪就像器官。所有的情绪都是被需要的，而且在这方面我们与其他哺乳动物一样。

说到器官，其重要性不言而喻。无论是心脏、大脑和肺这样的器官，还是胰腺、肾脏这样的器官，没有人会质疑它们的重要性。任何胰腺或肾脏出过问题的人都知道，我们身体的每个器官都是不可或缺的。而且，我们的器官与老鼠、猴子、狗等动物的器官并无本质区别。这种相似性不仅局限于哺乳动物，除了哺乳动物的乳腺外，还包括青蛙和鸟类在内的所有脊椎动物都有同样的器官。学生时期我曾解剖过很多只青蛙，他们拥有全部器官，包括生殖器官、肾脏、肝脏、心脏等。脊椎动物的身体就像一台高速运作的机器，如果任何一个零部件出现问题，他就会死亡。

尽管如此，在涉及情绪方面时，情况就大不相同。人类被认为只有生存所需的一些"基本的"或"初级的"情绪，这些情绪都是生存所必需的。基本情绪的数量由科学家来定，有2~18个，但通常保持在6个左右。有一些情绪是显而易见的，比如害怕和愤怒，比如傲慢、勇气和蔑视。这个观点由亚里士多德提出，而且已经升华为一个"基本情绪理论（BET）"。要让一种情绪成为"基本"，需要被世界各地的人们表达和识别，并且是天生的——这是一种被称为"与生俱来"的方式。基本情绪在生物学上是原始的，而且是被其他物种共享的。[127]

缺乏刻板印象的人类情绪被认为是"次要的"，甚至是"第三位的"。没有这些情绪，我们仍然过得很好。它们让我们的生活丰富多彩，但没有它们，我们也可以活得很好。此外，它们完全是属于我们自己的，且因文化不同而异。第二情绪的列表冗长，但你会注意到，我对所有这些情绪都持保留意见。事实上，就像说并不是身体的每一个器官都是必不可少的一样，第二情绪这个提议本身就是有缺陷的。甚至对于阑尾（连接盲肠的盲管），科学上都认为它是有作用的，比如它内含有益的细菌，能在一次严重的霍乱或痢疾后，帮助重新启动消化系统。阑尾甚至都不再被称为"多余的"或"残留的"了，因为它已经独立进化过很多次，其存在价值毋庸置疑。同样的，我们身体的每个部分都有其存在的意义，每种情绪的进化都是有原因的。

首先，我们提到骄傲、羞愧、内疚、报复、感恩、宽恕、希望和厌恶，我们不能排除其他物种拥有这些情绪的可能性。在我们人类中，这些情绪可能进化得更充分，或者在更宽泛的环境下被使用，但并不意味着这些情绪是全新的。这些情绪中，有些更多地被一种人类文化所强调，这几乎不能反驳生物起源。其次，任何普通的情绪都不太可能是无用的。考虑到为某事付出的所有努力和激情，以及这种状态对决策的影响，多余的情绪会带来意想不到的负担。它们可能会让我们陷入死胡同，这显然不是自然选择的本意。因此，我的建议是，所有情绪不仅是生理层面的，而且还是至关重要的。没有一种情绪比其他情绪更重要，也没有一种情绪是人类所特有的。在我看来，鉴于情绪和身体的紧密联系，以及所有哺乳动物身体本质的一致性，这一切都合乎逻辑。最近的一项研究中，人类被要求仅凭声音就猜测各种爬行动物、哺乳动物、两栖动物和其他陆生动物的情感唤起状态。他们成功地做到了，表明他们具有"声学共性"，这种共性让所有的脊椎动物以相似的方式来交流情绪。[128]

请注意，我这里谈论的并不是感受，感受更难被理解，而且可能比情绪更多变。感受作为对一个人情绪的主观评价，在不同文化中可能表现不同。尽管如此，我还是要多说一句，这并不意味着感受是人类所特有的。毕竟，动物感受的不可接近表现为两个方面：我们只能猜测他们的感受，但我们也不能排除任何特定的感受。

鉴于我们常常忽略动物的感受，让我简单地回到忽略动物感受的标准方式上来。这是通过将注意力转移到行为功能上来实现的。只要你提出两只动物相爱，你就会听到反对的声音，理由是动物只会繁殖。如果你认为动物表现出骄傲，你就会听到有人说动物只是在炫耀自己。同样的，我们也听到动物不需要害怕的说法，因为他们会设法躲避危险。事情到最后总是归结为行为的结果。不过，这仍然是下策，因为有益的结果从来不会将情绪排除在外。生物学上，这被称为分析水平之间的混淆，我们每天都警告学生不要搞混了。情绪属于行为背后的动机，而结果属于情绪背后的功能。二者共进退：每种行为都有动机和功能。我们人类，有爱情和性交，会感到骄傲和恐惧，口渴了会喝水，害怕了会自我保护，感到恶心了会调整自己。因而，强调动物行为的功能性并不意味着我们可以摆脱情绪，它只是回避了这个问题。

下次再有人说动物只是为了繁殖才发生性行为的时候，想想这个吧。这不是事情的全部。异性成员仍然需要聚在一起，相互吸引，信任对方，引起对方的兴趣。每种行为都有其机制，这就是情绪的来源。交配需要合适的性激素条件、性欲、择偶偏好、匹配程度，甚全爱情。对动物和我们人类来说都是如此。

奇怪的是，爱和依恋很少被列为人类的基本情感。然而，它们对所有的社会性动物来说都是必不可少的，不仅仅是在性方面，这点令我印象深刻。我们在许多鸟类和一些哺乳动物身上发现了牢固的、终身的伴侣关系，这种关系与性无关（比如在漫长的没有性生活的季节里）。还有哺乳动物的母子关系，如果母亲失去她的孩子会痛苦万分。当看到猩猩妈妈把她的孩子高高举在空中玩耍（我们称之为"飞机游戏"），看到象妈妈和阿姨们对她们的小象极度警觉，我们不会看不到爱。爱没有被划分为基本情感的唯一原因是，它没有体现在我们脸上。我们没有像表达愤怒或厌恶那样表达爱的脸。在我看来，这表明传统研究专注于面部表情的局限性，这在缺乏面部灵活性的动物身上，表现得更为明显。

关于如何给情绪分类，或者如何定义情绪的旷世持久的争论，让我想起了生物学上的一个阶段，那时候我们主要关心的是植物和动物的分类问题。这一被称为系统学的领域在18世纪和19世纪达到了鼎盛。那时候争论的焦点是一个物种应该单独成为一个种，还是成为一个亚种，很少有如此激烈（或如此有成果）的争论。神经科学可能有助于情绪的分类，DNA也以同样的方式解决了这类争论。如果两种情绪，比如内疚和羞愧，在大脑中以同样的方式被激活，并且以相似的方式被表达，那显然它们是一体的。它们就像是同一个自我评价情绪的两个亚种，尽管和任何优秀的自然学家一样，我们喜欢详述它们的区别。如果其他情绪，如喜悦和愤怒，它们的大脑激活和身体表达共同之处很少，就把它们放在情感之树的不同分支上。虽然不是每个人都相信每种情绪都有自己的神经信号，将所涉及的大脑区域和神经回路绘制出来，是我们建立一个客观情绪分类的最佳选择，是一个基于硬科学的选择，我们也是通过这种方法用DNA比对来绘制动植物科属分类的。

神经科学可能也有助于确定哪些情绪在不同物种之间是同源的。我们已经知道狗和商人大脑的相似之处是期待奖励，下一步，我们可能会把一只"内疚"的狗放在功能磁共振扫描仪下，来看看他的脑回路是否与试验中被要求想象内疚的人类受试者的脑回路一样活跃。

这让我想到脑岛以及它在厌恶难吃的食物和有不道德的行为时所扮演的角色。以及贡贝黑猩猩遭受疾病困扰时它所起的作用。与其把每一种厌恶看作一种单独的情绪，我们为什么不能将它们看作是一样的呢？厌恶的诱因因物种、环境甚至文化而异，但情绪本身，或许还有涉及的感受，都有一个共同的神经基质。下面是美国灵长类动物学家、神经学家罗伯特·萨波尔斯基如何以一种有趣的第一人称的口吻描述进化是如何通过捆绑现有的情绪而产生道德上的厌恶的：

> 嗯，违反共同行为准则所带来的极端负面影响。让我想想……谁有相关经验？我知道，脑岛有！它会产生极端负面的感官刺激——不瞒你说，它只会干这个——我们就让它多做点工，也来负责道德厌恶这档子事，这准行（说干就干），递给我一个鞋拔子，再来点牛皮胶带。[129]

这可能是人类情绪故事的全部。它们是我们与其他哺乳动物共有的古老情绪的变种。达尔文把进化定义为有修饰的传承，换句话说，进化很少创造出全新的东西。进化所做的一切就是更新旧特征，将它们变成适合当下需求的特征。这就是为什么我们的情绪没有一种是全新的，而且所有情绪在我们生活中都扮演着至关重要的角色。

第 5 章

权力意志

政治、谋杀、冲突

05

2017年7月，当时任白宫新闻秘书肖恩·斯派塞躲在灌木丛中躲避记者提问时，我就知道华盛顿的政治与灵长类动物社会的政治如出一辙。几周前，詹姆斯·科米故意穿了一件蓝色西装，站在房间里的蓝色窗帘后面，以便融入其中。通过这种方式，这位高大的联邦调查局局长希望自己不那么引人注意，而且希望能躲过总统的拥抱，但他失策了。

创造性地利用环境是灵长类动物政治的最高境界，身体语言的作用也是如此，比如坐在高高在上的宝座上，乘坐自动扶梯进入他们中间，或者举起自己的手臂以便让下属能亲吻到你的腋窝，这是萨达姆·侯赛因（伊拉克前总统）发明的一种仪式。辩论表现和候选人的身高之间也存在着众所周知的联系，个子高的候选人更有优势。这种身高优势解释了为什么矮个子领导们在拍集体照时，要带着盒子垫在脚下。一个著名的例子是，法国总统尼古拉·萨科齐在参观一家工厂时，乘坐了一辆载着比他矮的工人的巴士，这样，拍照时，他在人群中就会特别醒目。这样的例子不胜枚举，但随着2016年美国最新的大选结束和唐纳德·特朗普的上台，我名单上的例子呈指数式增长。

像雄性首领一样

特朗普对他的男性竞争对手的欺凌手段之强是出了名的。特朗普在初选时击败了所有可怜的共和党人，他通过吹嘘自己，压低声音，用侮辱性的绰号如"低能杰布"和"小马尔科"来攻击他们。他趾高气昂、昂首阔步，像一只亢奋的黑猩猩，他把初选变成一场极度男性化的肢体语言比赛。当时，政治问题是次要的。我们甚至还听到了建立在一个假设上的解剖学比较，这个假设是手的大小代表了身体其他部位的大小。在美国历史上某些不可思议的时刻，领先者曾经举起自己的双手，问观众："它们看起来小吗？"他保证自己身体的其他部分也是差不多的尺寸。

特朗普最聪明的举动之一，是回应2012年共和党总统候选人米特·罗姆尼的批评。特朗普抨击罗姆尼，提醒他的支持者，四年前罗姆尼曾向他献殷勤："你们能看到他是多么忠诚，那时候他祈求我的支持。如果我说'跪下'，他就真的跪下了。"[130]一瞬间，特朗普把罗姆尼描述成一个不值得信任的人，同时创造了他匍匐在地的形象，就像地位卑微的黑猩猩在尘土中寻找族长一样。

但是，即便特朗普像机关枪一样，不断恐吓对手，战斗力十足，但当面对另一党派的女性竞争对手时，这一招数并不奏效。两性之间，一切都是未知数。因为其打架行为受规则约束，能够自相残杀的动物——食肉动物者、毒蛇、带角的蹄类动物——都遵循着交战标准。他们没有拼尽全力，而是通过仪式动作来试探对方的力量和敏捷度，而不需要击败对手。这些规则在男—男和男—女对抗中都有很大不同。这是因为，对于雄性来说，杀掉另一个雄性是一回事，但杀掉雌性就不是明智之举了。从进化角度讲，雄性想要爬到顶端的关键在于让雌性为其繁衍后代。尽管在我们的政治体系中，女性有投票权，也能占据最高的职位，我们的社会秩序与黑猩猩的截然不同，但基本的战斗规则很难被改变。这些规则经历了数百万年的进化，已经根深蒂固，一时难以被抛弃。在与女性对抗时，男性通常会保存体力。这一点对狮子和马适用，对猿类和人同样适用。这些抑制因素深深地根植于我们心里，以至于如果违反它，我们的反应会异常强烈。比如，在一部电影中，如果我们看到一个女人扇一个男人耳光，我们不会觉得可怕，但如果反过来，一个男人扇一个女人耳光，我们就会畏畏缩缩。

这就是特朗普面临的困境：他的对手是一位女性，这样他就不能像对付男人一样对付她。我看过自罗纳德·里根以来的每一场总统辩论，但没有一场像发生在2016年10月9日希拉里·克林顿和特朗普之间的第二场电视辩论那般奇怪。这场辩论具有赤裸裸的物质性和敌对性，因而无疑是炼狱般的辩论。特朗普的肢体语言出卖了他内心备受煎熬，他随时准备攻击对手，但同时也意识到，哪怕他敢对希拉里动一根手指头，他的竞选之路就结束了。特朗普像是一只巨大的热气球，飘在希拉里身后，不耐烦地来回踱步，或者紧紧抓着自己的椅子。忧心忡忡的电视观众在推特上实时提醒希拉里"看你身后"，希拉里本人后来评论道，当特朗普真的在她身后监视时，她都起"鸡皮疙瘩"了。他的举止是一种带有实质性威胁的愤怒行为。他说，如果他当上了总统，负责调查总统的特别检察官将把希拉里送进监狱。如果他是一只雄性黑猩猩，他可能会把那把椅子扔到空中，或者用鞭子抽打一个无辜的受害者，以显示他超群的力量。特朗普做的另一件好事就是把他自己的竞选伙伴扔到公交车下面（在外交政策问题上抛弃了他），批评奥巴马总统和希拉里的丈夫。在面对男性对手时，他显然更放松。事实上，在辩论开始之前，他就召开过一场新闻发布会，会上，他列举了几名指控比尔·克林顿的女性。尽管这些努力对解决他如何面对一个异性竞争对手时没有任何帮助。

那场辩论在大多数评论员看来，是特朗普输了。辩论会后不久，英国政客奈杰尔·法拉奇就模仿了特朗普微弱的胸口跳动，滔滔不绝地说特朗普的表现像极了一只"银背黑猩猩"。同样，从一些身体语言专家那里，我马上想到了灵长类动物也有相似的行为。所有这一切都验证了这样一个假设，即要想成为首领，你必须变强大，并随时准备干掉自己的对手。那段时间我听到"首领"这个词的频率比其他任何时期都高，比如，特朗普的儿子埃里克为他父亲对女性开的下流玩笑开脱，理由是这是"首领人格"的典型对话。鉴于我的《黑猩猩的政治》一书由美国众议院议长纽特·金

"雄族长"一词源自对狼的研究，起初这一词仅仅意味着最高级别的雄性。按照达尔文的对照原则，上级（上图右）和下属（上图左）呈现相反的姿势。上级竖起他的毛发和耳朵，他抬高腿走路，朝下属咆哮；下属准备翻身，耳朵向后，发出高声尖叫。

里奇推荐给新国会议员之后，"男性首领"这个词被使用得越来越频繁，我觉得有必要解释一下成为一个首领究竟意味着什么。

在动物研究中，雄性首领就是一个群体中地位最高的雄性。这一说法可以追溯到20世纪40年代瑞士动物行为学家鲁道夫·申克尔对狼的研究，并一直沿用至今。然而，用政治术语来说，这个词已经开始标榜某种特定类型的人格。教人们如何成为男性首领的商业教程越来越多，这些教程强调自信、昂首阔步和目标明确。有人认为，首领不仅仅是胜利者，他们还把身边每个人都打得屁滚尿流，每天提醒他们谁赢了。他们从不懈怠。一个真正的首领个体，犹如羊群中的大狮子，把竞争对手压得喘不过气来。然而，这些商业教程推广的是整个概念的硬纸版本，不仅仅适用于人类社会，显然也适用于狼和黑猩猩的社会。男性首领不是天生的，他们的地位不是仅仅通过体形和气质获得的。雄性灵长类动物首领要比一个恃强凌弱的家伙更复杂，更有责任心。

有时候，冷血无情的黑猩猩也能爬到最高位置，但我所知道的更多的首领却拥有刚好相反的秉性。达到这个位置的雄性不一定是形体最大的、最强壮的或最恶毒的，因为他们经常是在别人的帮助下到达最高的位置。事实上，如果有合适的支持者，最小的雄性也可能成为首领。大多数雄性首领会保护弱势群体，维持和平，安抚那些身陷痛苦的成员。通过分析所有黑猩猩之间互相拥抱的例子，我们发现，通常雌性比雄性更懂得安慰他人，但有一个惊人的例外：雄性首领。这个雄性扮演着首席治愈者的角色，比群体中任何成员都更懂得安慰。只要成员之间爆发了冲突，所有成员都看向他，看他如何处理。他是致力于重建和谐的最终仲裁者。

他会站在尖叫的群体中间，高举双臂，直到事态平息下来。

在这一点上，特朗普与真正的雄性首领截然不同。他与同情做斗争。他非但没有促进国家团结和社会稳定，也没有对被镇压和遭受苦难的政党表示同情，他反而点燃了不和谐的火焰。起初，他取笑一名残疾记者，最后，他含蓄地支持白人至上主义。对灵长类动物学家来说，与动物首领行为的对比毕竟有限。因此，与其说他在执行领导力，不如说他在往上爬。与此同时，特朗普通过与世界各国领导人（包括年轻领导人，比如法国总统马克龙）用力地握手来保持他身体上的威胁，谁天生就有特朗普老头子这样的控制力呢？在这些尴尬的冲突中，我有时希望健美运动员出生的政客阿诺德·施瓦辛格可以作为候选人参选。他可能是唯一一个会用同样的体力来回击特朗普的人，或许他能用特朗普最爱的"娘娘腔"来攻击他，把政治变成比现在更原始。

政治脾气

当亚里士多德给我们人类贴上"政治动物"的标签时，他就把这种想法与我们的心智能力联系起来了。他说，我们是群居动物，没有什么特别的（这里指蜜蜂和鹤），但多亏人类有理性和明辨是非的能力，让我们的社会生活与众不同。虽然这位希腊哲学家所言部分属实，但他可能忽略了人类政治中情绪激动的一面。理性难觅，事实的重要性也远没有我们想象的那么重要。政治充斥着恐惧和希望，以及领导人的性格特点和他们所唤起的感受。散布恐惧是分散注意力的绝妙方法，即使是最重大的民主决策，也往往打情感牌，而不是对大数据进行仔细权衡，比如2016年英国人民公投决定退出欧盟就是如此。尽管经济学家警告称，这一决定会摧毁英国经济，但反移民情绪和民族自豪感最终胜出。隔天，英镑的跌幅就创了历史新高。

最令人惊讶的是，我们围绕人类政治背后的两股驱动力的委婉说法：领导对权力的渴望和追随者对成为领导的渴望。同大多数灵长类动物一样，我们是一个等级森严的物种，所以我们为什么要试图掩盖这些呢？答案就在我们身边，比如儿童早期出现的先后顺序（第一天的日托中心可能看起来像战场），我们对收入和地位的痴迷，我们在小组织里互相冠以的花哨头衔，以及成年男人自损形象的幼稚破坏行为。然而这个话题仍然是大忌。因为我的职业，我阅读了大量社会心理学方面的教科书，而且常常搜索"力量""支配"这样的关键词，但常常找不到什么有用信息。显然，它们并不重要。一次，我在一个心理学会议上强调人类力量的重要性时，被那些不赞成的评论吓了一跳。你可能会以为我给他们看了色情片！荷兰的一项研究也尝试开展掩盖权力动机的调查，该调查寻问企业经理他们是否需要掌握控制权。虽然他们所有人都认识到对权力的渴望，但没有一个人将这种洞察力运用到自己身上。他们认为自己在公司的角色用责任、声望和威信去描述再合适不过了，而权力攫取者往往是其他人。

政治候选人同样不愿意承认自己对权力的渴望。他们把自己包装成公仆的形象，都只是为了维持经济稳定，或提高教育质量。"公仆"一词明显一语双关。真的有人相信，他们加入现代民主这个泥潭是为了我们吗？这就是为什么黑猩猩工作让我如此振奋的

雄性黑猩猩很大程度上是被动崛起的。一只雄族长（图左）的形体看起来有他的竞争对手（图右）两倍大，尽管他们实际上个头差不多。他毛发竖起，像"双足动物"一样直立行走，以给同伴留下深刻的印象。

原因：他们是我们都渴望的那种最诚实的政治家。观察他们的姿势，你就会发现寻找他们不可告人的动机或者虚假的承诺都是徒劳。他们想要得到什么一眼便能看出来。

　　哲学家是唯一敢坦然面对人类对权力渴望的人。我想到的第一个人是尼可罗·马基雅维利，还有提出不可抑制的权力驱动的托马斯·霍布斯，以及谈到人类"权力意志"的弗里德里希·尼采。学生时期，当我意识到我的生物学书籍对解释黑猩猩的行为帮助不大时，我拿起了一本马基雅维利的《君主论》。基于对博尔亚斯、美第奇和教皇真实生活的观察，该书对人类的行为进行了深刻的、朴实无华的描述。这本书给我提供了描写动物园里猿类政治的正确思路。可悲的是，时至今日，人们在谈及弗罗伦萨哲学家时都对其嗤之以鼻，人们常常把他与奸诈而不择手段的政治联系在一起。他们似乎在说，我们可没有那么不堪，无视一切确凿的证据。

　　人类对权力的渴望之深，最明显的莫过于丧失权力时的反应。成年男人可能表现出反复的、无法控制的愤怒情绪，这可能与他们青少年时期的愿望无法实现有关。当一只年幼的黑猩猩或一个小孩第一次意识到并不是所有的愿望都能实现时，他就会大发脾气。因为生活跟他们想象中不太一样，他们的喉咙像被什么东西压住了，整个身体都意识到了这种严重的不公平。幼崽们不停地尖叫着，疯狂地撞自己的头，气到站不起来，有时还会呕吐，母亲倾注的所有心血都被他们毁于一旦。在断奶的年龄（猿类大约4岁，人类大约2岁），闹脾气很常见。有意思的是，在英语中我们有

年轻灵长类动物在欲望得不到满足时常常发脾气，这种情绪常出现在每一位家长身上。成年灵长类动物很少像图中这样，除非一只雄黑猩猩或一个领导人被剥夺了政权。

一种说法是，领导者正在"从权力中断奶"，这反映了让他放弃权力有多困难。那天，当理查德·尼克松听说"水门事件"将让他不能继续担任美国总统时，他双膝跪地，号啕大哭，用拳头捶打着地毯，哭喊道："我做了什么？究竟发生了什么？"鲍勃·伍德沃德和卡尔·伯恩斯坦在《最后的日子》这本书里描述了尼克松的国务卿亨利·基辛格如何像安慰一个孩子一样，安慰着这位被罢免的领导人，把他抱在怀里，一遍又一遍地复述着他取得的种种成就，直到他冷静下来。

当微软总裁史蒂夫·鲍尔默听闻他公司的一位高级工程师要为竞争对手效力时，他毫不掩饰地拿起一把椅子，用力扔到房间那头。发泄过后，他喋喋不休地说要杀死那帮该死的谷歌人。[131]情绪越激动，对身体的负担就越大。

正如基辛格曾经说过的，对男人来说，权力是最好的春药。他们小心翼翼地守护着自己的权力，一旦有人挑战，他们就会奋不顾身去保护它。黑猩猩也会如此。当我第一次看到一位赫赫有名的黑猩猩领导人丢面子时，他的反应、他发出的声音着实让我吃了一惊。通常，作为一个威严的角色，族长在遇到一个拒绝让步的挑战者时，会变得面目狰狞。挑战者会在经过之时轻拍他的背，或者朝他的方向扔一块大石头，如果族长还手以示抗议的话，他几乎不退让。现在该做什么？在对峙中，族长会像一颗腐烂的苹果一样从树上掉下来，在地上打滚，发出可怜的尖叫，等待群体中其他成员来安慰他。他的行为像极了一只被母亲从怀里推开的青年猿猴。就像一个少年，在吵闹发脾气的时候，还会时刻注意他的妈妈，看她是否有心软的迹象，族长也时刻注意谁在靠近他。如果靠近他的猿猴形体足够大，他就会立刻重拾勇气，并在支持者的簇拥下，重新燃起与对手对抗的斗志。

这位族长一旦失去了自己的宝座，就会在每次打架之后都远远地望向那里，他还不习惯丧失王位。他面无表情，周遭的喧闹与他无关。他一连几周拒绝进食。现在的他只是一具行尸走肉，一个曾经给人深刻印象的大人物般的幽灵。我从来不曾忘记这副面孔，这是一个被打败的、沮丧的雄性面孔，就好像生活突然失去了希望。

最需要合作的地方，如大公司和军队，都拥有最完备的等级制度。在需要采取果断行动的时候，一连串的命令都胜过任何形式的民主。根据情况的不同，我们自然而然地切换到等级更分明的模式。在一项早期研究中，参加夏令营的11岁男孩们被分成两组互相竞争。在这项试验中，随着社会规范和领导-追随者行为的加强，团队凝聚力也随之加强。试验证明了地位等级制度的统一性，一旦需要采取一致行动，等级制度就会得到加强。这就是权力结构的悖论：他们把人们联系在一起。[132]

等级制度一旦建立起来，冲突就会避免。显然，那些地位较低的人更愿意获得更高的职位，但他们安分守己是为了更大的追求，那就是和平。他们也会四处寻找比自己地位更低的人，来倾诉自己心中的不满。频繁的地位交换让老板们松一口气，他们没必要不断地用武力强调自己的地位，这也让每个人都有喘息的时间。即使那些认为人类社会比黑猩猩社会更平等的人，也不得不承认，没有公认的秩序，我们的社会不可能有序运转。我们渴望透明的等级系统。想象一下，如果没有人对他们与我们的关系有丝毫的暗示，会造成怎样的误解。这就像邀请神职人员参加一个需要做出重要决定的集会一样，却要求他们也穿和普通人一样的衣服。无法辨别神父和教皇，结果将会是一场不雅的骚动，更高级的灵长类动物将被迫进行颇为壮观甚至骇人的展示——或许会从水晶吊灯上华丽地入场——以凸显人与人的差异。

谋杀

1980年的一天，我接到一个电话，电话那头说我最喜爱的雄性黑猩猩鲁特琴在布尔格尔斯动物园被他的同类屠杀了。前一天，我离开动物园时就非常担心他，当我冲回动物园时，我对所发生的一切毫无准备。鲁特琴一向很骄傲，对人也不那么亲热，但那天他很需要别人的安抚。他倒在血泊中，头靠在笼子的栏杆上。当我轻轻抚摸他时，他发出了最深沉的叹息声。他处在最悲惨的情况下，很显然，他有生命危险。他还能四处走动，但因为全身被刺穿，他大量失血，并失去了部分手指和脚趾。很快，我们就发现他甚至失去了更重要的器官。

兽医一到，我们就给鲁特琴打了镇定剂，把他送进医务室，给他缝了几百针。就是在这次绝望的手术中，我们发现他的睾丸不见了。睾丸已经从阴囊里消失了，尽管皮肤上的洞看起来比睾丸还小，后来饲养员在笼子里的地板上铺的稻草里发现了散落的睾丸。

"被挤出去了。"兽医无力地说道。

鲁特琴再也没有从麻醉中醒来。他为与另外两只雄性黑猩猩对抗而付出了惨重的代价，就在几个月前，他偷走了他们的地位，因为他们的联盟分崩离析。这次战争表明这个联盟又复活了，并带来了致使后果。就在前一天晚上，我和饲养员还就怎么把这三只雄性黑猩猩分开而商量到深夜。他们都想待在同一个笼子里，每次当我们试图放下活门把他们分开的时候，他们要么用手死死地挡住门，要么相互纠缠在一起。最后我们放弃了，我们打开了所有的门，这样就有几个互相连通的房间供他们睡觉了。因此，导致鲁特琴死亡的战斗发生在他们三个中间，与圈养地其他黑猩猩无关。第二天，饲养员发现场面异常血腥，表明其他两只黑猩猩高度配合，完成了这次谋杀。他们自己几乎没有受伤。那两只黑猩猩中较年轻的那只，也就是后来成为族长的那只，他身体表面有一些刮痕和咬痕，但年龄较长的那只毫发未损，表明是他把鲁特琴按住，让年轻的黑猩猩实施了所有的攻击行为。

我们永远不知道究竟发生了什么，而且很不幸，当时没有雌性在场来阻止这场战争。对雌性来说，集体打断失控的雄性斗争再正常不过了。然而，在袭击发生的当晚，雌性黑猩猩们被单独关在同一栋楼不同的笼子里。她们一定也注意到骚动了，但终究无力阻止。

我悲伤是因为我失去了一个我真正喜欢的雄性黑猩猩，也是因为他是整个圈养地非常有趣的一位族长，他的去世或多或少都有人为的因素。有些评论人士说："你以为动物不自由了会做什么，他们当然会自相残杀！"说的好像自由等于没有压力和冲突一样，当然不是这样的。我们现在知道，同样可怕的场景也会发生在野外，但在当时，我们没有理由假设会发生这样惨绝人寰的杀戮。

我们知道的关于黑猩猩致命袭击的零星报告都发生在不同群体的雄性黑猩猩之间，通常是因为领土问题而发生争执。这也是为什么我们在头一天晚上没有过度担心的原因，我们以为这些雄性黑猩猩彼此之间都很熟悉，如果他们真的不希望被关在一起，他们就有大量的机会分开。

现在回想起来，他们之所以如此拼命地团结在一起，正是因为他们之间岌岌可危的紧张关系。这听起来似乎有悖常理，但如果权力来自结盟，那任何单独睡觉的雄性都会有风险。另外两个会变得亲密，一起玩耍和梳理毛发，当然要避免这种情况的发生。黑猩猩对他们之间的结盟了然于胸，不仅仅是他们自己的结盟，还有其他小伙伴之间的结盟。为阻止敌方势力的形成，他们会尽一切努力。因此，这三只雄性黑猩猩都不想看到另外两只撇开自己玩耍。尽管鲁特琴把另外两只雄性黑猩猩从他们曾经所居的高位上拉了下来，但他可能意识到自己终究还是得寻求他们的支持，而不是反对，这意味着他必须处理好和他们之间的关系。

这件事对我造成了深远的影响。许多个夜晚，我都梦到那天早晨见到的可怕的场景，那段时间，我正打算移民美国。不知为何，这两件事在我的脑海里交织，就好像鲁特琴捎信给我，告诉我未来该何去何从。那时候我忙于设计接下来几年的科研计划，权衡各种主题的利弊。我应该随大流，是选择研究动物的攻击性行为，还是选择研究动物的配偶选择、母性关怀、智力、沟通等主题呢？那时候我刚开始对和解产生了浓厚的兴趣，不再把和解看作是动物之间不会发生的奢侈品，也不赞同部分同事所持的和解对动物来说是"侥幸"行为的观点，我现在意识到和解毫无疑问是必需品。鲁特琴的死告诉我，如果常规冲突的解决办法失败了，事情就会变得很糟糕。我决定把这个作为我未来研究的主题。不管怎么说，我都把毕生心血倾注到这上面了，起初是观察动物的行为，后来是开展有关动物亲社会行为、合作和公平方面的试验。这一决定也证明了情绪的深远影响。鲁特琴的死驱使我研究一个我认为可能会出成果的主题，但在当时，很多人都认为这个主题太不具有说服力，又不主流。

几年之后，我才知道当时动物园里发生的事情并没有我们想象的那么反常。即使圈养条件促成了这次袭击的发生，但那也并不是袭击的真正原因。第一篇关于动物之间屠杀的报道发生在坦桑尼亚贡贝国家公园的哥布林（一种传说中的类人生物）身上。哥布林是一个特别的雄性首领，他表现得像个十足的混蛋。在《大地的窗口》一书中，简·古多尔这样描述哥布林与生俱来的淘气本性，比如他会在大早上毫无理由地把黑猩猩踢出巢穴。他不是交朋友，而是恐吓每个小伙伴。然而，有一天，当他被一位挑战者打败之后，他就遭到了报应，一群怒发冲冠的黑猩猩对他群起而攻之。因为灌丛太过密集，实际的袭击过程很难被看到，但哥布林惊慌地尖叫着。他遍体鳞伤，他的手腕、手、脚以及他最重要的阴囊都受伤了。他受伤的部位和鲁特琴惊人地相似。他的阴囊受到感染，开始肿胀，他发烧了，差点没命。几天后，他行动迟缓，经常休息，食不下咽。但一名兽医救了他，给他注射了抗生素。他恢复了一段时间，这段时间他远离自己的族群，之后他试图以王者姿态归来，在新族长面前虚张声势、指手画脚。这是个致命的错误，因为他的这一举动直接引起族群中其他雄性对他群起而攻之。他又一次受了重伤，再次被兽医救了。[133]

同样的报道也见于马哈尔山脉，和贡贝一样，马哈尔山脉也坐落在坦桑尼亚的坦干依喀湖畔。一个日本灵长类动物学家组成的考察小组已经跟踪在那里生活的黑猩猩几十年了。我曾经和我的朋友西田康成拜访过试验站的创始人马哈拉，以获得野生黑猩猩政治的第一手资料。西田是超级雄族长尼托罗基的忠实粉丝，这位族长在"皇位"上待了12年之久，实属罕见。这位族长是分治策略和行贿方面的专家。比如，即使他自己没有捕到猴子，他也会把别人的肉分给自己的支持者，但不给他的竞争对手。控制了肉的流通，他就掌握了一种强有力的政治工具。但最终，这位颇具传奇色彩的雄族长还是被无情地驱逐出去了，被迫在栖息地外围孤独地度过余生。考虑到附近族群的敌意和一个孤立无援雄性黑猩猩的无助，他的处境岌岌可危，尼托罗基直到能再次站起来走路时才露面。他会出现在群体中，展示自己的力量和活力，与他的跛行形成鲜明对比，一旦没有人注意他，他就会立刻舔自己的伤口。就好像他在利用短暂的公众表演，来消除他的对手对他虚弱身体状况抱有的任何想法，有点像过去一些生病领导人隔三岔五就会在电视上露面，为的就是表明他们的病情并不像谣传那样糟糕。

经过几次回归尝试（但更多的是流亡）后，一天尼托罗基终于以一只受伤雄性黑猩猩的姿态回归，代价是他被迫降低自己的身份。西田不得不接受他的偶像变成一个出气筒的残忍局面，每当有年轻的雄性黑猩猩冲过来时，尼托罗基除了尖叫着跑开，别无他法。他失去了自己所有的尊严。这样表面和平的场景维持了一段时间，但随后尼托罗基就在栖息地的中心地带被杀，极有可能是所有黑猩猩联合起来干的。我们发现他时，他处于重度昏迷状态，身上有很深的伤口，周围是偶尔向他发起攻击的黑猩猩。第二天他就去世了。[134]

见过更多类似事件的报道之后，我通常会暂且搁置这方面的研究（我讨厌详述这种行为），但几年前，美国灵长类动物学家吉尔·普鲁茨报道了一起最令人不安的事件，我实在无法忽视。普鲁茨在塞内加尔一个罕见的热带草原地区研究黑猩猩。该族群的雄族长福多科在他的盟友髋骨骨折之后面临一场叛乱。族群其他成员利用这个机会猛烈地攻击福多科，把他驱逐到领地边缘。整整五年时间，他都是自己度过的。每当他试图返回时，他都被更年轻的黑猩猩追杀，这些黑猩猩可能对他的暴君统治记忆犹新。后来有一天，普鲁茨听到距她的营地半英里（1英里≈1.6千米）之外传来了声音。循着声音，她发现了惨不忍睹的景象，福多科躺在地上一动不动，遍身是伤，他已经死了。因为其他黑猩猩几乎没有表现出任何袭击倾向，所以他们的袭击必然是团体协作的结果。他们不停地虐待福多科的尸体，将他大卸八块，咬他的喉咙和生殖器，吃他的肉。福多科被普鲁茨和他的同事埋了之后，其他黑猩猩互相安慰，整个晚上都紧张兮兮地朝坟墓的方向看，好像他们对那具尸体仍然心有余悸。[135]

自从布尔格尔斯动物园的那件谋杀事件发生之后，我就一直把这个名叫耶罗恩的"老男人"当作杀人犯。他是我所认识的最善于算计的黑猩猩，一个真正的不择手段的政治家，只要他掌权，他就是一位伟大的领袖，但他对任何胆敢挡他道的黑猩猩的手段都残忍至极。我确定他就是谋杀鲁特琴的幕后主使，年轻的雄性黑猩猩只是掩盖他罪行的炮灰。然而，把动物当成"杀人犯"并不是我们通常会做的事，因为这个词本身暗示着预谋。许多动物在激烈的搏击中自相残杀，比如两只鹿的鹿角纠缠在一起时，或者长着长长犬齿的雄性狒狒，他们都能给对手身上造成很深的伤口，结果就是鲜血直流，感染在所难免。大多数情况下，我们都不清楚将对方置于死地是不是他们的终极目的。然而，当谈到黑猩猩时，在目睹了黑猩猩之间互相攻击的人类那里，我最常听到的就是，他们的行为看起来有多"刻意"。人们用震惊的语调说着这些罪行有多么惨绝人寰，比如袭击者会喝死者的血，会故意扭断死者的一条腿。黑猩猩们似乎铁了心要杀掉"那个人"，而且会一直努力直到目标实现。也有报道称，他们几天后又会回到血腥的"案发"现场，或许是为了验证他们的努力是否有效果，或许是为了确认他们的敌人是否真的已经死了。找到受害者的尸体之后，他们也没有表现出丝毫的惊讶或惊慌，这只能说明这就是他们期待看到的结局。

我们不能对蓄意谋杀感到太过惊讶，因为这是食肉动物一直在做的事情。他们不仅仅杀害自己的物种，也杀害其他物种，这也是为什么我们称其为"谋杀"的原因。捕食者直到猎物剩下最后一口气时才会停手。当一只老虎咬住一头巨大的白肢野牛（印度野牛）的喉咙时，当一只雄鹰将一只山羊拖到悬崖边上让他坠落而死时，当一只鳄鱼在水里用强力的"死亡翻滚"淹死一只斑马时，他们都是在故意杀死猎物。但凡猎物有任何生命体征，捕食者都会继续攻击。黑猩猩对自己同类的杀戮也带着同样的意图，这就是为什么我丝毫不认为"谋杀"这个词有何不妥的原因。

以我的经验，领导者表现越好，在位时间越长，他就越不可能落到仓皇而逃的下场。在这方面我们没有详尽的统计数据，我也知道有例外，但通常来说，霸权统治的暴君，其任期只有几年时间，最后的结局会像贝尼托·墨索里尼一样悲惨。如果领导者恃强凌弱，那整个群体似乎都在等待一位挑战者，只要他有机会，整个群体都会热切地支持他。在野外，这样的暴君会被驱逐或杀死，就像哥布林和福多科的下场一样，但在人工圈养环境下，出于安全考虑，他们可能会被带出圈养地。同时，广受欢迎的领导者通常会掌权很长时间。一旦他受到年轻雄性的挑战，群体的其他成员就会站在族长这一边。从雌性视角来看，没有什么比稳定的雄性族长统治更好的了，因为他会保护她们，确保她们过着和谐的群体生活。这也是抚养幼崽的绝佳环境，因此，通常雌性都会希望这样一位雄性掌权。

如果一位优秀的族长失去了自己的地位，他很少会被驱逐。他可能只是自降了几个等级，但还是会在族群中体面地老去。可能他在幕后还拥有相当大的影响力。我知道的一位名叫菲尼亚斯的雄性黑猩猩就是这样的，我和他已经是老相识了。菲尼亚斯从自己的位置退休之后，他就在第三等级安定了下来，他成为青少年黑猩猩们的最爱，常常像一位老爷爷一样陪他们玩耍，同时也备受雌性黑猩猩的喜欢，是她们的绝佳梳理伙伴。新族长允许菲尼亚斯解决圈养地的争端，他自己都不插手这些事情，因为这位老族长在这方面足够擅长。菲尼亚斯这些年的状态是我见过的最放松的几年，这很容易理解，因为尽管每个人都知道做族长好，但实际上它是一个充满压力的职位。

对肯尼亚平原上收集的狒狒粪便进行生理学实验，证据表明并不是所有的狒狒都想成为族长。从粪便中提取的应激激素表明，地位低的雄性比地位高的雄性压力更大。这听起来是合乎逻辑的，因为下属被追来追去，还会被勒令禁止与雌性接触。然而，惊天大发现是，地位最高的雄性与处于最底层的雄性压力不相上下。这只适用于地位最高的雄性。[136]身处高位的雄性总是处处小心，对不服从和下属勾结的迹象异常敏锐，担心自己的位子不保。"为王者难安"这是莎士比亚写给亨利四世的，这句话同样适用于黑猩猩和狒狒中的雄性族长。

战争之鼓

尽管我们与许多其他物种有很多共同的情绪，但当我们谈论时，只关注所涉及的一小部分。那些认为动物能感受到情绪的说法（特别是情绪被作为更珍视动物的理由被提出来时）总是关注"美好"的情绪。没人要求我们关心动物，因为他们会凶残地攻击敌人或吞噬猎物。我们关注的总是关于依恋、互相帮助、牺牲、照顾后代、悲伤和喜欢等。很多书都清楚地讲述了这一主题，从现代的《当大象哭泣时》开始，包括伊丽莎白·马歇尔·托马斯、坦普尔·格兰丁、马克·贝克夫、卡尔·萨芬娜等人的有趣作品。我自己的关于灵长类动物建立和平与同理心的书也符合相同的模式。然而，毋庸置疑，动物的情绪包括那些出于性嫉妒而杀害竞争对手，为地位而战，为扩大领地以牺牲他人为代价，杀害婴儿，等等。动物的情绪并不总是那么美好。

如果我们考虑整个行为的范围，讨论才更切合实际。事实上，第一种被研究的情绪（20世纪六七十年代生物学家们唯一关心的情绪）是攻击。那段时间，所有关于人类进化的每一场辩论最后都归结为攻击的本能。那时候甚至没有提及情绪本身，"攻击行为"被定义为伤害或试图伤害同类成员的行为。和往常一样，人们只关注结果，但这背后是一种明显的情绪，一种在人类中被称为生气或愤怒的情绪，也正是这种情绪驱使动物产生敌意。这种情绪在不同物种身上的表现相同，比如低音调的威胁声（咕噜声、怒吼声、咆哮声），这些都是预示身体大小的信号。喉部越长，声音越低沉。我们不需要用眼睛看，仅凭吠叫声就能判断是吉娃娃还是罗特韦尔犬（德国的一种狗）。类似的，通过雄性大猩猩胸部跳动的节奏，我们可以判断他躯干的周长。在受到威胁时，动物通过耸肩、拱背、展开双翼、竖起毛发或羽毛来"放大"身体，露出爪子、角和牙齿这些武器。我们人类中，男性在受到威胁时，通常会举起他们的拳头或者展示他们的胸肌。青春期的男孩喉部会下移，这样他们的声音听起来就很低沉，给人们一种他们又高大又强壮的感觉。这些特征的全部目的是恐吓或诱导敌人恐惧，让侵略者害怕。大多数情况下，这就是全部，当然，如果目标没有实现，事态又会升级。愤怒通常是由没有达到目标或者别人对自己地位或领地的挑战引起的。人们通常通过这种方式得到自己想要的，或者捍卫自己所拥有的。

愤怒和攻击性有时被描述为反社会情绪，但实际上它们是强烈的社会情绪。如果有人在一张城市地图上标出所有大喊大叫、侮辱、尖叫、摔门、扔罐子的地点，那地图上住宅区会被标得最密集。不是街道，不是体育馆，不是校园，不是购物中心，而是我们的家庭内部。每当警察想破获一起杀人案时，首先要怀疑的人是家庭成员、爱人或亲密的同事。因为攻击性是用来协调社会关系的，这也是它通常出现的场合。与此同时，这些关系也是最易变的。人类家庭能够团结在一起的全部原因就是和解，在亲密关系中，和解也是最常见的。配偶、兄弟姐妹和朋友不断地经历冲突、和解的循环，如此往复，来磨合他们之间的关系。愤怒有助于你表明自己的立场，而一个亲吻、一些拥抱则有助于化解矛盾。其他灵长类动物也是如此，他们用同样的方式防止冲突的蔓延，保护他们的关系纽带。冲突过后，他们会亲吻对方，为对方整理毛发。对他们来说，与最亲近的小伙伴和解最容易。

然而，有一个领域，侵略是普遍的，和解是罕见的，这造就了一个截然不同的结果。1966年，当洛伦茨的《关于侵略》一书出版之后，这一领域就受到了广泛关注。作者所传达的信息是，我们拥有可能导致战争的侵略冲动，因此，战争是人类生物学的一部分。很多人认为，这种观点很难让一位曾在第二次世界大战期间在德国军队服役的奥地利人接受。紧随其后的是一场热烈的、意识形态上的讨论，时至今日依然盛行。有些人认为，永远发动战争是我们的宿命，而另一些人认为，战争是与当下形势息息相关的一种文化现象。尽管如此，不可否认的是，现代战争与我们人类的攻击性本能相去甚远，这是两码事。发动战争的决定通常是由国家的年长男性根据政治、经济和自我意识做出的，而年轻男性却被告知去做那些肮脏的工作。因此，当我看到一支行进中的军队时，我并不一定会看到他们工作时的攻击性本能，我更愿意认为他们有从众的本能：成千上万的男男女女步调一致，愿意服从命令。我无法想象拿破仑的士兵会在愤怒的情绪下冻死在西伯利亚。我也从未听美国越战老兵说，他们是带着满腔愤怒去那里的。然而，人类的战争问题是极为复杂的，但它仍然常常被简单地归结为一种攻击的本能。

近代史上，我们已经目睹了太多因战争引起的屠杀，以至于我们很自然地认为战争根植在我们的DNA里了。英国首相温斯顿·丘吉尔当然也是这么认为的，他写道："人类的故事就是战争。除了短暂而不稳定的间歇外，世界从来不曾和平；而且，在历史开始之前，残酷的战争是普遍的、无止境的。"[137]不幸的是，或者幸运的是，很少有人支持丘吉尔好战的本性。虽然个体谋杀的迹象可以追溯到几十万年前，但类似的战争证据（比如藏有大量骨骸和武器的墓地）早在1.2万年前就无迹可寻了。农业革命之前，生存依赖于定点居住和牲畜，那时候我们没有任何关于战争的证据。即使是耶利哥的城墙（被认为是战争最初的迹象之一，以在《旧约全书》中倒下而闻名）都可能是主要用来抵御泥石流的。

在此之前很久，我们的祖先生活在一个人烟稀少的星球上，总人口只有几百万。对线粒体DNA的研究表明，大约7万年前，我们的祖先处于灭绝的边缘，分散地生活着。这些很难成为促成持续战争的条件。游牧猎人（通常被认为是我们祖先生活方式的例子）常常从事友好的贸易、通婚、游戏交换和公共宴会。近年来最引人注目的就是坦桑尼亚的哈扎人之间的友谊，他们都有庞大的关系网，远远超过了自己的族群和亲属范畴。[138]即使战争一直都是我们祖先的选择，他们也很可能遵循哈扎人的模式，这与丘吉尔所推测的正好相反，后者认为长期的和平与和谐往往与短暂的暴力对抗交替出现。

从一开始，猿类就是这场辩论的主角。起初，他们是我们和平生活祖先的典型代表，因为他们所要做的就是从一棵树跳到另一棵树，去寻找食物，就像卢梭笔下《高贵的野蛮人》中以水果为食的版本。然而，20世纪70年代迎来了第一次关于野外黑猩猩自相残杀、捕杀猴子、吃肉等的报道。尽管杀死其他物种从来都不是问题，但所有这一切都说明，我们的祖先都曾经是凶残的怪物。如前所述，有关黑猩猩杀死自己首领的描述与他们对待其他群体成员相比是异常的。他们在陌生人身上使用最残忍的暴力。结果，猿类的行为从反对洛伦茨的立场变成支持其立场。英国灵长类动物学家理查德·兰厄姆在《雄性暴力》一书中总结道："黑猩猩的暴力行为先于人类战争，并为人类战争铺平了道路，让现代人在持续了五百万年的致命攻击习惯中成为茫然的幸存者。"[139]这样，我们又回到固有的战争概念上来了，尽管兰厄姆极力将它描述为一个灵活的特质，一个我们不需要做选择的选择，但是，一个贯穿整个人类历史和史前时期，给人类带来"持续"战争的特点能有多灵活呢？

这一说法最大的问题在于，它听起来是事实，但实际上缺乏任何考古依据作为支撑。我们真的不知道战争是否可以追溯到我们的祖先，这些祖先看起来与黑猩猩是否相似也不得而知。由于热带雨林中留存的化石并不完整，祖先的体形和大小我们不得而知。我们的祖先是类人猿，这只是一个极好的猜测，但从那以后，我们和其他所有类人猿的血统都发生了改变。今天，没有一个我们周围的物种告诉我们，我们来自哪里。我们所知道的是，人类和类人猿最后的共同祖先（通常被称为"缺失的一环"）可能类似于黑猩猩、倭黑猩猩、大猩猩、红毛猩猩或者其他什么。有些专家打赌是长臂猿，它也是猿类的一种，但并不是用关节行走的那种"大人物"。长臂猿是臂环动物，他们手臂挂在树上，来回穿梭。

在所有这些候选动物中，倭黑猩猩因其和善的本性，可能是最迷人的。有很多关于黑猩猩自相残杀的确切报道，但迄今为止，无论是野生还是圈养，都没有关于倭黑猩猩自相残杀的报道。[140] 与此相反，野外调查人员描述了倭黑猩猩社区之间的非暴力交往。这些猿类在相遇时会召唤彼此，很快他们就会走到一起，发生性关系，替对方梳理毛发。母亲会让自己的孩子冒险与另一族群的幼崽玩耍，甚至会让他们与成年雄性玩耍。倭黑猩猩的社交网络很可能远远超出了他们的居住社区。不同族群的成员见到彼此会很高兴，而且表现得完全放松。很难想象这些会发生在黑猩猩身上，因为他们只知道不同程度的敌意。与倭黑猩猩不同，黑猩猩不同族群之间从来没有真诚和信任，而且在群体之间的接触中，黑猩猩母亲会尽量远离另一个族群的同胞，因为她的孩子会处于危险之中。这就是我们两个最亲近的灵长类近亲之间的鲜明对比：森林中的黑猩猩群体常常进行着血腥的战斗，而倭黑猩猩却一副岁月静好的样子，安然地享用野餐。[141]

在刚果民主共和国金沙萨附近的洛拉亚倭黑猩猩避难所，人们最近决定合并两组之前分开活动的倭黑猩猩族群，只为刺激一些社会活动。没人敢对黑猩猩这样做，因为可能导致的唯一后果就是一场血腥的杀戮。而倭黑猩猩反而制造了一场狂欢。在一些试验中，倭黑猩猩还能自由地与陌生人分享食物，或者帮助他们完成目标。这就是为什么研究人员称倭黑猩猩具有嗜异性（被陌生人吸引），而黑猩猩具有排他性（害怕或不喜欢陌生人）的原因。[142] 倭黑猩猩的大脑反映了这些差异。与黑猩猩相比，倭黑猩猩体内涉及感知他人痛苦的区域（如扁桃体或前岛）要更大。倭黑猩猩的大脑具有成熟的控制攻击性冲动的通道。倭黑猩猩也可能是包括我们人类在内的所有猿类中最富同理心的。[143]

你可能觉得这很有趣，但科学拒绝认真对待这个物种。倭黑猩猩太过和平、太过母系、太过温和了，以至于他们不符合广为流行的人类进化故事线，后者始终围绕着征服、男性主导、捕猎和战争开展。我们有一个"猎人"理论，还有一个"杀手猿"理论，前者认为团体之间的竞争促使我们合作，后者表示我们的大脑之所

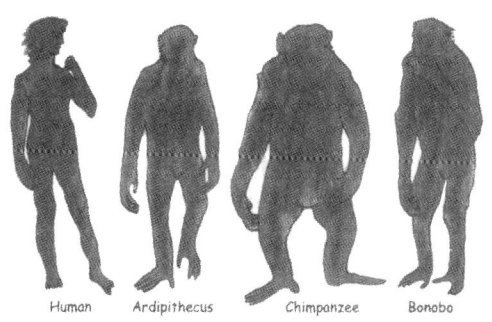

Human   Ardipithecus   Chimpanzee   Bonobo

对所有的类人猿来说，倭黑猩猩的腿臂比例和人类是最接近的。它与我们的祖先山猿极其相似，这一点从上图的四个人类祖先的剪影就可以看出（非1:1图）。如果我们的确由倭黑猩猩进化而来，那么人类的史前历史就需要重写了，弱化侵略部分，强化性和雄性动物权力的部分。

以如此发达，是因为女人喜欢聪明的男人。我们无法逃避的是，焦点总是围绕着男性，这也是促使他们成功的原因。虽然黑猩猩符合前面所述大部分特征，但没有人知道倭黑猩猩是什么特征。我们的嬉皮士表亲（倭黑猩猩）总被赞为讨人喜欢，但随后很快就被边缘化了。"很有意思的物种，但我们还是研究黑猩猩吧"，人们的语气总是这样的。例如，当人们在2009年描述440万年前的人类化石阿迪比库斯·拉米雷斯（Ardipithecus ramidus）时，她的牙列与标准叙述不符。她的犬齿很小，表明是一个相对和平的物种。你可能认为这极有可能是倭黑猩猩，因为后者也很平和，牙齿也很钝。所有猿类中，倭黑猩猩最像始祖种地猿，因为二者有相似的身体比例、大长腿、爪脚，甚至相同的脑容量。但我们没有采用一种全新的视角，强调人类和我们最亲密亲戚的温柔和善解人意的潜力，我们所得到的只有对始祖种地猿是不典型的绝望。我们怎么会有这么温和的一个祖先呢？通过把她描述成一个异常和神秘的人物，我们才能补全盛行的大男子气概故事线。

因此，处于"自然状态"的人类（好像这种状态曾经存在过一样）发动了持续战争。正如史蒂夫·平克在《人性中的善良天使》里所写的那样，我们唯一的希望就是文明，正因为这样，黑猩猩才成为解释人类起源的最佳模型。平克将文化进步作为我们所有问题的解决方案。我们需要控制自己的本能，不然我们和黑猩猩没什么两样。这种典型的弗洛伊德式信息（西格蒙德·弗洛伊德认为文明是我们基本本能的驯服者）在西方人脑海里根深蒂固，而且时至今日仍然非常流行。然而，与此同时，文化人类学家和人权组织痛恨文字出现以前人们生活在慢性暴力中这一不可避免的暗示。这个神话可以被（已经被）用作反对那些人权力的论据。或许，不少部落就是这么做的，但批评人士认为，我们需要认真挑选人类学的记录，以支持平克有关人类起源血淋淋的观点。"野蛮人"远没有我们想象的那样野蛮。[144]

在我看来，整个观点中最令人困惑的部分是，每当所谓文明探险家遇到文字出现以前的人们时，总是前者充当暴力角色。英国人发现澳大利亚人时是这样，清教徒登陆英格兰时是这样，克里斯托弗·哥伦布登陆新大陆时也是这样。即使外来访客受到友好的礼遇，他们还是会残忍地杀害土著居民。哥伦比亚遇到了一些甚至不知道什么是宝剑的土著居民，结果他惊喜地发现只要50个士兵就能将他们全部歼灭。这就是文明的"有益影响"。[145]

我关注的并不是人类历史，而是灵长类动物抑制冲突的自然本能。大多数时候，他们非常善于维持和平。我不敢相信在讨论进化背景的时候，我们还在向弗洛伊德和洛伦茨低头，更别说霍布斯。只有征服人类生物学，我们才能实现最佳社会性，这一观点已经过时了。它不适用于我们所知的狩猎采集者、其他灵长类动物和现代神经科学。这种观点还强调顺序观——先有人类生物学，然后才有文明——而事实上两者总是齐头并进的。文明不是某种外部动力，我们才是。世界上没有任何非生物人类，也没有任何非文化人类。为什么我们总认为与自己有关的生物学是最暗淡无光的？是不是我们本性变坏了，才能把自己当好人看？然而，如同合作、团结和同情一样，社会生活是我们灵长类动物背景中非常重要的一部分。这是因为群居生活是我们的主要生存之道。灵长类动物与生俱来就是社会性的，是关心彼此的，是互相陪伴的，我们人类也一样。文明可以为我们人类做各种各样伟大的事，但它是通过吸收自然能力，而不是通过发明任何新东西实现的。它与我们所能提供的条件相符，其中包括和平共处的古老能力。

种地猿给我们一些启示，即使人们对她说的话没有达成共识，也是时候在不总是强调背景的情况下讨论人类进化了。的确，我们邪恶时，像黑猩猩一样霸道和暴力；我们豁然开朗时，像倭黑猩猩一样善良和敏感。

雌性的力量

"大妈妈"是阿纳姆黑猩猩群落地位最高的雌性。尽管与很多成年雄性黑猩猩相比，她没有身体优势，但她比大多数黑猩猩都更有权力和影响力。我还知道其他一些令人印象深刻的雌性黑猩猩，她们知道如何站稳脚跟，如何为难身边的雄性黑猩猩（比如从他们手中抢走食物，把他们从舒适的座椅上推开），她们在群体生活中扮演着至关重要的角色，以至于每个同伴都在争取她们政治上的支持。

但这方面真正做得最好的不是黑猩猩，而是倭黑猩猩。在野外，一只雌性倭黑猩猩族长会拖着一根巨大的树枝大步流星地走向一块空地，这样大家就都能看到她，也都会避开她。雌性倭黑猩猩赶走自己的雄性同胞，声称拥有巨大的水果，并将其瓜分，这种情况很常见。无尾兰的果实重达22磅（1磅≈0.45千克），锥尾兰的果实重达66磅，几乎相当于一只成年倭黑猩猩的体重。这些巨大的果实掉在地上之后，总是被雌性据为己有，即使雄性同胞乞求吃一点，她们也很少分享。雄性个体可能会取代雌性个体（尤其是年轻的雌性个体），但总体而言，雌性个体占支配地位。[146]

不仅在野外环境中是这样，我所去过的每个动物园里也都是如此。总而言之，倭黑猩猩群落里，雌性占主导地位。唯一的例外发生在只有一雄一雌两只倭黑猩猩的动物园里。雄性倭黑猩猩形体更大，更强壮，而且拥有更长的犬齿。这种情况下，雄性占主导地位。但一旦种群扩张，动物园来了第二只雌性倭黑猩猩，雄性的主导地位就不复存在了。每当他试图恐吓雌性同胞中的任何一只时，其他两只就会联合起来反击他。新进雄性倭黑猩猩不会对现状有多少改变，因为他们不像雌性同胞那么团结。

倭黑猩猩在女权主义中很受欢迎。他们在一些文学作品中受到赞誉，比如美国当代女作家爱丽丝·沃克就感恩他们的存在。但也有科学家和记者持反对态度，他们认为倭黑猩猩美好得不真实。黑猩猩用权力解决性问题，而倭黑猩猩用性解决权力问题。除此之外，他们可以组成任何组合做爱，同性同胞之间也做爱。这一"制造爱情而非战争"的物种会不会是一种"政治正确"的混合物呢？会不会是为满足自由左派而编造的猿类呢？一位记者千里迢迢来到刚果民主共和国，就为证明倭黑猩猩并不像人们想象的那样平和。不过，他带回的只有倭黑猩猩追逐小羚羊的故事。尽管最后小羚羊安全逃脱了，但是这位记者觉得有必要展现给读者倭黑猩猩可能会杀死小羚羊的可怕报道。然而，这篇报道对解决当前问题没有任何帮助，因为捕食不是侵略。捕食是由饥饿而不是竞争驱动的。

除此之外，对这一物种不熟悉的科学家还批评了那些敢称雄性倭黑猩猩为下属物种的人。他们说，最好把他们看作"骑士"，因为显然，弱势一方（雌性倭黑猩猩）之所以有影响力，是由于强势一方（雄性倭黑猩猩）的善良。他们还认为，雌性的主导地位仅限于在食物方面，所以并没有那么重要。这着实让人费解，因为如果对地球上所有动物有一个通用的标准，那就是如果个体A能把个体B从他的食物中赶走，那A就占主导地位。正如倭黑猩猩先驱卡诺（在森林湿地里跟踪倭黑猩猩25年之久的日本野外工作者）所说的那样，对食物的占有恰恰是雌性占主导地位的体现。如果这对他们来说很重要，那对人类观察者来说也很重要。卡诺继续补充道，即使周围没有食物，成年雄性也只会服从于地位最高的雌性。

考虑到雌性倭黑猩猩各顾各，彼此之间没有血缘关系，她们的集体统治就更让人惊讶了。她们只是朋友，不是亲人。青春期的时候，一只雌性倭黑猩猩会离开她出生的族群，加入邻近的族群，那里她会依附于一位雌性长辈，而长辈也会一直护着这位"小姑娘"。她在现居住地通常没有亲戚。我把由此产生的女性政治称为"第二姐妹"。雌性表现出姐妹般的团结，但这种团结基于共同利益，而非亲情。近年来，得益于野生倭黑猩猩研究的复兴，因战争而中断很多年的倭黑猩猩关系网研究又东山再起。在世界上最偏远的森林之一进行野外观测极为困难，但日本科学家德山直子成功地收集了雌性黑猩猩团结协作的关键信息。大多数时候，她们这么做是为了回应雄性的骚扰。雌性黑猩猩忍受着她们的幼崽被虐待及偶尔被杀害的痛苦，而雌性倭黑猩猩则没有这样的痛苦。只要年轻的雌性倭黑猩猩受到任何雄性的骚扰，地位较高的"老姐姐"们就会出手相助。多亏雌性倭黑猩猩之间这种情比金坚的友谊,她们才能过上无忧无虑的幸福生活,雄性同胞也不敢对她们动粗。[147]

我们对雌性倭黑猩猩之间的支配关系知之甚少。通常,她们有明确的族长,同其他猿类族长一样,倭黑猩猩雌族长凌驾于"所有人"之上。但倭黑猩猩族群中围绕这一地位的竞争远没有黑猩猩社会中雄性之间的竞争惨烈。这是因为,对雌性来说,风险总是比雄性小。从进化角度来讲,她们所关注的只有谁遗传了她们的基因。在这方面,雄性比任何雌性都做得更好,因为身居高位让他们有机会与大量雌性交配。对雌性来说,进化游戏的意义就大不一样了。无论地位多高,有多少个性伴侣,雌性一次都只能生育一个孩子。因为繁殖的方式,雄性的地位总是有更大的上升空间。

然而,雌性倭黑猩猩是做得第二好的。在雄性等级制度中,她们是自己儿子的坚定支持者。在倭黑猩猩社会中,最严重的斗争发生在雌性卷入自己儿子地位争夺时。雄性倭黑猩猩在母亲地位的基础上争夺更高的位置,这样他们位高权重的母亲就会有更多子孙后代。以野生雌族长凯米为例,她至少有三个成年儿子,长子就是雄性首领。当凯米渐渐衰老,身体逐渐变差时,她就开始犹豫是否要保护自己的孩子。贝塔的儿子一定嗅到了这个信息,因为他开始挑战凯米的儿子们。为了自己的利益,他的母亲贝塔全力支持他,而且无惧挑战地位最高的雄性首领。摩擦升级到两位母亲互殴的程度,她们纠缠在地上,最后以贝塔按住凯米而告终。凯米一直没有从这次羞辱中走出来,而且很快她的儿子们的地位就降到了中层地位。凯米死后,她的儿子们就被边缘化了,而新雌族长的儿子成为核心人物。[148]

与人类最为相似的是奥斯曼帝国后宫的奴隶嫔妃们之间的激烈竞争和钩心斗角，她们中有些人与苏丹（某些伊斯兰国家统治者的称号）的正房地位不相上下。这些女人会培养她们的儿子成为下一个苏丹。一旦登上王位，统治者一定会杀了他所有的兄弟。这样，他就能成为唯一一个有皇室后代的人。我们人类做事比倭黑猩猩还要绝。

尽管男性对权力的痴迷程度远远超过女性，我们也没有理由限制男性的权力意志。然而，不可否认的是，在我们人类社会中，有政治野心的女性面临重重挑战。一方面，长得好看、有魅力是男性的利器（想想美国总统约翰·肯尼迪和加拿大总理贾斯廷·特鲁多吧，他们都是外表俊朗），但对于女性来说就不一样了。这与性别竞争如何与一半男性、一半女性的选民互动有关。有魅力的女性，特别是那些年轻女性，会被其他女性视为竞争对手，这让她们很难赢得选票。2008年的美国总统竞选，当时约翰·麦凯恩和巴拉克·奥巴马对打，前者选择了一位年纪较轻的女性莎拉·佩林作为陪跑伙伴。媒体都认为他的这一举动很明智，因为佩林又"火辣"又"温柔"，尽管男性选民对佩林热情高涨，但女性选民却不买她的账，当时没有人注意到这些。奥巴马在男性选民中以49%比48%的微弱优势胜出，但在女性选民中却以56%比43%大比分领先。

女性只有在不引起男性注意的情况下才会以领导人的身份出现，这种情况发生在她们年老色衰时。在现代社会，像以色列建国元老果尔达·梅厄、印度总理英迪拉·甘地和英国首相玛格丽特·撒切尔这样的女性在当领导人时已经绝经了。我们这个时代最具影响力的女性——德国总理安格拉·默克尔也是如此，她甚至不喜欢别人关注自己的性别，穿着尽量偏中性。默克尔是一位精明而有手段的政治家，她对男性根本不感兴趣。2007年，当俄罗斯总统普京在他的避暑胜地接待默克尔时，他把自己的爱犬巨型拉布拉多带去了，默克尔害怕狗，这一点他心知肚明。最后，普京还是失算了，因为默克尔把普京和狗分开了，请注意，她对记者是这么说的："我理解他为什么这么做，为了证明他是个男人，他害怕自己的弱点。"[149]普京的策略表明，男人总是试图通过恐吓来寻求优势。

剥夺男性手中的权力，他们的反应如同婴儿身上的安全毯被剥夺时一样大，表明男人对权力的向往有多么根深蒂固。我们常常低估那些构成我们生活和制度的情绪，但它们恰恰是我们所做的一切的核心。控制他人的欲望是许多社会进程背后的驱动力，并将这样的结构强加于灵长类社会。从特朗普和克林顿为统治国家而做的努力，到倭黑猩猩母亲们为自己的孩子而大打出手，权力动机无处不在，显而易见。在鼓舞人心的领导人的带领下，我们取得了一些最高成就，但也带来了最令人不安的暴力记录，包括我们人类并不陌生的政治暗杀。

对动物和我们人类来说，情绪可以是好的，也可以是坏的或丑陋的。

第 6 章　　　情绪智力
　　　　　　关于公平和自由意志

06

有一张照片，在静谧的热带草原上，有一匹斑马伫立在那里，他臀部对着观众。他把头高高抬起是为了更好地观察远处的两只狮子，他们正在交配。我的Facebook上的网友留言给这张照片配上文字，最精彩的一条评论是："拜托你快点，亚瑟! 我刚刚发现我们的晚餐了!"

当然，问题是，正在交配的狮子当然没有心情吃晚餐。斑马知道这一点，所以他才不急着小跑。斑马根本就不怕，至少在那一刻不怕。恐惧是一种自我保护的情绪，它位列生存价值列表之首。然而，即使恐惧也只是对形式经过仔细判断之后才产生的。仅仅看到狮子是不会引发恐惧的。如果这些大型猫科动物正在周围躺着、玩耍或做爱，那羚羊、斑马和角马会显得异常放松。他们谙熟猫科动物的行为，而且非常清楚敌人在什么时候会有狩猎的情绪。只有他们及时注意到狩猎情绪的时刻，才是他们感到害怕的时刻。

赞美大脑

与类似条件反射的行为相比，基于情绪的反应具有巨大的优势：它们会经过经验与学习的过滤，也就是心理学上所谓的"评价"。我希望早期的动物学家考虑到这些，而不是执着于现在已经基本过时的本能概念。本能是下意识的反应，它在这个瞬息万变的世界里毫无用处。情绪具有更强的适应性，因为它们像聪慧的本能一样运作。它们仍然会产生想要的行为改变，但只会发生在对情况进行仔细评估之后。这样的评估可能只需要几分之一秒，但它取决于基于过去经验对当下局势的判断，就像照片中斑马所做的那样。比如，如果我打算去野炊，那么一看到下雨我就会感到沮丧。相反，如果我打算待在家里，那我荷兰人的特质就附体了：我喜欢看窗外淅淅沥沥的雨。汽车消声器发出的撞击声吓坏了那些曾经经历过战争的人，而其他人几乎什么都没注意到。狗的叫声让我们感到害怕，直到我们看到它被拴在皮带上，这种害怕才会消失。情绪总是要经过评估筛选，这就解释了为什么不同的人对相同的情况会有不同的反应。

我们可能无法完全控制自己，但我们也不是情绪的奴隶。这就是为什么你不能在做了蠢事之后，拿情绪当挡箭牌的原因，因为你故意让情绪控制了你。情绪化有自愿的一面。你让自己爱上了错的人，你让自己讨厌某些人，你让贪婪蒙蔽了你的判断，你让想象助长了你的嫉妒。情绪从来都不"仅仅"只是情绪，也从来不是完全自发的。这可能是因为，关于情绪最大的误解是，情绪是认知的对立面。我们已经把身体和心智的二元论转化为情绪和智慧的二元论，但实际上，二者是结合在一起的，缺少其中一方都不能正常运作。

葡萄牙裔美国神经学家安东尼奥·达马西奥报告了一名患有腹内侧前额叶损伤的患者埃利奥特。尽管埃利奥特口齿伶俐、理解力强，甚至诙谐幽默，但他的情绪平平，没有任何起伏，他在数小时的谈话中都没有任何感情流露。埃利奥特从来不会悲伤、急躁、生气、沮丧。这种情绪上的缺失似乎让他无法正常做决策。他可能需要花一个下午的时间决定去哪里、吃什么，或者花半小时决定是否去约会或者挑选什么颜色的笔。达马西奥和他的团队用尽各种办法测试埃利奥特。尽管他的推理能力似乎很好，但他很难坚持完成一项任务，得出一个结论就更困难了。正如达马西奥所总结的那样："这种缺陷似乎出现在他推理的后期，接近或处于做出选择或对选择必须做出反应的时刻。"埃利奥特本人仔细地评估过所有选项之后，说："看完这些之后，我还是不知道该怎么办！"[150]

由于达马西奥的真知灼见，以及自那之后的许多其他研究，现代神经科学已经彻底摒弃了之前关于情绪和理性像水和油一样互不相容的理论。情绪是我们智力的重要组成部分。然而，二者是分开存在的这一观点依然根深蒂固，而且在许多领域都风头正盛。人们仍然轻视情绪，认为合理的决策需要我们头脑清醒、冷静，就像达尔文通过列举婚姻的利弊来建立他虚假的决策过程一样。这种错误的观念可以追溯到古希腊哲学家，他们非常钦佩像自己一样的人的逻辑推理能力，他们很少意识到女性具有这种能力，甚至更少意识到动物具有这种能力。女性被认为是多愁善感的、直觉敏锐的，她们的情绪在很大程度上受身体状况的影响，因此没有男性聪明。男性没有每个月的情绪波动，而且是唯一能控制自己情绪的人。然而，曾经困扰哲学家们，而且时至今日仍然困扰他们中许多人的是：人类的思想需要一个容器来盛装，没有身体就没有情绪。这种庸庸碌碌的精神状态是最不幸的，因为身体不仅会用无法控制的冲动和感觉困扰着我们，强迫我们去想那些我们不想想的事情，这是致命的。正如多马福音在谈及人类精神时所说的那样："我惊讶的是，如此伟大的财富是怎么在贫穷环境中安家的。"[151]

对身体的鄙视解释了为什么中世纪的隐士——主要是男

人——试图否定它。他们会隐居到沙漠或附近的洞穴，让自己远离所有肉体的诱惑，到头来发现自己被想象中的大鱼大肉和性感撩人的辣妹所折磨。这也解释了为什么富人——大部分还是男人——死后排队把自己的头冷冻起来。他们的大脑时刻做好准备，等待技术成熟的那一天就能被"上传"了。他们相信大脑不需要身体作为载体，于是他们花了一大笔钱来建造一个数字化的、不朽的未来，在这个未来里，他们脑袋里的所有东西都能被转移到一台机器中。毕竟，大脑只是运行在肉体平台上的一些软件，在电脑上它同样可以运行。难怪科学几乎不知道没有肉体的大脑会是什么样子。把大脑比作电脑是极具误导性的，因为大脑以数百万种方式与身体相连，是身体不可或缺的一部分。人类的头脑与身体和大脑不可分割，而且能很好地代表两者。因此，我一点也不相信在数字格式中苏醒过来会是快乐的。快乐是发自内心的，而与内脏分开的大脑可能什么也感受不到。[152]

这是在任何关于动物情绪的讨论中我们所面临的问题。我们有这样一种错觉，即认为人类的精神是自由漂浮的，与生物学几乎没有联系，与之前的任何事物也都没有联系，最突出的例子就是性别。我们赞美理智，相信"纯粹的理性"这种东西，而对情绪、身体和我们自己之外的任何物种都不甚重视。这种文化和宗教上的偏见在我们身上已经存在几千年了，因此要抹去它绝非易事。然而，在认真考虑动物情绪是一种情绪标志之前，我们需要将自己从情绪中抽离出来，正如我接下来将要讨论的一样。

和人类一样，动物也有情商，它是一种流行的心理学概念，是指解读他人情绪的能力，利用情绪信息的能力，以及为达到目标而控制自己情绪的能力。[153]在我们人类中，情商通常被作为个体特征来研究。在管理情绪波动或利用感觉方面，我们中的一些人比其他人更擅长。这事关一个人的教养、技能和个性。然而，当涉及动物时，以上那些都不是重点。我们更愿意考虑情绪和认知如何携手并进，共同产生我们所看到的结果，从社会等级到家庭生活，从抵御捕食者到解决冲突。在这里，我笼统地用"情商"这个词来表示情商和认知之间的相互作用。

公平感就是个很好的例子。它通常被认为是理性和逻辑的产物，也被认为是人类独有的道德价值，但如果没有一种存在于我们人类、其他灵长类动物、犬科动物和鸟类中的基本情绪，它从来都不会产生。公平感是这种情绪的智力转化。

黄瓜？葡萄？猴子吃什么

20多年来，我一直管理着耶基斯灵长类动物研究中心的卷尾猴圈养地。这些英俊的棕色猴子中，大约有30只生活在与我们实验室相连的户外区域，我们每天都在那里对他们进行社交智商测试。我们布置了各种各样的场景，在这些场景里，他们可以一起工作，分享食物，交换令牌，识别屏幕上的人脸，等等。猴子们都带着极高的热情做这一切。卷尾猴在忙碌的时候心情最好。不管是在野外敲打牡蛎，直到这种软体动物肌肉放松，再把它撬开；还是被要求在实验室里区分同伴和陌生人的面孔，他们从不放弃，乐此不疲。他们坚持完成每一项任务。我们从不强迫他们，并试图让任务简短甜蜜（字面意思），让他们乐意参与其中。也许我最喜欢的是他们制造的背景噪声。工作时，他们不停地与团队中的小伙伴"交谈"。在野外，卷尾猴生活在森林里，这意味着由于所有叶子和树木的遮挡，他们常常看不到彼此。生活中，他们就是靠发出声音交流的。在实验室里，我将他们彼此分开，但总是保持在听力所及的范围内。他们不停地呼唤他们的家人和朋友，也会得到回应。

我渐渐喜欢上了这个物种，以及他们身上所具有的我能叫得上名字的个性，我不得不只身前往巴西和哥斯达黎加，去看看那里生活的卷尾猴在自然界中是如何表现的。尽管他们只是猴子，但我们几乎能辨认出他们所有的心智能力。我开玩笑说"只是"猴子，因为研究灵长类动物行为的专家有时候会用这种居高临下的口吻谈论其他灵长类动物，有点像古生物学家无法忍受最新发现的化石可能"只是"一只猿猴，总是试图把它牵强地扯到人工构造上，即人属。然而，卷尾猴还是非常了不起的猴子，当人们发现他们在森林里用石头砸开坚果时，这一点就变得愈发清晰了。他们从很远的地方把锤石和坚果带到露出的石头上来，这些石头充当铁毡的角色。长久以来，将石头作为工具这一技能都被认为是人类的一项非凡成就，只有我们和黑猩猩才能熟练使用。如今，人们不得不承认这些卷着尾巴的小猴子也能使用这项技能。与猫一样大的体形，卷尾猴的大脑却和黑猩猩的一样大，并且，他们的寿命特别长。杜果，我圈养地最年长的雌性卷尾猴现在还活着，估计有50岁了。

我和我的学生萨拉·布鲁斯南偶然发现了卷尾猴的一种行为。这一发现颠覆了传统的人类公平观念，以前人类的公平一直被认为是一种文化现象，而非生物现象。我们很难想象公平是一种进化特性，部分原因要归咎于我们描述自然的方式。通过使用诸如"适者生存""血肉之躯"这类颇具启发性的词汇，我们在强调大自然的残酷。这种观念没有给公平留下任何空间，只强调最强者的权力。与此同时，我们忘记了动物通常是互相依赖的，而且是通过合作而生存的。事实上，他们与环境、饥饿和疾病的对抗远远强于他们互相之间的内斗。这就是为什么，自然主义者和无政府主义者彼得·克鲁泡特在1902年问道："谁是最适合生存的？是那些不断交战的人，还是那些互相支持的人？"[154]俄罗斯王子在西伯利亚看到马和麝香牛挤在一起抵御刺骨的暴风雪，或在他们的幼崽周围围成一个保护环防止狼群靠近时，他就选择把互相帮助作为上策。在这方面，他走在时代前列。[155]

回到实验室，当我们看到猴子们不仅吃掉自己的奖励，还惦记着别人的奖励时，我们百思不得其解。这一点之前没被注意到，可以用动物通常是如何被典型测试来解释。一只老鼠独自坐在盒子里，为得到奖励，他按下杠杆。老鼠唯一关注的是，任务有多艰巨，奖励有多吸引人，以及什么时候会得到奖励。然而，幸亏我对社会行为感兴趣，我的实验室与众不同。在测试中，猴子很少独自行动。正因为这样，我们才注意到他们会密切关注分给其他小伙伴的每一小块食物。就好像他们把自己的回报与别人的所得相比。这看起来很荒谬，因为他们不应该只关注他们自己的表现和回报吗？然而，根据我们对人类行为的了解，猴子对小伙伴感兴趣是完全合理的。比如，有一个所谓伊斯特林悖论（以美国经济学家理查德·伊斯特林的名字命名），他注意到，在每个社会中，富人往往比穷人更快乐。这个理论到目前为止都适用，但伊斯特林还发现如果整个社会变得更加富有，其平均幸福感并不会上升。换言之，富裕国家的人并不比贫穷国家的人更快乐。如果是财富让我们快乐，那这又该怎么解释呢？答案是，提升幸福感的并不是财富本身，而是相对财富。幸福感取决于我们与他人总收入的差距。[156]

然而，当时我们对伊斯特林悖论并不熟悉。我们注意到，每当猴子们在奖励不够时都会感到沮丧，于是我们决定仔细琢磨琢磨。这直接导致我们开展了一个相对简单的试验，十年之后，当我们把它用视频记录下来并放到网上之后，立刻在互联网上走红，并吸引了数百万观众。[157]试验利用卷尾猴的智慧进行物物交换，这是他们的自发行为。如果你把螺丝刀落在笼子里，你只需要指指那个螺丝刀，然后拿起花生示意，他们就会隔着笼子网把螺丝刀递给你。他们非常喜欢物物交换，他们甚至会用一个干橘子皮来交换你手中的鹅卵石，事实上，这两样东西都没有任何用处。更值得注意的是，当他们把这样东西放到你的手掌之后，他们可能会用自己的小手抓住你的手指向内推，这样，你的手就紧紧地握住这样东西了，好像在说："这东西归你了，抓牢它！"猴子的这种天赋可能与分享食物有关，我们利用他们的这种天赋让他们工作。我们已经注意到，只有涉及努力时，不公平反应才会出现。如果你给两只猴子喂不同的食物，他们几乎注意不到，但如果两只猴子为了得到食物必须付出努力，那他们得到什么样的食物突然就变得很重要了。这里，食物作为薪水时，不公平才会成为一个问题。

试验中，我们把两只猴子放在一个实验室里。一些观看这段走红视频的观众批评我们的试验环境，认为我们总是把猴子放在这样的环境中，而事实是，每次猴子只需要在实验室里待上半小时，他们并排坐着，中间还隔着铁丝网。我们会往其中一个空间扔一块小石头，然后伸手把石头要回来，这样连续做25次，第一次是对第一只猴子，第二次是第二只，以此类推。如果两只猴子在交回石头后都能得到黄瓜片，他们就会一直这么做，心满意足地吃着自己的食物。但如果我们给其中一只猴子葡萄，而给另外一只猴子黄瓜，那我们就挑事儿了。食物的受欢迎程度通常与超市里的价格挂钩，相对于黄瓜，猴子们更喜欢吃葡萄。注意到自己的同伴得到更好的奖励时，那些曾经得到黄瓜就心满意足工作的猴子突然不干了。他们不仅极不情愿地完成任务，还会变得焦躁不安，会把鹅卵石，有时甚至是黄瓜片扔出实验室。黄瓜这种他们通常

为研究公平感，我们用黄瓜和葡萄在棕色卷尾猴身上开展试验。两只猴子被安排在带孔的有机玻璃试验箱，他们中间用栅网隔开。如果两只猴子都得到了黄瓜，他们能百分百地完成任务。但如果不公平地给一只猴子更受欢迎的葡萄，还是同样给另一只猴子黄瓜，即使得到黄瓜的这只猴子所得奖赏没变，她还是会感到强烈的不安。她拒绝完成任务，拒绝黄瓜片奖励，并把它们扔了出去。

从不拒绝的食物此时变得不再可口，甚至变得难吃了！[158]

他们的挫败感如此强烈，以至于我们决定给两只猴子很多很多好吃的，再让他们归队，怕他们产生什么负面联想。我们当然不是只在两只猴子身上做试验，在得出结论之前，我们测试了许多不同的组合。经济学家通常把极好的食物扔掉称为"非理性"行为。人们之所以表现得理性，是为了得到他或她所能得到的，以使利润最大化。如果我给你1美元，给你的朋友1000美元，你可能会不高兴，但你还是会拿走属于你的1美元，因为有总比没有强。然而，人类还不是最理性的，这一结论以如今戏剧性地宣告"经济人"的消亡而受到欢迎。"经济人"是经济学教材里刻画的人类形象，按照教材所说，为满足我们的贪婪，我们可以做出完全理性的决定。研究表明，情感偏见常常让我们做出完全不同的选择，从而否定了这一颇为流行的假设。我们远没有想象中那样理性和自私，而且不是所有的欲望都那么物质。同样的道理也适用于其他物种，但不幸的是，人们常常意识不到这些。比如，美国人类学家约瑟夫·亨里希从他寻找"经济人"的漫长探索中，洋洋洒洒地得出这样的结论："最后，我们终于找到'经济人'了，他就是一只黑猩猩。"[159]多好笑啊，他的这个结论是基于15年前关于黑猩猩的一项研究得出的，在这项研究中，黑猩猩没有表现出对他人幸福感的关心。尽管有充分的理由怀疑负面证据的真实性（那句话怎么说来着，"缺乏证据并不代表没有证据"），但这些早期发现还是得到了广泛关注。然而，他们所依据的基于猿类的研究已经被许多其他研究超越了，这些研究令人信服地证明了同理心和亲社会倾向。事实上，大多数灵长类动物的默认倾向是合作，而不是自私。所以，我们有把握得出这样的结论，不管是在我们的直系亲属中，还是在任何其他灵长类动物中，"经济人"从来都不曾进化过。他比死人还要死。

一开始，萨拉和我都回避任何关于猴子"公平"的言论，谨慎地谈论"不公平的厌恶"。但当我们研究的消息不胫而走时——就是2003年，纽约证券交易所总裁理查德·格拉索因为天价薪酬惊动了国家而被迫辞职的那天——媒体意识到公平的进化根源，并且说如果连猴子中都有公平，那它必定是件好事。这个消息惹怒了不少人，我们收到许多电子邮件，邮件中人们愤怒地说猴子不可能和我们有一样的感受，因为公平是法国大革命期间才出现的。在我看来，这些抱怨都是极为疯狂的，因为在我眼里，猴子是迷你资本家（他们为得到食物而工作，还会比较收入），而且我不相信那帮巴黎的老家伙编造的所谓道德准则。道德远不止那些。正如哲学家大卫·休谟所说的那样，公平是从"道德情操"转变为成熟道德原则的一个很好的例子。起点永远是一种情绪。在我们的例子中，这种情绪是嫉妒。猴子们嫉妒他们同伴的优势。惹恼他们的不仅仅是同伴得到的高质量食物，因为我们还进行了其他测试，测试中我们并没有把葡萄给他们的同伴，而是放在一个他们几乎看不见的碗里或者扔进紧挨着他们的空笼子里。这些情况下，他们的反应就轻微得多了，这意味着他们对黄瓜的排斥与社会比较有关。特别是当看到别人得到更好的东西时，更是如此。

你可能会说，这仍然不等同于公平感，因为只有一只猴子感到愤怒，另一只猴子似乎满不在乎。这是真的，但毋庸置疑，第一只猴子的嫉妒反应恰恰是公平感的核心，这点我将在下文进行解释。我补充一句，其他物种也有类似的反应。当小孩子被分到的披萨块没有他们的兄弟姐妹大时，他们也会出现这样的典型反应（大喊"这不公平！"）。许多狗主人都找过我，向我描述他们的宠物在看到别的小伙伴得到更好的食物时，有什么反应。实际上，维也纳大学对狗狗进行了测试，结果发现，狗狗愿意多次连续举起爪子去握手，即使这么做得不到任何奖励。但是，只要另一只狗通过同样的方式得到食物，第一只狗就瞬间失去了兴趣，拒绝再握手。在人居环境中长大的狼也有相同的表现。[160]

对另一个人的成功感到愤愤不平可能让你看起来很小气，但长久来看，你这样不容易上当受骗。把这种反应称为"非理性"是不太恰当的。如果我和你经常一起出去狩猎，而你总是要最好的

在维也纳的聪明犬实验室通过让两只狗伸一只爪子给实验员测试狗对不公平的敏感度。没得到奖赏的时候，两只狗狗都会连续伸爪子给实验员。但如果其中一只因为伸爪子就获得了一片面包作为奖赏，而另一只却没有，后者（上图左）就拒绝再伸爪子。

那块肉，那我要么对你对待我的方式表示强烈抗议，要么着手寻找新的狩猎伙伴。我相信我能做得更好。对报酬分配的敏感性有助于保障双方的利益，这对继续合作来说至关重要。黑猩猩、卷尾猴和犬科动物这些对不公平最敏感的动物成群狩猎、分享食物，这绝非偶然。然而，这样的反应不仅仅局限于这些动物，因为美国心理学家艾琳·佩珀伯格还举了这样一个例子，她描述了晚餐时刻，她与两只争吵不休的非洲灰鹦鹉之间的典型对话，一只是年长的天才鹦鹉亚力克斯，另一只是他年轻的同胞格里芬：

> 我同亚力克斯和格里芬共进晚餐。真像在餐饮公司，因为他们坚持要分享我的食物。他们喜欢绿豆和花椰菜。我的工作就是确保两只鹦鹉得到的食物一样多，不然他们就会大声地抱怨。如果亚力克斯认为格里芬得到太多绿豆的话，他会大喊"绿豆"。同样的，如果亚力克斯被分到太多食物，格里芬也会大喊。[161]

但是，所有这些都没有超出我们称之为一级公平的利己主义反应。这一反应的典型特点是，被刺激到了，因为与别人相比，自己被欺骗了。直到我们开始研究猿类，我们才发现二级公平的迹象，二级公平涉及通常意义上的公平。人类不只是得到的比别人少的时候会畏畏缩缩，得到的比别人多时也会这样。我们可能对自己的优势感到不安。不是格拉索表现的那种过分敏感——它是我们人类中相当脆弱的存在——但原则上，富人和穷人都在追求公平的结果。

这种公平程度也可以从猿类的自然行为中看到，比如他们在解决与自身无关的食物冲突时。有一次，我看到一只处于青春期的雄性黑猩猩打断了两只幼崽关于一根枝叶繁茂的树枝的争吵。他从他们手中夺过枝条，折成两截，分给他们一人一截。他只是想结束这场争吵，还是他对分配略知一二？地位高的雄性也经常为了食物而打架，即便最终他们什么也得不到。他们只是为了解决争端，这样双方就可以分享食物。还有，对尼莎（一只倭黑猩猩）的观察表明，她害怕拥有特权。在认知实验室接受测试时，尼莎因为出色的表现赢得了大量牛奶和葡萄干，但她感受到了远处来自朋友和家人嫉妒的目光。过了一会儿，尼莎开始拒绝给她的奖励。她不停地跟测试者比画，直到其他小伙伴也得到了一些奖励，她才罢休。直到那时，她才开始吃奖励给她的食物。

猿类有预知能力。如果尼莎当众吃独食，那她以后再要加入其他小伙伴，就会引发不愉快的后果。[162]

最后通牒游戏

众所周知，有钱人会默默地把带回家里的家具、厨房用具和其他贵重物品上的价格标签撕掉，以免让他们的保姆和家政人员感到不安。他们不愿意去炫耀。当社会学家瑞秋·谢尔曼采访纽约富亨时，她发现他们对巨大的收入差距感到不安，并试图模糊这种差距。比如，他们尽量避免称自己为"富人"或者"上层阶级"，更愿意被人们认为他们是"幸运的"。他们似乎意识到自己的处境会引起仇富心理，这正是他们想要极力避免的。[163]

这是个良好的开端，但撕掉价格标签仅仅是权宜之计。没有人这么好糊弄。避免他人嫉妒唯一有效的方法是，像尼莎所做的那样，与他人分享自己的财富。这在小规模的人类社会中很常见，比如狩猎采集者就颇具分享精神，他们甚至不允许成功的猎人吹嘘自己高超的技能。黑猩猩也是如此。我们第一次意识到这一点，是在萨拉开展的一项大规模研究中，在这项研究中，猿类完成简单的任务就能得到胡萝卜片作为奖励。然而，萨拉偶尔也会给其中的一只猿猴葡萄作为奖励。葡萄又是最受欢迎的奖励。和预期一样，如果看到同伴被奖励葡萄，那些被奖励胡萝卜片的猿类就会拒绝完成任务，或者把自己的奖励扔出去。他们与卷尾猴的表现类似，但是没有人料想到葡萄主人也会有麻烦。如果另一只黑猩猩只得到了胡萝卜，他们有时候会拒绝奖励给自己的葡萄，但如果另一只也是被奖励葡萄的话，他们就不会拒绝。因为这更接近人类的公平感，我们大胆地启动了和黑猩猩玩最后通牒游戏这个计划。这个游戏被认为是人类公平的黄金标准，全世界的人都玩这个游戏。

比方说，一个人提议和另一个人分100美元。分成可能是五五分，或者其他版本，比如九一分。如果另一个人接受这个提议，那么他们两人都能拿到钱。不过，如果另一个人拒绝提议，那他们都两手空空。合伙人的否决权意味着分配人要格外小心，因为万一他们的合伙人不喜欢低分成呢？显然，如果人类是极为理性的，那他们永远不会拒绝。他们会接受任何交易。但即使是那些从未听说过法国大革命的人都拒绝接受过低的报价。人们的文化越依赖合作，这种拒绝的倾向就越强烈。比如，拉马勒拉的捕鲸人乘坐大型皮划艇在印度尼西亚附近的开放海域闲逛，十几个人用鱼叉捕鲸，他们跳到鲸背上，强行把叉子插入它的身体。因为是整个家族合作完成的一项极其危险的活动，因此，食物的分发就成为他们首要考虑的问题。不出意料，在最后通牒游戏测试中，来自拉马勒拉文化的人们比来自其他大多数文化的人们（如园艺师）都更为敏感就不足为奇了，因为每个园艺师家庭都有自己的土地。人类的公平感与合作密切相关。[164]

黑猩猩也会合作，比如在狩猎和领土防御方面，更别提政治联盟了。但如何与一个我们无法解释它是如何运作的动物玩最后通牒游戏呢？我们的解决办法是用令牌（不同颜色的吸管）换取食物。我们的同事达比·普洛克托会把两只黑猩猩用栅栏隔开，同时会让其中一只黑猩猩在两根短塑料吸管之间做出选择。黑猩猩做出塑料代币选择之后，我们会给两只黑猩猩喂食。塑料代币被涂上不同的颜色。选择一种颜色的代币，我们会给挑选者五片香蕉，而他的搭档只能得到一片。选择另外一种颜色的代币，我们会给每只黑猩猩三片香蕉。选择者要做一个简单的决定，即做对自己有利的选择，还是做对双方都有利的选择。最重要的是，就像在最后通牒游戏中一样，要征得搭档的"同意"。我们不让选择者把代币交还给我们，而是让她的搭档把代币交还给我们。这意味着选择者不得不通过栅栏把代币递给她的搭档，而她的搭档要接受这个选择，再交还给达比。

从黑猩猩们对选择者的反应来看，他们清楚地知道不同颜色的代币意味着什么。自私的选择意味着选择者能得到自己五倍的食物，他们会猛敲栅栏，或者往对方脸上吐口水，来表达自己的不满。当达比让学龄前儿童玩同样的游戏时——这次奖励换成了贴

纸 —— 他们给出了相似的反应，不同的是学龄前儿童能用语言表达心中的不满。当分配不均时，他们会说"你的比我的多"或者"我想要更多贴纸"。除了表达形式上的不同，猿类和学龄前儿童的表现是一样的。选择者很少做自私的选择。在大多数测试中，他们更倾向于选择能产生相同奖励的令牌。乍一看，做这样的决定似乎让选择者付出了高昂的代价，但如果我们考虑到他们社会关系的价值，我们就不会这么认为了。太自私可能会让他们失去友谊。[165]

如果你现在问我，公平感在黑猩猩和人类中有何不同，那我真的不知道该怎么回答了。或许有一些不同，但总体来说，这两个物种都在积极寻求公平的结果。与猴子、狗、牛、鹦鹉和一些其他物种的"一级公平"相比，我们人类在预知未来方面更胜一筹。人类和猿类意识到把所有东西都留给自己会给别人带来不好的感受。因此，"二级公平"可以从纯粹功利的角度来解释。我们之所以保持公平，并不是因为我们相爱或我们是好朋友，而是因为双方合作的需要。这是我们留住团队每一位成员的方法。

这就是我所说的情商。起初，人类和猿类对公平感有一种消极的情绪，但意识到消极情绪产生的有害后果之后，就会把它转变为积极的情绪。"你不应该贪心"这是个很好的建议，但更好的做法是消除造成贪心的根源。这里，我的观点与美国道德哲学家约翰·罗尔斯的著名论著《正义论》中所述的完全相反。罗尔斯只考虑他认可的情绪，他在书的结尾这样写道："出于道德理论的原因，也因为篇幅所限，书中未提到嫉妒。"[166]

我惊呆了。我们怎么能在分析人类行为时，轻易地丢掉一种情绪呢？哪个头脑正常的人会干出这种事？特别是像嫉妒这种在所有语言背景中都被熟知的、已经被赋予浓郁感情色彩的、无处不在的情绪。就像莎士比亚在《奥赛罗》中所描述的那样，嫉妒是"绿眼怪物"。罗尔斯认为，正义的原则应该由心无嫉妒的人们刻意选择。即使这种情绪也是丑陋的，或者像罗尔斯所说的那样，是一个"恶习"，讽刺的是，如果我们生活在一个没有嫉妒的世界里，我们压根儿就不会关心公平，因为我们永远不会看到对这种情绪缺失任何有意义的反应。罗尔斯的正义原则听起来似乎非常合理，而且可能有助于减少嫉妒，但这不正是问题的关键所在吗？至少，这是德国社会学家赫尔穆特·舍克所关心的，他围绕嫉妒这个主题写了一整本书，书中把我们人类称为"嫉妒人"。他声称，如果没有嫉妒和阻止的企图，我们不可能建立起所生活的社会。与其否认这种情绪，或将它视为构建有序社会的威胁，不如去拥抱它，去引导它。舍克督促我们"撕下"嫉妒的面具，就像心理分析撕下我们生活中的性面具一样。[167]

理性争论是有益的，但通常不足以达成道德原则，而道德原则从情绪中获取力量。我们在与不公平和不公正作斗争时付出的巨大代价——尖叫地抗议、游行、暴力，忍耐警察的殴打和高压水枪，在Facebook上忍受恶意攻击和欺凌——这一切都提醒我们，我们不是在面对某种不流血的心理构造。它直击我们的内心，这是任何优雅的抽象推理都无法做到的。

如果黑猩猩被不公平地对待，他们就会勃然大怒，在地上滚来滚去。他们太喜怒无常了，但这又是一种引起别人注意的绝佳方法。正因为这样，在象牙海岸的泰山森林里分享肉的黑猩猩才认识到彼此对捕猎的贡献。即使是地位最高的雄性黑猩猩，如果他去晚了，照样不得不乞讨，耐心等待别人的施舍。在所有肉食者群体中，猎人拥有优先权。[168]这合乎逻辑，因为如果付出和回报不成正比，谁会好心去捕猎呢？不与帮助捕猎者分享食物显然是不公平的。这些反应的情感强度解释了为什么紧密联系的人类社会不赞成一个赢者通吃的心态。而狩猎聚居者似乎很清楚这一点，并极力避免这种不公平发生。现代社会中充斥着不公平现象。然而，这种心态非常有害，甚至可能危及身体健康。

流行病数据显示，社会越不平等，公民的平均寿命就越短。巨大的收入差距通过减少相互信任、引发社会紧张、制造焦虑来危害富人和穷人的免疫系统。[169]富人可能会退回安全区，但这并不能使他们免受紧张局势的影响。如果不公平达到极端的程度，我们甚至可能面临法国大革命时期的爆炸性局面，那确实是一次惨痛的教训。人类寻求公平的竞争环境，如果这条路走不通，那断头台可能就派上用场了。

一个简单的猴子试验就让我开始思考人类最崇高的道德准则之一，时至今日，我仍然感觉惊讶。这从来都不是我的本意，但也说明，一个人要时刻留心意想不到的行为。猴子们对自己在网上走红所带来的名利也很淡定。数百万游客从笼子里猴子对黄瓜的反应中看到了自己的影子，有些人告诉我，他们是如何把视频发给老板或主席，让领导知道自己对薪水的看法。其他人写信给我，说他们认识到价格敏感行业客户的反应，比如有线电视行业，当客户知道他的邻居以更低的价格得到产品时，就会有那样的反应。

几年前，我关闭了自己的实验室，当看到我的猴子们走了，我很难过，但一想到我们为他们找到了更好的归宿，我又感到由衷的高兴。其中一半的猴子去了圣地亚哥动物园，在那里，他们成为最受欢迎的动物之一，那是一个很梦幻的地方，有高高的树供他们攀爬。在最近的一次拜访中，看到他们个个健健康康、轻轻松松的，一股暖意涌上我的心头，他们被有爱的饲养员宠坏了，饲养员知道每只的名字，他们也忙于分发食物和工具。饲养员告诉我，走红视频中扔黄瓜的猴子兰斯脾气一如既往的暴躁。

另一半猴子仍在为科学做贡献。他们被转移到亚特兰大市区的一个森林设施里，在那里，萨拉（现在已经成为佐治亚州大学的一名教授）继续研究"经济人"模式的局限性，不仅是对我们人类，而且是对整个灵长类动物的局限性。我最后一次看到这些猴子的时候，他们都躺在地上，而我走向他们的户外围栏，这一点值得注意，因为卷尾猴只有待在比我们高的地方才会感到更安全。"他们认出你了！"萨拉兴奋地喊道。之后，我最喜欢的雌性黑猩猩拜厄斯开始和我"调情"，她朝我抛了个媚眼，头向后歪了歪，暗示她知道一个安静的地方。

自由意志和理学学士

在《失乐园》中，17世纪的英国诗人约翰·弥尔顿试图以自由意志作为讨论话题，来占有坠落天使的时间，因为他们手中有太多可支配的时间。自由意志并没有一个清晰的定义，尽管我们都有自己关于自由意志的定义，但这可能完全是个错觉。正如波兰小说家艾萨克·巴什维斯·辛格所说的那样："我们必须相信自由意志，我们别无选择。"这是永恒辩论的最佳话题。

这种辩论与情绪有关，因为自由意志通常被认为是情绪的对立面。自由理性的选择要求我们否认或压抑自己的第一冲动。事实上，整个想法又回到了关于我们的大脑有多少是由身体塑造的这个争论上。那些相信自由意志的人会说，我们可以简单地把身体及它的非自由意志的欲望和情绪放到一边。我们能够超越他们。结果，人类（只有人类）完全控制了自己的选择和命运。与之相反的是"肆意妄为"的动物，这种动物很容易受到任何冲动的攻击。他们往往追随最紧迫、最令人满意的冲动，而且从不回头。他们的世界里没有"后悔"二字。小孩和所有的动物都属于这一类。

我必须说明，我对一个缺乏经验定义的学科没什么耐心。我们可以将自由意志资本化，来表达我们对人类责任、道德和法律等核心概念的崇敬之情，但如果无法衡量自由意志，我们如何就此达成共识呢？有人说，自由意志可以归结为做选择，但即使这一点细菌也能做到，而且，所有有大脑的动物都需要在接近和逃避之间做出选择，从羊群中挑选哪只作为猎物，朝南走还是朝北走，等等。我家附近的松鼠决定要不要过马路，他们就在我的车前做决定，这让我很紧张。有时候，他们跑了一半又突然折回来，拿不定主意。我家后院的蓝知更鸟多次进出每一个空盒子，雌性和雄性交替进进出出。如果有《房子猎人》这样的剧集，他们一定能设计出最完美的情节。经过几周的侦察之后，雄鸟给其中一个盒子里铺一些树枝或草茎，接着让雌鸟建造鸟巢，他放哨。至此，一个漫长的决策过程已经结束。蓝知更鸟有自由意志吗？

DNA发现者之一，英国的弗朗西斯·克里克在《惊人的假说》中提到，人类的自由意志存在于大脑的一个特定区域：前扣带皮层。问题是，我们并不是唯一拥有这一区域的物种，而且有充分的证据表明，它也能帮助老鼠做决定。然而，尽管种种迹象表明动物每天都在做选择，我们还是拒绝承认动物有自由意志。我们认为，他们的选择受到过往经验和先天偏好的限制，或者他们缺乏全面审视面前所有选项的能力。同样的言论也被运用到自由意志对我们人类的巨大影响中，难怪很多历史伟人——柏拉图、斯宾诺莎、达尔文——都质疑自由意志是否真的存在。自由意志并不符合当时主流的唯物主义世界观，1884年，德国进化学家恩斯特·海克尔这样写道：

> 动物和人的意志从来都不自由。从科学角度来看，广泛传播的自由意志的教条是完全站不住脚的。每一个科学地研究动物和人类意志活动的生理学家必然会得出这样的结论，事实上，意志从来都不自由，而是由外在或内在影响所决定的。[170]

然而，在众多关于自由意志的定义中，有一个引起我的兴趣，让我觉得值得进一步研究。美国哲学家哈里·法兰克福把"人"定义为完全意识到自己的自由意志，但不遵从它们，并希望它们与众不同。法兰克福宣称，只要一个人考虑到"他欲望的可取性"，就可以说他或她拥有了自由意志。[171]这很棒，因为这意味着我们只需要让动物处于一种他想要满足的欲望，但同时又有机会不采取行动来满足另一种欲望的状态。他们曾放弃过他们最初的欲望吗？

他们肯定有能力这样做，因为如果动物屈服于每一种冲动，就会不断地陷入麻烦。肆意妄为对生存没有任何价值。不然，为什么马赛马拉迁徙的羚羊在跳入他们必须经过的河流之前，会犹豫那么久？为什么青少年猴子在打架之前，要先确保对方的母亲不在视线之内呢？为什么你养的猫只在你转过身后，才偷橱柜上的肉呢？动物能敏感地意识到自己的行为将会产生的后果，这就是他们常常犹豫不决的原因，就像我车子前面的那只松鼠一样。有时候，他们完全放弃了一个目标。这在他们的等级制度中最明显。一只想要与雌性黑猩猩交配的年轻雄性黑猩猩会慢慢地靠近她，伺机行动。但当雄族长往他所在的方向看时，他就会偷偷地溜走，因为他知道这是行不通的。更夸张的是，如果年轻雄性黑猩猩被地位更高的雄性黑猩猩在角落里抓个现行，年长的雄性黑猩猩会把年轻雄性黑猩猩的腿扒开，并向雌性黑猩猩展示他勃起的生殖器。这是赤裸裸的求爱信号。看到另一只雄性黑猩猩出现，这只年轻雄性黑猩猩会迅速用手遮住自己的生殖器，试图把它藏起来，他很清楚地知道如果地位高的雄性黑猩猩继续追究发生了什么，他就摊上大事儿了。所有这一切都要求洞悉别人所知的能力，以及抑制自己欲望的能力。我们这不是接近法兰克福对自由意志的定义了吗？

然而，哲学家本人除了解释成人的自由意志外，没有给任何生物自由意志的机会，字面意思就是："我关于自由意志的理论很容易解释为什么我们不愿意让任何低于我们的物种成员享有这种自由。"[172]

一派胡言！

现在，别误会，和你一样，我也不喜欢说脏话，但既然法兰克福自己就是一个知名作家，还写过一本名为《论胡说》的书，那我觉得说这样的话也没有什么不合适。他的书就这一主题进行了深刻的分析和渊博的阐述，书中提到了维特斯坦和圣·奥古斯丁，书中他还详细解释了胡言乱语和欺骗、歪曲事实、虚张声势的区别。胡言乱语是一种接近撒谎的夸大陈述，按照法兰克福的说法就是"当环境要求他说自己所不知道的事时，撒谎是不可避免的"[173]。因为法兰克福声称"比我们低级"的物种能掌控他们自己的欲望，没有任何迹象表明法兰克福知道他自己在说什么，这个理论很有可能是一派胡言。50年前，这种说法或许是合理的，但今天它却被新的研究反驳了。我们对动物和小孩的未来倾向和情绪控制有了更多的了解，但情况并不像曾经想象的那么简单。

首先，"动物是当下的俘虏，他们完全生活在此时此刻"这一流行观点被最近关于"时间旅行"的研究所驳斥。猿类、脑容量大的鸟类，可能还有其他动物，都会想起他们生活中发生的特定事件，并为将来做打算。他们的思想在时间的海洋里遨游。比如，黑猩猩有时候会在森林里的某个地方收集一把长草做成头盔，然后步行几千米到另外一个地方，嘴里叼着他们的头盔，到达目的地白蚁山之后，他们用头盔来捕昆虫。很可能，他们一直都有这个目标。在另一个例子中，红毛雄猩猩会发出响亮的叫声，响彻苏门答腊岛的热带雨林。他们经常爬到很高的树上，发出这样的叫声。我曾经站在一只在树上正在吠叫的雄性黑猩猩底下，我向你保证，他的叫声绝对让你振聋发聩。周围所有的猩猩都在认真地听着这些声音，因为占主导地位的雄性黑猩猩（唯一发育成熟的雄性黑猩猩，有发达的脸颊垫）是一个不容忽视的角色。当他在筑过夜的巢时，他总是朝一个特定的方向叫，但每晚叫的方向都不同。野外调查者发现，他叫的方向与第二天出发的方向一致。这意味着雄性黑猩猩提前12小时就知道他将要去哪里，并确保通知到所有小伙伴。[174]

关于动物未来取向的其他证据，来自实验室的一系列受控试验，这些试验向灵长类动物和鸟类提供只能第二天使用或食用的工具或食物。基于这些研究，现在人们普遍认为有些动物具有前瞻认知能力。公平性研究也表明了这一点。如果黑猩猩在公平博弈游戏中，在明知另外的选择会给他们带来更多食物的情况下，仍然故意选择公平的结果，那就需要一个合理的解释了。我欣赏他们的一点是，他们会为了维护良好关系而牺牲眼前利益。如果真是这样，那他们不仅具有前瞻性，而且具有极好的克制力。

后者可以更直接地通过棉花糖测试验证出来。我们大多数人都看过孩子们独自坐在桌子旁边，拼尽全力不吃棉花糖的滑稽视频——他们偷偷舔它，咬一小口，或者看向别处，避免被棉花糖诱惑。实验人员不在时，如果孩子们能忍住不吃第一个棉花糖，那他们就能得到第二个棉花糖。棉花糖测试衡量的是孩子们心中未来利益和即刻满足之间的关系。如果猿类遭到同样的待遇，会发生什么呢？在黑猩猩身上做了这么一个试验，让他们耐心地盯着一个每隔30秒就会有一粒糖掉落的容器。他知道他可以随时打开容器吃里面的糖，但也知道这样做会中断糖果下落。他等得越久，容器里的糖就越多。在这方面，猿类的表现和孩子们一样好，他们最多能等18分钟。[175]

但另一种不同的动物，比如鸟类，又会如何表现呢？我们可能认为鸟类不需要自我约束，但许多鸟类会叼着他们本可以自己吞掉的食物，然后不辞劳苦地带给他们嗷嗷待哺的幼崽。有些物种，雄性在求偶时让雌性进食，而自己却不进食。这一次，自我控制又发挥了关键作用。当佩珀堡的非洲灰鹦鹉格里芬接受一项延迟满足任务测试时，他可以等待很长时间。他站在他的小杆上，前面放着一个杯子，里面是他不太喜欢的食物麦片，他被要求静静等待。格里芬知道如果他等的时间足够长，可能会得到腰果，甚至糖果。90％的情况下他都能成功，有时他甚至能足足等15分钟。[176]

与法兰克福对自由意志的定义相关的关键问题是，动物们是否知道他们在和诱惑作斗争。他们是否意识到了自己的欲望？当孩子们尽量不看棉花糖，或者用手蒙住自己的眼睛时，我们认为他们感受到了诱惑。他们喃喃自语，唱歌，手舞足蹈地自己玩耍，甚至睡觉，这样就不用忍受长时间等待的煎熬了。美国哲学之父威廉·詹姆斯很久之前就提出"意志"和"自我力量"是自我控制的基础。儿童的行为通常就是这样解释的。据说他们使用有意识的策略来分散自己的注意力。这同样适用于猿类。例如，在糖果落到容器那个实验中，如果他们手里有玩偶可以玩，那他们就会坚持很长时间。把注意力集中在玩偶上，有助于他们把注意力从糖果机上转移开来。他们是故意这样做的，因为跟其他情况下相比，他们在糖果测试时玩玩具的次数要多得多。[177]同样，那只鹦鹉格里芬也试图积极遮挡他面前那些劣质食物。在他最长的一次等待中，有三分之一的时间，他把装有麦片的杯子扔到房间的另一头。其他场合，他会把杯子挪到他够不到的地方，自言自语，抖抖羽毛，哈欠连天，或者干脆睡觉。有时候，他也会舔舔麦片，但不吃，然后高喊："我想要坚果！"

鉴于小孩、猿类和格里芬行为上惊人的相似之处，我们最好假设他们有共同的心理过程，包括意识到自己的欲望，并试图故

有些动物能像人类一样控制自己的情绪。在一场经典测试中，只要孩子不吃第一颗棉花糖，就承诺给他们第二颗。孩子们与诱惑作斗争，遮住眼睛不看糖，或者让自己注意力分散。对类人猿和狮鹫做相似的试验，他们只要愿意等就能得到更好的奖励。狮鹫（图上）也会闭上眼睛，故意分散注意力。

意压制它们。因此，关于自由意志这一永恒问题的答案是，如果我们假设自己拥有自由意志，我们也可能需要假设其他物种同样也有自由意志。否则，我们还不清楚该如何看待在试验情况和现实生活中所有动物展现的意志行为。

拿一只黑猩猩母亲来说，她的幼崽是被一只好心的年轻黑猩猩接生的。这很稀松平常。年轻的雌性黑猩猩总是对婴儿没有抵抗力，总想抱抱他们。不幸的是，她们总是笨手笨脚的。黑猩猩母亲知道这一点，她会一边跟着年轻的黑猩猩，一边呜咽乞求，试图把她的幼崽要回来。然而，年轻黑猩猩总是回避她。由于害怕这只年轻的黑猩猩会蹿到树上，给她的宝贝孩子带来生命危险，黑猩猩母亲就压抑自己，不全力以赴地去追。也是出于同样的原因，她不能只是简单地抱着孩子。想象一下，两只雌性黑猩猩抢一只幼崽，这只幼崽夹在她们中间，被拉扯成长条了，并痛苦地嘶吼着！我曾目睹过这一切，那是最令人不安的场景。所以，黑猩猩母亲需要保持冷静，伺机行动，可能还得装作一副满不在乎的样子，故作轻松地坐在旁边，悠闲地吃着草或树叶，就为了表明她不构成任何威胁。然而，一旦幼崽安全地回到了她的腹部，一切都变了。我曾经见过黑猩猩母亲尖叫着、嘶吼着，追着年轻黑猩猩跑很长一段路，之前压抑的愤怒都被爆炸式地释放出来了。整个过程给人的感觉是，她极度焦虑和烦躁，为了尽可能安全的结果才压抑自己的情绪。

我先前已经提到过，灵长类动物中，下级是如何在上级面前压抑自己的欲望的，反过来也一样。在南非一个野外试验地，通过将野生黑长尾猴群中地位较低的一只雌猴训练成我们称之为"供应者"的专家，来验证这一点。她是唯一一只知道如何打开食物容器的猴子，但她足够聪明，只在上级不在场的情况下才这样做。所以，她也不着急表演她的把戏，直到所有的上级都在安全距离之外才会露一手。反过来，上级也学会有意与装食物的容器保持安全距离，这样才能给"供应者"接近它的机会。通过在三组不同的猴子身上做试验，研究人员发现他们身上有令人难以置信的耐心和谨慎。优势个体会待在以食物容器为圆心，半径为10米的一个假象"禁区"外围，常常是远处的一棵树上，这样他们就可以时刻监视容器了。一旦容器打开，"供应者"就会迅速用两手抓取食物，塞进自己的颊囊，猴子鼓鼓的腮帮子为存储食物提供了天然便利。一旦腮帮子里装满了桃子、杏和干无花果，她就不介意其他匆匆赶过来的猴子效仿她的行为了。她会干脆挪到一个安静的地方，在闲暇时享用她刚刚拿到的所有食物。如果没有上级的自我约束和排队等候，整个行动永远不会让每只猴子都获利。[178]

　　自我约束的例子还有很多。任何在家里养了一大一小两只狗的人，都会看到这种行为的上演。即使最显著的自我控制之一，如厕训练，也已经在家养猿类身上试验过了。这可难为他们了，因为野生猿类一直生活在森林中，穿梭于树林间，每晚都筑不同的巢，因而他们丝毫不关心何时何地撒尿或大便。他们就在空中排泄，排泄物落在地上。对于猫和狗，至少他们有一个自然基础；犬科动物会在自己的窝外排泄，猫科动物还会把排泄物埋起来。我们的宠物尚需要接受训练，但他们的天性是一个巨大的帮助。另外，对于猿类来说，尽管他们和我们人类非常相似，但你会认为类似的训练永远不会在他们身上奏效。对儿童来说，如厕训练是他们控制身体功能和实现自我控制的第一步。弗洛伊德对此大做文章，把它描述成寻求解脱乐趣的本我与吸收社会规则和愿望的超我之间的激烈斗争。

20世纪30年代，温斯洛普和卢埃拉·凯洛格对他们养的年轻黑猩猩格娃进行了如厕训练，我们记录了一下，训练了将近6000次。凯洛格夫妇对他们的儿子唐纳德也做了同样的记录，这样他们就能比较两种"有机体"（他们是这样叫的）了。值得注意的是，尽管一开始猿猴学得要慢一些，但经过大约100天之后，他们俩犯错误的次数一样多，并且都呈持续下降趋势。训练涉及排尿和排便。当格娃和唐纳德在一岁左右时，他们才终于能自己去指定的地方乖乖如厕。他们的典型表现是用手紧紧地压住自己的生殖器。唯一不同的是，格娃会用脚这么做，他一只脚压着生殖器，双手和另一只脚蹒跚前行。他会用这种方式靠近凯洛格夫妇，然后通过呼唤他们来表达自己的需求。我发现这是意志力通常不需要与身体功能有联系的最令人印象深刻的例子。[179]

动物们不能盲目地义气用事。他们的情绪反应总是要经过对形势的评估和对可用选择的判断。这就是为什么他们有自控能力的原因。此外，为了避免惩罚和冲突，一个群体的成员要及时调整自己的欲望，或者至少调整自己的行为，来适应周围动物的欲望。妥协是最重要的。鉴于地球上的生命都有悠久的历史，这种调整是历来已久、根深蒂固的，而且对人类和其他社会动物都同样适用。所以，尽管我本人并不相信自由意志，但我们的确需要密切关注认知可能会凌驾于内心冲动之上。抵制一种行动的冲动，并用另一种能取得更好结果的行为来取代之，这是理性的标志。这一点对任何秩序井然的社会都是至关重要的，这也是为什么美国心理学家罗伊·鲍迈斯会说"听上去好像很讽刺，但自由意志是让人们遵守规则的必要条件"的原因。[180]

因此，我提议延长关于这一问题的长期辩论，问一问为什么人们习惯上称自由意志使我们成为人？究竟是什么让我们如此确定我们拥有自由意志，而其他物种没有呢？为什么我们认为自己是唯一能决定自己未来的人？基于以上证据，自由意志并不能被我们的情绪和冲动控制，也许它也不能意识到我们自己的欲望。我想要一个可以检验正确与否的答案，因为带着一直存在的偏见，我们永远不可能得到自己想要的。在此之前，我的初步结论是，如果我们人类确实进化出了自由意志，那我们不太可能是第一批进化出来的。

伴我同行

终于，我们可以谈论动物的情绪了，我们都松了一口气，但这往往让我们忘记自己知道的有多么少。与研究人类的心理学家相比，我们简直落后了几光年。我们列举了几种情绪，描述了它们的表现形式，并记录它们产生的环境，但我们还是缺乏定义这些情绪以及探索它们会带来什么好处的一个框架。或者，也许我们也没有落后太多，因为人类的情绪也缺乏这样一个框架。生物学家总是从生存和进化的角度来思考问题，所以我们问情绪如何影响行为是合乎逻辑的。与感觉相比，我们更关心行为。毕竟，这些情绪的唯一价值是它们所产生的行为，从婴儿因饥饿而大哭，到惹恼大象的代价，无一例外。情绪的存在自有其原因。情绪能推动生物有机体的适应性行为，但它们是如何进化成这样的，仍然不得而知。

一个更大的谜团是，如何管理这些情绪以确保达到最佳结果。情绪并不总是知道什么对有机体是最好的。大多数时候情绪都知道，但有时候最好忽视它们，或者引导行为向另一个不同的方向发展。对于人类来说，我们用"执行功能""努力控制"和"情绪管理"这样的花哨术语来描述我们如何处理这一问题。这些术语对我们如何计划和组织我们的生活都至关重要。鉴于动物很少有情绪，也不能违抗情绪的偏见，这一术语几乎从未运用在动物身上。但除了在延迟满足测试中所表现的自我控制能力之外，动物还常常面临相互冲突的情绪，这些情绪会把他们拉向相反的方向。他们在战斗和冲突之间、对幼崽严厉和宠溺之间、对攻击者的恐惧和和解之间、和对手交配和对立之间犹豫不决。

我目睹了一只青年雄性黑猩猩与一个学生之间的冲突，这个学生运气不太好，被黑猩猩当作竞争对手。每次这个学生经过的时候，这只叫作克劳斯的年轻黑猩猩都会朝他扔泥巴或垃圾，厌恶之情溢于言表。克劳斯从未对我或其他任何人做过这种事。事实上，我们都认为克劳斯很好玩，也很可爱。一天，克劳斯正在户外向一只雌性黑猩猩求爱，就在人家要答应他，他快要得手时，他的敌人出现了。克劳斯当即抛下这只雌性黑猩猩，直接对他怒目而视。他所有的毛发都竖起来了，性吸引并不能满足他炫耀的欲望。也许他已经到了需要证明自己在等级中绝对地位的"人生阶段"，还有什么比挑选同性别年龄相近的对手（即使属于别的物种）更适合证明自己能力的吗？克劳斯可能已经计算过了，他和这只雌性黑猩猩的幽会是可以拖一拖的。

我们需要开始关注这种计算，这种人类一直在进行的计算。我们巧妙地驾驭自己的情绪和欲望，遵循一些情绪，而规避另外一些情绪。我们设定优劣次序是为了做出最好的决定，这是一种通常归因于我们大脑皮层的非凡能力。我们被告知，人类的高额头得益于这部分大脑的特殊尺寸，这部分是高级认知和冲动控制的中枢。我们认为自己的额头是"高贵的"，甚至在种族比较额头的历史长河中也有一段漫长的、利欲熏心的历史（例如，有一种东西叫作"雅利安人的额头"）。然而，额头的头骨含量极少，人类的大脑在结构上与猴子和猿类的并没有显著区别。相对于大脑的其他部分，我们的大脑皮层并没有什么特别之处。最新的神经元计算技术证实了这一点。人类的大脑皮层占所有大脑神经元的19%，这一点和其他灵长类动物相同。人类和猿类的大脑大小在胎儿初期相似，但随后人类的大脑在怀孕期间不断扩大，而猿类大脑的增长速度在怀孕中期就会慢慢减缓。[181]结果就是，与猿类相比，人类的大脑要大出三倍多，神经元的数量也更多（确切地说有860亿个）。我们人类的大脑可能并没有什么不同，只是更强大罢了。因此，没有人说人类的认知是不特别的，但正如大脑额叶大小所反映的那样，现在是时候认识到智力和情感之间的相互作用在灵长类动物中本质上是一样的了。[182]

很多情绪调节都是无意识发生的，是社会关系的一部分。这就是为什么我一直对心理学家常规测试人类情绪的方式心存疑义的原因。我们通常让受试对象坐在电脑后面的一个椅子上，或者让他单独待在一个大脑扫描仪里，尽管事实上我们的大部分情绪都是在社交环境中进化的。情绪不是单独产生的，而是个体之间互动产生的。举个例子，我曾经听过美国神经科学家吉姆·考恩的一场讲座，他通过扫描仪测试受试者对轻微电击信号的神经反应。正如人们所预测的那样，大脑图像显示，人们会为即将到来的疼痛忧心忡忡。但随后考恩又在第二个人身上进行了测试，他发现如果允许女性受试者抓住她们丈夫的手，这种恐惧感就会消失。这种情况下，即将到来的电击似乎只是一个微不足道的刺激。此外，女性与丈夫的关系越好，缓冲作用就越明显。相反的情况没有被测试，但结果很有可能也是一样的。在另一项研究中，牵手能让两个人的脑电波同步。这是依恋和身体接触改变情绪反应方式的一个有力证明。[183]

正当我对考恩的试验设计赞不绝口时，他告诉我，大多数心理学家认为，我们人类的典型反应出现在我们独处的时候。独处的人被认为是开展这类试验的默认条件。然而，考恩认为事实恰恰相反。标准应该是我们与他人相处时的感受如何。独自面对生活的压力是极少发生的。我们总是依赖别人。例如，加拿大最近的一项研究表明，如果女性能闻到她们丈夫或恋人穿的T恤的味道，她们就不那么容易感到压力了。这种熟悉的气味能让人安心，这也解释了为什么人们独自在家时会穿另一半的衬衫，或者只睡在床的一侧。[184]西方文化对自治情有独钟，尽管事实上，在内心和思想深处，我们从未真正感受到孤独。后一种观点与任何生物学家对我们的看法是一致的。人类天生是社会性的（我们无法在群体之外生存，如果被孤立，我们就会备受煎熬），因此，标准是我们如何在一个包含所有情绪缓冲的社会环境里发挥作用。这和我的试验中卷尾猴不停地交头接耳没什么两样。即使被分开，这些猴子仍然认为自己是群体中的一员，不断地确认每个小伙伴在哪里，寻求心理安慰。他们是和声天才。

当一个人成长于一个没有感情的环境中时，他的情绪生活就会受到最大程度的破坏。我们不是生来就要养活自己的，其他灵长类动物也一样。在金沙萨（扎伊尔首都）附近的洛拉雅倭黑猩猩避难所研究这些动物时，我才第一次面临抚养如何影响情绪这一问题。很不幸，所有这些倭黑猩猩都是受过心理创伤的孤儿。野生倭黑猩猩（以及其他许多动物）经常被偷猎者和猎人捕杀，然后变成盘中餐。只要在死者周围发现任何年幼的倭黑猩猩，人们就会将他们"解救"出来并出售。因为这种行为是违法的，这些猿猴宝宝在市场上经常被没收，然后被带到避难所。在那里，妈妈们（当地照料他们的妇女）把他们抚养成人，带着他们四处走动，用瓶子给他们喂奶。几年后，他们就进入森林中被栅栏包围的圈养地生活，在那里他们等待着被释放的那一刻，再过几年，他们就有可能被释放到野外。

我的同事赞娜·克莱耐心地等待这个规模庞大的圈养地是否会有自发的战争发生，她用镜头记录下了这一切，这样我们就能详细地分析这帮小家伙。旁观者对打架造成的痛苦的反应是他们同理心的体现。旁观者可能会用双臂搂住那些对抗中尖叫的失败者，温柔地抱着他们、抚摸他们、安慰他们。有时候他们也会手臂环绕肩膀离开。这能让他们平静下来，而且他们的尖叫声会戛然而止，速度之快令人惊讶。当我们观察到这些孤儿有适度的同理心时，我们惊讶地发现真正的同理心冠军是出生在这个圈养地的6只小倭黑猩猩。这6只由自己的亲生母亲抚养长大。事实证明，这种环境下成长的倭黑猩猩更倾向于在别人痛苦或绝望时安慰别人。如果以他们的行为作为标准，我们得出的结论就是，成为一个孤儿严重地损害了他们的同理心。[185]

众所周知，为了展示同理心，孩子需要能够控制自己的痛苦。如果一个小孩看到、听到另一个小孩哭，那她自己也会变得痛苦不堪，结果就是两个小孩都哭了。然而，第二个小孩并不像第一个小孩那般痛苦，而且随时能从痛苦中抽离。这让她能时刻注意到第一个小孩，并随时做好准备去安慰。无法控制自己情绪的孩子很快就会不知所措，也不善于关心他人。[186]在倭黑猩猩身上，情况可能也是如此。孤儿并不能很好地调节自己的情绪，而从小由母亲抚养的倭黑猩猩在这方面表现得就很好。他们已经学会了如何调节情绪波动。赞娜用各种不同的方法测试这一想法，比如观察个体如何处理自己的痛苦。她发现，孤儿从一种情绪状态转换到另一种情绪状态速度要更缓慢，而且他们的不安会持续更长的时间。那些被别人拒绝或咬了之后不停尖叫的人，就是那些很少去安慰别人的人。就好像一个人在做好准备安慰别人之前，首先要调整好自己的情绪。孤儿们的情绪缺陷是完全可以理解的，因为他们在人类手上经历过难以想象的虐待，在他们年幼之时，母亲死于猎人的陷阱或子弹，偷猎者可能把他们锁在树上好几个月了。值得注意的是，他们对自己的倭黑猩猩同伴表现出了同情。

这项研究告诉我，我们不仅需要研究动物的情绪，还需要探究动物是如何控制自己的情绪的。这可能是不同物种之间或不同个体之间的关键区别，决定着他们的个性。自律是一个丰富的话题，也适用于人类孤儿，就像1989年尼古拉·齐奥塞斯库被推翻后人们在罗马发现的孤儿。那些孩子的生活条件着实震惊了全世界。一位英国记者特莎·邓洛普这样描述她的访问："当我第一次走进位于锡雷特河（欧洲东南部河流）的灰色大楼时，我当下的本能反应是径直走出去。半身赤裸的孩子们从四面八方蹦蹦跳跳跑过来，抓着我的衣服，一股浓烈的尿味和汗味扑面而来。"[187]这些孤儿在没有爱和感情的环境中长大，他们的监护人虐待他们，煽动暴力，比如让年龄稍大的孩子打年龄小的孩子。我们从大脑的研究中了解到，从制度上来说，受过虐待的孩子们的杏仁核（大脑中涉及情绪处理的区域）会变大，会变得过度活跃，而且他们会过度关注负面情绪。他们很容易受到惊吓。他们的情绪调节和精神健康受到永久性伤害，这就是为什么罗马尼亚孤儿院被称为"灵魂屠宰场"的原因。

许多隔离饲养的动物也有类似的表现，比如，在乳制品行业有一种可怕的做法，即一出生就把小牛犊和母亲分开。这给奶牛和他们的幼崽带来了严重的情绪困扰。研究人员将这些隔离饲养的奶牛和从小与母亲一起生活的奶牛进行了比较，结果发现，前者在社交活动中更不活跃、更不自如，也更容易感到压力。他们的情绪评估一团糟，而且很快就失去平衡了。[188]我们对这些过程知之甚少，部分原因是长久以来对动物情绪这一话题的禁忌，也有部分原因是人们普遍认为动物不过是不能控制情绪的家伙。然而，对于奶牛、倭黑猩猩和许多其他物种来说，情商绝对是至关重要的。情商之船不仅漂流在感情之河中，而且还有舵和桨来助它航行。在没有爱和依恋的环境下成长，这些工具会消失，这就是孤儿很难达到情感平衡的原因。

第 7 章　　感知能力
　　　　　动物的感受是什么

07

当然，当时我的感受犹如一只猿猴的感受，

现在我只能用人类的语言来表达，

因此我曲解了它。

——弗朗茨·卡夫卡（1917）[189]

当人们问我，大象是否是有意识的生物时，我有时候会反驳说："你告诉我什么是意识，我就告诉你大象是否有意识。"这样的反问常常让他们哑口无言。没有人知道我们到底在说什么。

然而，不论对于提问者还是大象来说，我的回答都是不公平的，甚至还有点刻薄。因为，事实上，我确实承认这些笨拙的庞然大物有意识。当我的团队在研究亚洲象时，我们是第一个发现大象在镜子里认出自己的，这通常被认为是自我意识的表现。[190]我们还测试了他们的合作能力，比如他们有多清楚为完成一项任务需要共同合作这一事实。实践证明，在这方面，大象和猿类表现得一样出色，而且优于大多数其他动物。他们的一切做法都给我留下了深思熟虑和足够聪明的印象。例如，在泰国或印度的村庄，人们会给小象脖子上挂上铃铛，这样就能知道他们的行踪（主要是防止他们出现在后花园或厨房，给村民们一个大大的"惊喜"），小象有时候会把草塞进铃铛里，以防止其发出声音。这样，即使他们四处走动也不会发出声音。大象的解决方案表明他们具有非凡的想象力，因为肯定没有人告诉他们该怎么做，小草也不会自己跑到铃铛里，让他们发现其掩盖声音的功效。要想出聪明的解决方法，我们人类需要有意识地在大脑中把因果联系在一起。如果我们人类的工作方式也是这样的，那为什么大象在没有意识的情况下会有解决问题的捷径呢？

在一次研讨会上，一位著名的哲学家说，他要解释人类的意识，他声称人类意识是大量神经元的逻辑结果，当时我第一时间想到了大象。他继续解释道，神经元之间的联系越多，我们的意识就会越强。他甚至还播放了一段树突生长的视频，看到这个我很惊讶，但视频本身对我理解意识是如何产生的没有任何帮助。他最匪夷所思的结论是，与其他物种的意识相比，人类的意识超出了正常范围。他以一种自然的口吻说："我们是迄今为止最清醒的。"我不明白他是怎么从自己的理论中得出这些的，因为我们人类并不是唯一拥有大量神经元和突触的物种。对于大脑比我们大的动物，比如与我们人类1.4千克的大脑相比，拥有8千克大脑的抹香鲸，我们该怎么办呢？

但是，好吧，我想人类拥有更多的神经元，所以或许他的理论是能站得住脚的。人们总是想当然地认为我们的大脑拥有最多的神经元。然而，当我们开始着手计算神经元时，情况悄然发生了改变。现在我们发现，拥有4千克大脑的大象，其神经元数量是人类大脑的3倍。[191]这一发现引起很多困惑。我们需要重写人类意识的故事吗？究竟有什么证据表明我们人类比大象更有意识呢？原因仅仅是大象不说话吗？或者是因为他们的大部分神经元位于大脑中与更高级的功能无关的部分？后者似乎是一个很好的论点，只是我们不知道大脑的每个部分是如何影响意识的。我们确定这些3吨重、仅身体躯干就有4万块肌肉（还没把阴茎考虑在内），这些每走一步都需要进行计算的（想想那些在象妈妈和象阿姨的腿之间小心翼翼行走的象宝宝），这些与世界上任何一个物种相比嗅觉都更灵敏的庞然大物，他们不应该比我们更了解自己的体形和所处的环境吗？身体是复杂的，它的运动部位、感觉输入无疑都是意识的开端。在这方面，大象首屈一指。

　　并不是所有的哲学家都认同意识需要一个巨大的大脑作为载体这个观点。随着动物研究和人类动物学（研究人与动物的相互作用）的兴起，很多思想开放的哲学家以一种更深入的方式来思考动物的感知能力。他们认识到，即使我们可能永远不知道动物是什么感受，我们还是能确定这种动物的感受。[192] 如果对意识是

一只大象通过用鼻子缠住情绪低落的同伴的身体，同时发出隆隆声来安慰他。大象极具同理心，是感性动物，但他们的感受如何至今没有科学的解释。感觉和意识依赖大脑中神经元的数量，这一点长久以来都备受争议。最近的研究表明大象神经元的数量是人类的三倍，颠覆了先见。

什么没有一个清楚的认识,我们如何排除这种可能性呢?任何试图通过告诉你有很多不同种类的意识(自我意识,存在意识,身体意识,反映意识,等等)来解决这个问题的人,都是试图在一个已经够模糊的概念上加上更模糊的、有分歧的概念来使问题复杂化。

因此,带着一些恐惧,我涉入了动物感觉和意识的泥潭。

肉和感觉

有关动物意识争论的背后,隐藏着一个许多科学家都不愿提及的问题。这正是人类对动物的所作所为。不可否认,我们没有善待动物,至少没有善待大多数动物。通过简单地假设动物是没有感觉和意识的愚蠢机器人就更容易接受这些了,长久以来科学就是这么做的。如果动物像石头一样,我们就能把他们扔成一堆,然后踩在他们身上。然而,动物不是石头,我们面临着严重的道德困扰。在这个工厂化养殖的时代,动物的感知能力就像房间里的大象。农业是大数据的来源。有成千上万的动物在动物园,有数百万的动物在实验室,有数百万的动物在人类家庭里,但在农业领域却有几十亿。地球上所有的陆地脊椎动物中,野生动物只占3%,人类占1/4,牲畜占将近3/4!

在旧式的农场里,动物有自己的名字,他们生活在牧场中,有牧场可吃草,有泥浆可打滚,有沙子可沙浴。那时的生活远没有田园牧歌那般美好,但比现在要好得多,现在我们把小牛和猪仔关在狭窄的不锈钢笼子里,把成千上万只小鸡塞进没有阳光照射的鸡舍里,甚至不让奶牛去外面吃草。相反,我们让动物吃喝拉撒都在那样狭小的空间里。由于这些动物大部分都被安置在人们看不见的地方，人们很少能看到他们悲惨的生活环境。我们所看到的都是没有头、没有脚或没有尾巴的肉。这样，我们就不需要在包装之前考虑肉的生存现状了。这里，我都没有谈论到我们与动物可食用部分的关系，仅仅提到了与动物被处理部分的关系。后者是我真正关心的。我是个生物学家，从不质疑生命的自然循环。每种动物都在捕食与被捕食中扮演着自己的角色。传统上，我们都参与了等式的两端。我们的祖先是一个由食肉动物、食草动物和杂食动物组成的庞大生态系统的一部分，既通过捕食其他生物而依赖它，又通过为捕食者提供食物而服务于它。即使现在我们很少成为猎物，但仍然被成群的生物吞食我们腐烂的尸体。从尘土中来，到尘土中去。

我们最亲近的灵长类亲戚会在森林里捕捉猴子和小羚羊，这既需要他们之间高水准的合作，又需要他们有勇有谋。他们会津津有味地享用猎物，并发出高兴的咕噜声。他们还会花上数小时，用树枝来钓蚂蚁或白蚁。有些黑猩猩种群食用大量的动物蛋白（在一片森林里，他们几乎消灭了红疣猴），而其他种群会依靠较少的蛋白生存。[193]我们还知道，雄性黑猩猩通过以肉换性，从而提高交配成功的概率。人类也非常珍惜肉类，一有机会就会吃掉它。我们可能没有食肉动物特有的尖牙和利爪，但我们有漫长的饮食进化历史，即从水果、蔬菜、坚果中摄取能量，以及从脊椎动物、昆虫、软体动物、鸡蛋等中摄取蛋白质。而且不仅仅是摄取：根据最新的人类学研究，世界范围内73％的狩猎者，超过一半以动物为食生存。[194]这种杂食的背景反映在我们多功能的牙齿、相对较短的肠道和多功能的大脑上。

但还有更多原因，比如这种背景塑造了社会进化的方式。捕食大型猎物需要团队协作，而采集小而分散的水果大多数时候是独立行动。一个人不能带一只长颈鹿或猛犸象回家。我们的祖先通过猎杀比自己块头更大的动物来与猿类区别开来，这需要一种混合的、相互依赖的关系，而这正是社会复杂的根源。我们把自己的合作天性、分享食物的倾向、公平感甚至道德都归功于祖先的狩猎活动。此外，由于食肉动物的平均脑容量要比食草动物的大，而且大脑的生长和运作都需要消耗大量能量，伴随着有效食物加工的动物蛋白消耗（比如烹饪）被认为是我们祖先神经扩张背后的驱动力。[195]大脑的生长需要热量、脂肪、蛋白质和维生素 B_{12} 的最佳组合。没有肉，我们可能成就不了今天的智力强国。

这并不意味着我们需要继续原来的饮食方式，甚至一点肉都不吃。动物蛋白可能被高估了。我们生活在不同的时代，有着不同的可能性，我们在工作中也有别的选择。例如，人造肉和植物性肉类中都可以找到我们需要的所有维生素。这些都是很有前景的选择，因为即使我对食肉本身没有任何问题，但我们对待动物的方式还是有很多问题。一旦我们看到这些动物是如何被饲养、运输和屠杀的，这一问题就显而易见了。动物们生活的环境通常是不体面的，有时甚至是很残酷的。作为回应，许多发达国家的年轻人正在尝试无肉饮食，尽管这一做法仍然充满挑战性。2014年，美国人道研究委员会的一项研究发现，每七个自称素食主义的人中，只有一个能坚持吃素超过一年。不过，我很佩服他们的努力，并通过将所有哺乳动物肉类从厨房剔除出去这种不完美和不教条的方式加入了他们。包括弹性主义（半素食主义，偶尔吃肉）和减少饮食（减少肉类消费）在内的这些趋势，发展势头都很好。有一项以植物为基础的食品革命正在进行中，此举意在迫使肉类制造商改变他们的生产方式。如果人类能减少一半的肉类消费，同时大幅改善食用动物的生活环境，那将是一个壮举。或许我们还能更进一步，通过在培养皿里的中枢神经系统中分离出肉，来逐步淘汰真正的动物。我认为追求这样的目标是一种道德上的要求，但最好是诚实地面对我们来自哪里，而不是编造一个这些天经常听到的"我们注定要成为素食主义者"这样的童话故事。我们从来都不是素食主义者。

由于这些争论不断上演，"感知能力"已经成为一个流行词汇，也成了一个标签。为什么人类应该尊重所有形式的生命，除了紧迫的生态学考虑之外，有三个原因。第一是所有生物都有与生俱来的尊严；第二是每种生命都渴望生存下去；第三是生物具有感知力，能感受痛苦。这些原因与所有生物相关，无论他们是动物、植物或是其他。容我一一道来。

我们人类可能会也可能不会分配给一种特定有机体尊严，这意味着尊严取决于我们。或许不应该是这样，但这就是我们的运作方式。我可能不会给卧室里的蚊子或花园里的杂草赋予任何尊严，但我意识到这些都是自私的选择。我更尊重一只光彩照人的蝴蝶或者一株苗壮成长的玫瑰。显然，我们赋予尊严的方式是主观的。唯一客观的标准可能是生物体的智力和年龄。我们通常认为脑容量大的动物要比脑容量小的动物更高级，尽管这也可能是人类的偏见，因为我们自己的脑容量较大。对于哺乳动物，我们同样持有偏见。我们认为海豚比鳄鱼高级，猴子比鲨鱼高级。不过，对于这些偏见，我一贯持怀疑态度，因为它们和缺乏科学依据的旧自然尺度太吻合了。至于年龄，我们羡慕长寿。我在佐治亚州的家附近有很多棵白橡树，有些已经200多岁了。我对这些高大的树报以极大的尊重，就像我对处于某一特定年龄的所有生物（比如一只年长的大象、乌龟或龙虾）的尊重一样。欧洲一些城镇的城市广场中心位置有千年菩提树，通常被称为林登广场。任何尊重大自然的人都不会轻易考虑移除这样一棵美丽的树。因为那样做就像用推土机铲平一座大教堂一样。

在尊重地球上的生命的三点原因中，继续活下去是最容易理解的一个，因为所有的生物都想继续活下去。所有形式的生命都尽其所能不被饥饿的敌人吃掉，并力求获取足够的能量来维持生存和繁衍。他们可能不会有意去这样做，但执着于生命是活着的一部分，无一例外。在单细胞生物中已经观察到了这些，它们会迅速地游离有毒物质。植物中也可以看见这些，它们会互相交流外部威胁，比如食草牛或咀嚼昆虫。植物通过释放有毒的化学物质来击退敌人，并通过空气或根系释放的化学物质来警告彼此。生物体的生存利益经常发生冲突，因此，一个生物体在不侵犯另一个生物体的利益下是无法生存的。所有动物都是如此，因为它们缺乏将阳光转化为能量的能力。结果，动物需要摄取有机物质来获得生存所需的能量。所有动物都会杀死其他动物，或将它们打残废。即使最有机的菜农也不自觉地侵犯其他生命形式的利益，他们会占用野生动物的栖息地，用天然杀虫剂消灭害虫，牺牲植物供人类消费。作为自然结构的一部分，我们不断地权衡自己和其他生物的利益，通常我们会将自己的利益最大化。

感知能力问题是这三个问题中最复杂的一个。感知能力被定义为体验、感觉和感知的能力。从最广义的角度讲，每种生物都有感知能力这一特征，比如真核细胞会在其细胞壁中努力寻求稳定的化学平衡。寻求体内平衡需要细胞感知其体内氧气、二氧化碳、pH值等的平衡，并"知道"要采取什么动作（如渗透）才能恢复平衡。美国微生物学家詹姆斯·夏皮罗甚至宣称："活细胞和有机体是认知（有知觉的）实体，它们的行为和互动是有目的的，以确保它们能正常生存、生长和繁殖。"[196] 类似的，神经科学家达马西奥在《感受发生的一切》中提到了细胞，这本书是描写内心体验的：

需要一些类似于感知能力的东西以感受不平衡；需要一些类似于含蓄记忆的东西，以动作处理的方式来掌握它的技术诀窍；需要一些技术性的东西来进行先发制人的或纠正的行动。如果这一切对你来说听起来都像是对我们大脑重要功能的描述，那么你是对的。然而，事实是，我不是在说大脑，因为在小细胞内部没有神经系统。[197]

这种感知的广泛意义同样适用于植物。尽管植物的移动极为缓慢，这使得它们的"行为"很难被察觉，它们能感知所处环境（光、雨、噪声）的变化，并采取措施对抗那些它们生存中遇到的潜在威胁。例如，阿拉伯芥（一种与西兰花有关的小型开花植物）通过在叶子中产生有毒的芥菜油来保护自己免受昆虫的伤害，这种植物在科学家们播放咀嚼的毛毛虫振动的声音时比播放鸟叫声产生更多的芥菜油。[198]植物的"行为"相当复杂，比如向日葵的趋日性，它们会追踪太阳在空中的运动轨迹，然而晚上又回到东方，即次日太阳升起的方向。不过，我给"行为"加了引号，因为它主要归结为化学物质的释放和定向生长，即使有些植物反应更快，比如食肉植物捕蝇草，它会在昆虫太多时闭合叶子；或者含羞草，当它受到外力触碰时，它的叶子会立即闭合。这与哺乳动物的意识丧失有异曲同工之妙，这些植物丧失了它们的触觉敏感度和机动性，就像医院里病人对麻醉剂的反应一样。[199]

科学只触及了植物复杂防御系统的冰山一角，就像有时候植物的警报信号与互相支持系统都毫无疑问地表明它们"不喜欢被吃掉"一样。然而，如果声称植物在受到攻击时释放气体，就会发出"痛苦的叫声"，那就太夸张了。说植物为了积极抵抗威胁和为生存而努力没有问题，但说植物感到痛苦就需要设身处地地感受它们的处境了。尽管植物内部有类似动物神经系统的电子通道，但没人知道这些通道是否会诱发主观状态，特别是因为没有大脑来记录和思考主观状态。对大多数科学家来说，没有大脑的意识是不存在的。这就是我们在研究植物感知标签时遇到的瓶颈。植物可能会对所处环境做出反应，并维持体液、营养和化学物质的内部平衡，但它们完全有可能是在没有任何感受的情况下这样做的。对环境变化的反应与体验环境是不一样的。

狭义的感觉预示着主观的感觉状态，比如痛苦和快乐。如果我们怀疑植物有任何感觉，并否认他们的这种感觉，我们也应该同样怀疑没有中枢神经系统的动物。例如，我们不知道牡蛎和贻贝是否会经历内部状态，因为它们只有少量的神经束和神经中枢

（神经丛），没有大脑。就像植物，它们没有（牡蛎）或只有有限（贻贝）的方法来避开痛苦的处境。除了闭合起来，牡蛎和贻贝也没有其他行为器官，我们无法知道它们是否有疼痛的感觉。因此，我不愿赋予双壳类动物狭义上的感知能力。但不论我们的意见是什么，我们都应该前后一致，无论是对于植物还是双壳类动物，在否认两者具有感觉的同时，我们也应该否认其他没有大脑的生物的感觉，比如真菌（一个非常有趣的群体，既不是植物也不是动物）、微生物、海绵、水母等。这些有机体都属于不同的分类学王国，这无关紧要，因为所有的有机体都建立在相同的原则之上。同时，这也让我们回忆起科学在低估动物方面的漫长历史。在这一点上，不能保证我们不会同样低估植物。

当我们研究有大脑的物种时，感知能力便更有可能了。每个人都欣然相信大象、猿类、狗、猫和鸟有感知能力，但我们还应该考虑脑容量小的物种是否也具有同样的感知能力。在贝尔法斯特女王大学巴里·马吉和罗伯特·埃尔伍德的实验室里，专门提供给螃蟹黑暗的藏身之处让他们躲避刺眼的强光。然而，只要他们进入这些藏身之处，就会受到电击。螃蟹很快就学会了避开这些特殊的地点。这超出了一种类似于反射的厌恶——就像植物通过化学方式阻止昆虫捕食一样——因为这让螃蟹回想起了当时被电击的情景。如果不是为了避开痛苦的经历，他们为什么要改变自己的行为呢？他们一定切实感受到了痛苦。这个问题更为复杂，因为有研究人员发现，寄居蟹会根据外壳的状态而调整行为：如果外壳状态较差，他们就很容易受外界刺激而逃离；如果外壳状态良好，更高水平的电击才会让他们逃走。看起来，寄居蟹会在糟糕的经历与舒适的寓所之间权衡利弊。[200]

就像这些试验暗示的那样，如果节肢动物能感受到疼痛，我们应该把他们看作是有知觉的、有主观感受的。这包括我们活煮的龙虾，以及我们花费数万亿美元消灭的昆虫。至于这些状态跟我们或其他哺乳动物的状态是否类似，并不重要。真正重要的是，那些动物的感觉和记忆。进一步引申，我建议，除非我们找到相反的证据，否则我们应该将这一规则应用到所有有中枢神经系统的动物身上。因此，当我得知加利福尼亚索尔克研究所正在制造人－猪嵌合体（两个物种的细胞混合）的科学家们想要阻止这些人造有机体"变得有知觉"时。我感到困惑不已。他们想要阻止人类细胞进入宿主大脑，以防止嵌合体具有人类的思维。[201]这些科学家不仅高估了一些失控的人类细胞的完成能力，而且忽视了猪本身已经具备的丰富的感知能力。

克利西波斯的狗

据说，公元前200多年前的希腊哲学家克利西波斯曾讲述过一只猎犬在三条道路交会的情况下是如何顺利到达指定地点的。这只猎犬先嗅了嗅那两条路，都没有猎物经过的气味，接着，没有任何犹豫和进一步的嗅探，他选择了第三条路。根据这位哲学家的说法，这只狗已经得出了一个合乎逻辑的结论。狗狗推断，如果猎物没有走那两条路，那他们一定走了第三条路。甚至英国的詹姆斯一世（伟大的思想家）也运用了克利西波斯关于狗的论断，即狗在没有语言的情况下进行推理的可能性。

最近的研究表明，在一个迷宫中面对岔路口时，动物常常会在继续前进之前犹豫几秒钟，老鼠需要好好计划他们接下来该怎么走。我们知道啮齿类动物会在自己的海马体中重复之前的动作序列，因此，一只犹豫不决的老鼠很有可能是在比较记忆中的旧路线和想象中未来的新路线。为了做到这一点，他需要能够区分经验行为和预期行为之间的不同，这需要一种原始的自我意识。至少，有时候科学家们就是这么假设的。我发现这很有趣，因为我们这里所做的是一个思想试验，我们人类说为了完成某项特定任务，需要一种自我意识，随后证明其他生物也有自我意识。这通常是一个令人满意的推断，尽管也不是全无风险，因为它取决于一个问题只有一种解决方法这一假设。[202]

克利西波斯的狗就是一个很好的例子，因为他似乎向人们展示了推理能力。对我来说，主要的问题不在于狗如何在没有语言的情况下做到这些（这一点我认为很好想象），而在于这是否意味着意识。幸运的是，我们现在针对这种推理有一些测试。例如，美国心理学家大卫和安普·雷马克在他们的黑猩猩莎拉面前放了两个盒子，一个盒子里放了一个苹果，另一个盒子里放了一根香蕉。几分钟后，莎拉就会看到其中一位试验者大口咀嚼苹果或者香蕉。随后，试验者离开房间，莎拉有机会检查盒子。她面临的是一个有趣的窘境，因为她没看到试验者是如何得到水果的。她不能确定试验者的水果是否来自两个盒子中的一个。然而，可以确定的是，莎拉会从试验者没吃过的那个盒子里取出水果。莎拉在没搞清楚真相的第一次试验中就这样做了，这意味着她一定已经得出了这样的结论，即试验者已经从第一个盒子里拿走水果，而第二个盒子里仍然有水果。雷马克指出大多数动物并不会做出这样的假设：他们只是看到试验者吃了水果，仅此而已。相反，黑猩猩总是试着弄清楚事件发生的先后顺序，寻找逻辑，填补空白。[203]

在另一项试验中，试验者在猿类面前摆了两个有盖的杯子，他们事先已经知道只有一个杯子里有葡萄。将两个杯子带盖摇晃，猿猴们会选择里面有葡萄撞击声的那个杯子。这是意料之中的。但随后难度就加大了。试验者会摇晃空杯子，当然不发出任何声音。根据排除法，猿猴会选择另一个杯子。听不到声音，他们就猜想葡萄一定在那里。[204]这与那只狗狗的情况非常类似，他在前两条路上没有闻到猎物的气味后，就坚定地选择了第三条路。

在布尔格尔斯动物园，当我们向黑猩猩展示一个装满葡萄柚的箱子时，我亲眼看到这样的因果推理。圈养地是室内的，黑猩猩们似乎有足够的兴趣看着我们把箱子抬出门，搬到他们生活的小岛上。每当我们带着一个空的箱子回来，黑猩猩群就会爆发出一阵混乱的叫声。只要他们看到里面的水果没了，25只黑猩猩就像过节一般大喊大叫。就像孩子们在等待复活节彩蛋一样，他们也一定推测过葡萄柚不会消失。他们知道水果一定会在小岛上，那座他们白天都会待在那里的小岛上。

尽管动物的意识很难研究，但通过探究推理的例子（比如前面所述的例子），以及我们人类无法在无意识中表现出来的例子，我们离真相越来越近。例如，在无意识地思考所有我们需要的东西之前，我们无法为一个派对做计划。当动物为未来做计划时，情况肯定也是一样的。最新的神经科学研究表明，意识是一种适应能力，它让我们既能畅想未来，又能将过去事件的点点滴滴串联起来。据说我们的大脑中有一个"工作空间"，在那里我们会有意识地储存一个事件，直到另一个事件出现将它挤掉。[205] 以老鼠的味觉厌恶为例。众所周知，老鼠会特意避开特定的有毒食物，即使他们在几小时之后才会感到恶心。简单的联想不能解释这些。[206] 会不会是老鼠有意识地回顾过去经历的种种，仔细回想遇到的每一种食物，从而决定哪一种是最有可能让他们患病的呢？我们自己在食物中毒之后当然会这样做，而且仅仅是想到某一特定的食物或餐厅，我们就会感到一阵恶心，因为这些食物或餐厅会对我们的消化系统造成冲击。

鉴于越来越多的证据指向情景记忆，说老鼠可能有一个供自己回顾记忆的精神空间也没那么牵强。这种记忆不仅仅是关于过去发生事件的影响，就像用一块饼干来训练小狗执行"坐下"这个命令的回应一样。隔一段时间（即使是几分钟）后，对狗狗进行奖励都不行：必须马上奖励他。这就是联想学习的原理。相反，情景记忆是一种回想特定事件的能力，有时是回想很长时间以前的事情，比如，我们的结婚纪念日。我们记得我们当时的着装，那天的天气，谁和谁跳舞了，哪个叔叔又喝趴在桌子底下了。这种精准的记忆需要意识，就像马塞尔·普鲁斯特（法国作家）在《追忆似水年华》一书中所写的那样，一小块茶味玛德琳蛋糕都能让他想起童年的味道。这些记忆多彩又鲜活，唤起了我们内心深处的种种记忆。

当野生黑猩猩为觅食而每天寻访很多果树时，情景记忆就起作用了。森林里有太多果树了，不能随便采摘。在象牙海岸的塔德国家公园工作的时候，荷兰灵长类动物学家凯瑟琳·扬马特发现猿猴可以完美地记得之前的餐食。他们主要检查几年前他们采摘过的树。如果碰巧发现一棵结满成熟水果的果树，他们会心满意足且贪婪地吃着树上的水果，而且几天后他们一定会返回来。扬马特描述了这些黑猩猩们是如何在通往这些树的路上建造他们的夜间巢穴的，并在黎明之前起床，要不是有遇到美洲豹的危险，他们通常是不愿意这么做的。尽管内心的恐惧根深蒂固，猿类还是会长途跋涉到那棵他们刚刚吃到过果实的无花果树下。他们的目标是打败无花果的其他捕食者，即松鼠或犀鸟。值得注意的是，黑猩猩比住在附近的同伴起得更早，这样他们就能同时到达。这表明旅程时间的计算是基于预期距离的。所有这一切都让扬马特相信黑猩猩会积极回忆之前的经历，以便为一顿丰盛的早餐做准备。[207]

在一项经典试验中，剑桥大学的尼基·克莱顿测试西方灌丛鸦（一种鸦科动物）的囤积倾向，观察他们对储藏食物的记忆。研究人员给这些灌丛鸦提供不同的食物供他们储藏，一些是易腐烂的（蜡蠕虫），一些是耐储存的（花生）。4小时后，这些灌丛鸦会先去找蠕虫（他们最喜欢的食物），然后才找花生，但5天后他们的反应就截然不同了。他们甚至都懒得去找蠕虫了，因为那时候蠕虫已经腐烂了，变得很恶心。然而，这么长时间之后，他们还是能记得花生的确切位置。这项研究因为有几个控制显得非常巧妙，让克莱顿得出这样的结论：灌丛鸦能记得他们什么时候在什么地方放了什么东西。要做出正确的选择，灌丛鸦一定已经在大脑中仔细地梳理了一遍这些信息。[208]

我们也研究过元认知，元认知是对认识的认知。假如有人问我是否愿意回答一个关于20世纪70年代流行歌手或科幻电影的问题。我会毫不犹豫地选择前者，因为那是我最擅长的，我知道我所知道的。这些试验都是在动物（猴子、猿类、鸟、海豚、老鼠）身上开展的，表明他们也对自己所知道的东西有不同程度的自信。他们会毫不犹豫地完成某些任务，而有时他们又拿不定主意，犹豫不决。在一项研究中，我们要求一只叫纳涂阿的海豚区分高低音，他表现出相当的自信，他的游速基于区分两种音的难易程度。当它们有很明显的差别时，纳涂阿在水中全速前进，溅起的弓形浪几乎快要淹没我们的电子设备了。科学家们不得不用塑料板材把电子设备包起来。不过，如果两种音调很相似，纳涂阿就会放慢游速，摇晃着脑袋，在他需要触碰的两桨之间来来回回。最后，他会选择退出桨（要求重新测试），这意味着他很有可能知道自己不能做出正确的选择。这就是工作中的元认知，可能涉及意识，因为它要求动物判断自己的记忆和知觉的准确性。[209]

还有更多的这类研究，即使这些研究都没能直接告诉我们——以普鲁斯特赋予表现力的描述自己的方式——动物如何意识到他们自己的记忆，很难否认动物有意识地沿着时间维度行进，并绞尽脑汁寻找知识和经验这一可能性。[210]我们现在初步有一个概念，即什么意识是有利的，以及为什么涉及这种意识。这一论点可以延伸到情绪上，因为对于某些动物来说，感知能力还不够。感知能力是体验事物的一个普遍参考，它可以在完全无意识状态下完成。然而，对于所有的哺乳动物和鸟类这些有实质大脑的物种来说，我们必须增加意识这个选项，他们的大脑不仅是用来记忆和思考的，而且是用来服务情绪生活的。我怀疑那些能够有意识地探索自己经历和记忆的动物也有能力准确地意识到我们称之为情绪的身体巨变。这有可能帮助他们做出决策，意识到他们对所处环境的感受。

总之，这里我的讨论考虑了感知能力的三个层次。一个是广义上对环境和自身内部状态的勇敢，以便维持体内平衡，并维护个人的生存。这种自我保护形式的感知能力，可能是完全无意识的和自动的，是每种植物、动物和其他有机体都具有的特征。它很有可能是所有更高级的形式的基础。第二个是狭义的感知能力，它与体验快乐、痛苦和其他形式的感觉有关，已经到了能被记住的程度。这种形式的感知能力允许学习和行为的改变，在任何有大脑（不论其大小）的动物身上都是最好的假设。第三个是意识，内部状态和外部情况不仅仅被记住，而且被评估、判断和在逻辑上联系起来，就像克里西普斯的故事里的英雄所做的那样。这种有意识的感知能力既服务于感觉，又能解决问题。我们不知道它从何时何地开始，但我的猜测是，它在进化中是出现相对较早的。

进化-奇迹

2016年，我们举行了一场关于人类和动物情绪和感受的国际会议。在会议间隙，我们讨论了在埃里斯的鹅卵石街道上行走的问题，埃里斯是一座古老的西西里要塞城市，坐落在一个高2500英尺（1英尺≈0.305米）的山上，可以俯瞰地中海的全貌。我仍然记得雅克·潘克塞普，他那张善良的、忧郁的脸，摇着头，不愿向我透露动物的详细感受。"我想我知道他们的感受。"我说，"但这仍然可能只是猜测。""首先,弗朗斯。"他回答道,"有确凿的证据表明动物是有感受的。其次,一些有根据的猜测有什么问题?"他觉得我应该站出来,更明确地表达我自己的观点。我现在相信他是对的,我会试着说出他的观点,并解释他为什么会穷尽一身为之奋斗。

潘克塞普在那次会议结束一年后不幸去世,这在他一手创建的神经系统科学领域是极为重要的事件。他把人类和动物情绪放在一个统一连续体上,并且是第一个发展出涵盖所有情绪的神经科学的人。他不得不与已经建立的理论抗衡,最令人敬畏的就是由B.F.斯纳金建立的行为主义学派,根据这一学派的观点,人类情绪是无关紧要的,动物情绪是可疑的。潘克塞普因为想要研究神经科学的影响而招致排山倒海的嘲笑,因为他从未因研究获得多少资助。然而,尽管缺钱,他在让动物情绪成为一个受人尊敬的话题方面做得几乎比任何人都多,而且基于超声波发声,他研究了老鼠的快乐、玩耍和笑声,并因此名声大噪。他发现老鼠会积极地寻找挠痒痒的手指,可能是因为老鼠大脑中含有阿片类物质。然而,他的工作远远超出了这个神秘的话题,将情感置于所有脊椎动物的古老皮层下脑区域,而不是最近扩展的大脑皮层。他的代表作《情感神经科学》用学术标准来衡量是一本畅销书。他走在时代最前沿,影响了包括我和坦普尔·格兰丁在内的许多动物科学家。

这次会议上,潘克塞普与莉莎·费尔德曼·巴雷特僵持了很长时间,因为后者认为情绪是随语言和文化而变化的心理结构。情绪不是生来就有的,而是由过去的经验和对现时的即刻判断交

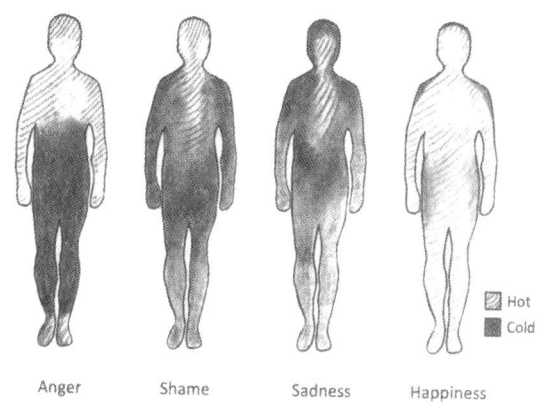

Anger　　　Shame　　　Sadness　　　Happiness

Hot
Cold

情绪对大脑和身体的影响差不多。为研究在特定的情绪中身体的哪个部位感应最大，在来自三个文化背景的人身上做实验，作出彩色剪影图（上图）。得出的一致结论是：愤怒时大脑和上半身反应最强烈，高兴时全身都反应强烈。相反，羞愧会让大脑和脸颊发热，但会让身体的其他部分冷却，而悲伤时身体的大部分部位都是麻木的（Nummenmaa et al., 2014）。

织在一起的。因此，不可能清楚地指出某种特定的情绪。[211]她认为产生（情绪）的大脑位置几乎与潘克塞普所说的皮层下的重点区域完全相反。这两位科学家都没有妥协的意思，他们不断重复着自己的观点，旁若无人。不过，我自己认为没有必要展开如此焦灼的对抗，因为一旦有人在情绪和感觉之间划出一条清晰的界线，这两个立场就都变得有意义了。潘克塞普主要谈论的是前者，费尔德曼·巴雷特主要谈论的是后者。在她（费尔德曼·巴雷特）看来，感觉和情绪是一回事，但在包括潘克塞普和我在内的众多科学家看来，感觉是感觉，情绪是情绪。情绪是可以观察和测量的，因为它们反应在身体变化和行动上。因为全世界的身体都是一样的，包括我们坠入爱河时满心欢喜，或者变得疯狂时发生在我们身上的一切，总体来说情绪是普遍的。这就是为什么我们去到一个语言不通的国度都不会感受到情感脱节的原因。另外，感觉是私人经历，感觉在不同地点、不同人身上都是不一样的。对一个人来说痛苦的事，可能会是另一个人的快乐源泉。情绪和感觉之间并没有简单的一一对应关系。每种语言都有其特定的描述主观状态的概念，不同的背景和经历产生了不同的感受和感受产生的原因。

尽管如此，身体还是与情绪有着千丝万缕的联系。当我们在描述自己的感受时，我们发自肺腑地说话，把手放在心口或胃部，握紧拳头，抱紧头，或者紧紧地抱住自己，好像我们就要崩溃了。比如，哭泣不仅仅是发出声音那么简单。我们呼吸困难，心跳不规则，隔膜像被压住了，喉咙哽咽，泪流满面。当我们哭的时候，整个身体都在哭泣。威廉·詹姆斯更进一步，他说，身体的变化与其说是一种情绪表达，不如说就是情绪本身。尽管这一话题仍然备受争议，但最近由劳里·努曼玛率领的一个芬兰团队绘制了相关身体区域图。他们要求受试者在身体区域图上标记出与特定情绪相关的区域。消化系统和喉咙暗示厌恶；上肢暗示以接近为导向的情绪，比如愤怒和高兴；胃暗示恐惧和焦虑。因为说芬兰语、瑞典语和中国台湾话的人绘制的彩色区域都相似（这三种语言毫无关系），研究人员得出的结论是，来自不同文化的人必定以相同的方式体验情绪。[212]

不过，这并不意味着排除我们讨论自己感受的多样性。有了法国的姻亲，我常常感到困惑，荷兰人总是以温和的方式表达自己的感受，试图让自己听起来冷静又理智；而法国人可能更为外放，情感丰富、热情奔放，特别是对待爱情和食物的态度更是如此。我和我太太已经结婚几十年了，尽管这些文化差异偶尔还是会引起误会、欢笑，或者二者兼得，但我们并不在意。然而，即使荷兰人和法国人在谈论情绪方面看起来像来自两个不同星球的人（这也支持了费尔德曼·巴雷特感觉是结构的观点），但当提及我们的身体、声音和面孔如何反映情绪时，文化障碍就消除了。荷兰和法国球迷输球后脸上的失望看起来一模一样。

很多困惑都要归结为语言过滤器，科学是通过它检查人类情绪的。我们在专注于用语言描述经验的同时，强调语言的细微差别，对标签的关注几乎超过了它应该捕捉到的感觉。潘克塞普自下而上的神经科学始于大脑深处，标签和语言概念几乎不相关。然而，尽管感受从来都不是潘克塞普关注的焦点，但他确信感受一直都在那里，不仅人类有，老鼠也有。感受只是情绪的一部分。最好的证据之一是动物对滥用药物的反应，某些药物让人产生高兴或愉快的状态。这些药物是如何改变人类大脑的，这一点很容易被理解。老鼠被完全相同的药物所吸引，并经历相同的大脑变化。事实上，他们对某种特定新药的反应（通过寻求或避免给药）能完美地暗示人类对这种药是喜欢还是讨厌。如果不假设人和老鼠有同样的主观经历，很难解释这些。

但当然，并不是每个人都喜欢这种暗示。用大量引文或委婉的说法暗指，或者淡化动物的感受，仍然是很常见的。一个早期的例子发生在瑞士生理学家沃尔特·赫斯1949年获得诺贝尔奖时，因为他发现通过电激猫的下丘脑可以激发他们做出攻击性反应。

一只毛绒绒的、嘶嘶叫的猫可能会拱起背，摇摆尾巴，伸出爪子，做好攻击的准备。她还会表现出高血压、瞳孔扩张和愤怒等其他迹象。然而，只要刺激消失，猫就会平静下来，恢复平常的样子。然而，赫斯只提到了"无耻之怒"，这样就掩盖了猫行为的情绪内容。退休后，他很后悔做过这些，并承认之所以使用这些逃避词汇就是为了避免激怒美国的调查人员，因为他们很难想象一种成熟的情绪可以在大脑皮层下的某个区域被触发。事实上，赫斯说，他一直觉得他的猫一定真的感到很愤怒。[213]

当赫斯或潘克塞普这样的欧洲人谈到"美国调查人员"和他们的疑虑时，他们指的是行为主义者。尽管这一思想流派具有国际影响力，但它的前景和激进的教化在北美的大学里最为敏锐。行为主义一开始就形成了一个很好的统一框架，目的就是了解释人类和动物的行为。行为主义之所以被称为行为主义，是因为它专注于可观察到的行为，以及对不可见事物（如意识、想法和感觉）的蔑视。他们说心理学需要摆脱"意识的枷锁"。[214]关于大脑内部发生了什么，需要少说或压根儿什么都不说，多说实际的行动。

然而，半个世纪之后，当认知革命到来时，这个值得称赞的议程发生了重大偏离。20世纪60年代，心理学家开始强调我们人类的心理过程，并探索意识和思维。他们批判行为主义太狭隘了，并将之丢到一边。此时，行为主义可以通过吸纳一些关键的认知概念和顺应时代潮流来更新自己，并顺应潮流。相反，它选择将我们人类和动物王国的其他物种分离开来。很明显，对他们来说，声称人类不能思考或没有自我意识很难。不过，对动物来说，这仍然是一个可以站住脚的立场。行为主义特别重视刺激反应在动物上的使用，而更少地在人类身上使用。这样做，行为主义拉开了人类和所有其他物种之间的鸿沟，而且这个鸿沟只会随着时间的推移越来越大。

结果，世界各地的心理学系就开始接纳两种观点截然不同的教员。那些从事人类行为研究的人，愉快地假设一系列复杂的心理过程，并伴随着高度的意识。所提议的能力可能真的很令人费解，比如"一个人知道另一个人知道第一个人知道一些他们不知道的事。"相反，专门研究动物的"比较心理学家"则采用了截然相反的方法。他们会刻意避免提及任何心理过程，更倾向于最简单的合理解释。不管动物的大脑是大是小，不管动物是捕食者还是猎物，是飞禽还是走兽，是冷血还是温血，动物行为都可以用经验来解释。考虑到"效果法则"的例外是不受欢迎的，那些胆敢推测与物种自然历史相关的特殊能力的科学家们可能会遭到强烈抵制。因为生物学、生态学和进化论都被排除在行为主义之外，人们不禁要问，行为主义是如何存活这么久的。

人类和动物心理学家之间不可言说的分歧，其中一类做出了令人难以置信的慷慨假设，另一类则过于吝啬，给出了詹姆斯很久之前就预见的一个问题。他强调了人类和其他动物之间的连续性：

实践证明，对连续性的要求本身具有真正的预言能力。因此，我们应该真诚地尝试每一种可能的模式，来构想意识的曙光。这样，它就不会显得像个新闯入的，一个之前不存在的东西。[215]

不幸的是，"侵入"（一种暴力的、强行进入的行为）是调和人类与动物智力冲突的唯一方法。这就是为什么我们如此频繁地听到人类在进化过程中发生巨大跳跃的原因。很明显，没有一个现代学者胆敢谈及神圣火光，更别说我们已经足够熟悉的"特殊创造"这个概念了。我们正面临无穷无尽的关于什么让人类与众不同的书籍。正如一本书的宣传所言，它们揭示了"人类辉煌的独特性——一脚坚定地扎根于与我们共同进化的生物中，另一脚扎根于宇宙中只有我们自己独有的自我意识和理解的特殊地方"。[216]每一本关于人类例外主义的书籍都有讲述我们如何变得如此幸运的小故事，这些小故事稍有不同，比如通过一个特殊的（但总是神秘的）大脑过程，文明和文化的影响，或者小变化的积累带来的巨大后果。

转变之所以是必要的，是因为科学忽视了动物的能力。很长一段时间以来，我们都对动物进行极简主义假设，相比之下，我们自己的认知能力似乎完全遥不可及。但如果动物的智力没有低到那种程度，该怎么办？这就是为什么今天的发展如此令人兴奋的原因，因为我们正在经历一场关于我们同类物种的迟来的认知革命。年轻一代的科学家已经抛弃了那么长时间以来阻碍我们前进的禁忌。我们一天一天，慢慢把其他物种都提高到一个更高的水平。互联网的通常特点就是，在进化认知过程中取得科学突破（从进化角度研究人类和动物的智力），伴随着引人注目的视频，视频里有猿猴、鸦科动物、海豚、大象等，来展示因果推理、心理理论、计划、自我意识和文化传递。这项新研究极大地提高了我们对动物智力的重视程度，以至于我们不再需要用奇迹来解释人类的思维，尽管它的基本特征已经存在很多年了。

与此同时，神经科学正在打破黑盒子来探究大脑内部，提供关于动物如何解决问题的描述，这些问题越来越少地依赖过去的学习理论。这就是为什么行为主义正在慢慢消亡，只是时不时抬起头，然后虚弱无力地试着刹住这些发展。是潘克塞普一生都在经历的那种刹车，还是刹住全速运转的车。当他抱怨阻止了人们就意识起源采取立场的"终端不可知论"时，普遍流行的"动物机器人"观点对他来说无异于是诅咒。

在西方，我们总是沉迷于机械隐喻。我们将难以理解的生物过程与机器放在一起做比较。我们的确理解机器，因为机器是我们自己设计的。我们常说心脏就像一个泵，身体就像一个机器人，大脑就像一台电脑。我们发现生物学太过模糊和混乱，无法全心全意地投入其中，于是我们试着把它变成类似于牛顿物理学的东西。最著名的是，17世纪的法国哲学家笛卡儿试着将激情融入这个观点中：

> 我希望你们能考虑到这些功能（包括激情、食欲、记忆和想象力）仅仅是由机器器官的排列而产生的，就像时钟或其他自动装置的运动一样。[217]

时钟隐喻的明显缺陷（它一出现便饱受争议）是，在生物学中，万物都是一起生长和发展的，而且都具有千丝万缕的联系。大脑更像一碗凝胶状的汤而不像一个机器，并且有着无数的联系。他们在各个层面都不可思议地融合为一体。而且，大脑是身体的一部分，从来都不应该被孤立对待。相反，人造装置是由独立部件组装而成的，除了少数预先设定的连接外，他们既不相互依赖，也不相互交谈。这些部件都是分开生产的，在表匠人的桌子上才初次见面。这些零部件被放在一起后，从来就没有类似于人类身体内部发生的那种远距离交流，关于人类身体内部的交流我们一直在发现新的案例，比如肠道消化菌群和大脑之间的联系，或者母亲和胎儿之间的心脏同步。[218]时钟的每个部件或多或少都是独立的。这就是为什么一个时钟可以被拆开，然后被重新组装成一个正常运转的整体的原因。任何生物有机体都经受不住这样粗鲁的对待。若移走身体的一个部件，比如肝脏，那整个身体估计就垮了。现在，你的"机器"就坏掉了。事实上，身体不是坏了，而是死亡了！

潘克塞普对动物最好被理解为输入－输出系统这一概念没有什么耐心，只是给予适度回应。生物有机体与机器没有任何共同之处，所有那些时钟和电脑的隐喻显然没有任何用处。相反，他对动物的内心生活表现出了真正的兴趣，像任何生物学家一样，他假设人类是连续性的。我们不能直接察觉到动物的感受，这很难构成障碍。毕竟，科学历来就有研究不可见的事物的传统。自然选择中的进化并不是直接可见的，大陆漂移或大爆炸也不是，不过所有这些理论都得到了有力的支持，以至于我们几乎将它们都看作事实。或者，以心理学的主要内容，如以心智理论为例。没有人知道它是如何工作的，不过它被认为是儿童发展的里程碑。在所有这些情况下，我们收集证据，看它是如何与我们的理论相匹配的。甚至地球是个球体这一概念也是直到1967年从外太空拍出第一张地球的彩色照片时才被证实。这就是为什么我们从不应该相信动物的感觉和意识不受科学限制这一普遍观点的原因，因为我们看不见它们。潘克塞普明智地叮嘱：

> 如果我们需要考虑其他动物中经验状态的存在，比如意识，我们必须愿意在一个理论层面上工作，在这个层面，争论由证据的权重而不是决定性的证据来评判。[219]

无鱼不哭

作为一个灵长类动物学家，我是鱼类的头号粉丝，这听起来似乎很奇怪。当我还是个孩子的时候，我会在周六骑着自行车去抓刺鱼，抓火蝾螈和各种各样的水生动物。我用来收集这些动物的瓶瓶罐罐越来越多，直到生日那天我才拥有第一个鱼缸，那是我的生日礼物。从那以后，鱼缸就一直陪着我，现在我家里还有两个大型的长满植物的淡水水箱。

我养的鱼几乎一只都没死。我养了一只大的琵琶鱼，他至少25岁了。我还养了一小群丑泥鳅，他们都至少15岁了。尽管这些泥鳅看起来有点像尼莫（那个动画电影里的明星小丑鱼），但这是他们唯一的共同点。小丑鱼生活在海洋里，而泥鳅是来自另一个家族的内陆淡水鱼。后者体形大而丰满，不过游泳却很灵活，看他们集体在水里翻滚非常有趣。他们常常成群结队一起出去玩，身体接触很多，经常挤成一道细缝。一个好水箱的秘诀就是有很多藏身之处，一旦一只小泥鳅看到他的一个朋友藏在里面，他或她

不管是在大鱼群中还是小鱼群中，鱼儿都善于交际，他们认识每一个小伙伴。小丑泥鳅是一种热带淡水鱼，常常成群结队地游泳、翻滚、闲逛。

就会加入他们，他们就会挤在一起，向外张望。通常是六只叠在一起。我说"朋友"是因为他们认识彼此。有几次当我尝试引进新的泥鳅时，我才惨痛地认识到这一点。新来者从未遭遇任何袭击（就是那种本土鱼追赶外来者的袭击），但他们却遭遇冷眼，也就是说他们从未真正融入那个圈子。

我喜欢泥鳅的社交能力以及所有其他鱼类之间的互动，这些要比大多数人认为的都复杂得多。有些伴侣相处得很好，无论去哪里，他们都肩并肩游着一起走，而其他伴侣总是拌嘴、摆架子，吃东西时很少谦让对方。他们关系这么糟，我就知道他们永远不可能繁殖后代。有些鱼会照顾他们的幼崽：许多棘鳍类热带淡水鱼就会这么做，就像我小时候养的刺鱼一样。受精后，刺鱼爸爸会吹鱼蛋以提供额外的氧气，并在孵化几天之后把鱼苗放在一起，把迷失的小鱼宝宝吸回巢中。近距离观察这些鱼儿之间的互动是水产养殖者的特权，也是为什么我从来不理解人们轻视鱼类的原因。好像鱼类不是那么重要的生命形式，不值得我们投入跟其他动物一样的精力。

关于感知能力的讨论自然而然就转向鱼是否感受到疼痛这一问题。这个主题已经存在50多年了，而且现在依然很流行。没有人会把一只怀孕的狗踢来踢去，把她的呜咽当作齿轮的嘎嘎声，就像笛卡儿所做的那样（笛卡儿对自己的狗这么做了），但人们会不会对鱼这样做还是个谜。部分原因是，当鱼在四处乱窜或逃离危险时，不一定会感受到疼痛。和许多动物一样，他们的神经元轴突上有接收器，能对外围组织损伤做出反应。这就是所谓的痛感，它是自发产生的，我们的手指在碰到一个灼热的炉子时会迅速缩回就是这种感觉，甚至在意识到疼痛前我们就会有这种感觉。疼痛感受器向大脑发射信号，指示身体摆脱或远离威胁。长久以来，人们一直认为鱼类只有这种类似于反射的疼痛系统。

这是否意味着在鱼竿上扭动的鱼什么也感觉不到呢？水产养殖业当然希望我们是这么认为的。很多研究表明，由于鱼类缺乏大脑皮层，他们对疼痛不敏感。再加上鱼类不发出求救信号，就造成了额外的困惑。因为我们人类把高分贝的声音作为疼痛的最佳指标，如果鱼类从不哭泣，那这个指标有多糟糕啊。不过，鱼类还有其他的交流方式。一个很好的例子是曾经发生在我后院中一个鱼塘的怪事，这个鱼塘里养着金鱼。

虽然我喜欢所有的野生动物，但我必须说明我没那么喜欢苍鹭。他们外形靓丽，适合捕食猎物，但他们表现得有点太好了。相比之下，金鱼与生俱来就很亮眼，这其实是极不适合生存的特征。结果，一只苍鹭可以在几小时内把鱼塘里的金鱼全部吃光。一天，看到一只苍鹭接近水边，我决定竖起一道网状屏障，让苍鹭没那么容易捕到鱼。那边苍鹭还没返回，这边一只金鱼就被部分浸在水中的网挂住了。在我松开网之前，那条鱼一定已经挣扎了很久。网把金鱼金色的鳞片刮走了，在他身上留下一块白色区域。在这之后，所有其他鱼儿都异常胆小，好几天都不出来玩捉迷藏游戏，甚至不出来觅食。他们可能已经注意到了自己同伴的痛苦挣扎，这种挣扎可能持续了几小时。但有意思的是，我第二个鱼塘里养的鱼，和第一个鱼塘是分开的，他们也被吓坏了。他们也一样待在深水处，不出来。考虑到我不相信心电感应，这一现象是毫无意义的。他们不可能直接了解那条鱼儿痛苦的挣扎。

答案就是一个世纪以前由一位德国科学家发现的Schreckstoff。德语动词"schreck"是指当我们突然被什么东西吓到时的反应。举个例子，如果一只熊突然从我的窗户进来，我会自己"schreck"到死。"Stoff"是指事件。所以，Schreckstoff是指一种物质，一种携带化学信号的物质。这些信息的发送者极有可能是被捕食者伤害或杀死了。尽管对发送者来说已经太晚了，但Schreckstoff的释放还是能通过警告所有其他鱼类来帮助他们。这给他们采取应对措施留出了足够的时间，这样，同样的悲剧就不会再次发生在他们身上了。警告信号只能让接收者受益，对发送者毫无帮助，这一点已经足够让人困惑了，但我仍然不解的是，化学物质是如何在两个鱼塘的水体之间传递的。直到我注意到两个鱼塘都共用同一个过滤清理器时，我才理解是怎么回事。

我鱼塘里受伤的金鱼花了两个月时间才恢复（他的白色区域逐渐消失）过来，而其他鱼儿一周之内就恢复正常了。他们不需要具备任何这种创伤性时间的直接知识，就可以通过这种化学警告

系统表现出正确的抵御捕食反应。但是，尽管科学现在已经知道
Schreckstoff的有效成分（一种糖状分子），这也不能解决鱼儿的感
受是怎么样的这一问题。[220]

从生理学角度讲，鱼类和哺乳动物极为相似。对于突发事件，
他们肾上腺素有反应，当感到拥挤或被骚扰时，他们的皮质醇水
平就会升高。如果一条鱼因为一个不宽容的领土主人，而整天躲
在水箱最远的角落里，他最后可能会死于压力。鱼类也有多巴胺、
血清素和异丁素。异丁素相当于催产素，它在鱼类的社会行为中
起着重要作用。因此，我们不应该对关于鱼类抑郁症的研究感到
惊讶。第一次发现这种情况，还是小斑马鱼因嗜酒而喝醉的时候。
几周狂欢之后，通过切断酒精供应迫使这些鱼类消停下来。就像
抑郁的人一样，他们对生活失去了兴趣，变得消极和孤僻。他们不
像鲌（产于东南亚的热带观赏鱼）那样习惯于在水表嬉戏，而是沉
在池塘底部，待在那里一动不动。通常，鱼儿都好奇心满满，富饶
的环境是他们生活的最佳场所，但现在他们已经厌倦了，甚至对
他们生活的池塘毫无兴趣。请注意，谈到鱼类的无聊或抑郁，并不
只是人类的联想，因为如果给这些痛苦的鱼儿服用抗抑郁剂，比
如安定（药），他们就会感到无比快活，而且会花更多的时间在鱼
塘水表玩耍。同种药物对鱼类和人类都有效，证明二者在神经学
上深刻的相似性。[221]

关于痛苦，也有类似的故事。英国渔业科学家维多利亚·布
雷斯韦特在她的著作《鱼类会感到疼痛吗》中提供了显示鱼儿智
慧和他们对于负面刺激做何反应的例子。给他们的皮肤下注射诸
如醋这种化学物质，为了摆脱瘙痒，他们会在水箱底部蹭来蹭去，

食欲不振，很容易被新奇的事物分散注意力。然而，如果给他们注射吗啡这种止痛剂，这些反应就会消失。鱼类也会尝试避免痛苦，而且不仅仅是你所期待的伤害感受系统中那种类似于反射的方式。他们记得在哪里遭受了痛苦的刺激，并极力避开那些地方。这里，我们用与同样适用于螃蟹的观点，即负面刺激必然会被记住，它们一定已经被感觉到了。基于这些研究和其他研究的结果，现在达成一致的观点是鱼类的确能感受到疼痛。[222]

对于那些问为什么得出这个结论要花这么长时间的读者来说，还有一个相似的案例可能更令人疑惑。在很长一段时间里，科学对人类婴儿的感觉都是一样的。婴儿被认为是产生"随机声音"的亚人类有机体，仅仅因为"气体"就会笑，而且感觉不到疼痛。令人难以置信的是，我们现在读到的是由严谨的科学家们通过针刺、冷水、热水以及头部约束开展的曲折试验，以证明婴儿没有任何感觉。他们的反应被认为是没有感情的条件反射。结果就是，医生经常会在不打麻药的情况下伤害婴儿（比如在皮包环切术或微创手术中）。他们只给婴儿注射肌肉松弛剂，这种药剂能很好地防止婴儿做出反抗。直到20世纪80年代，这种情况才有所改观，那时候人们发现婴儿有痛苦的表情，他们会哭，他们有成熟的疼痛反应。你可能会想，要是早发现这些该多好呀！[223]

因此，人们不仅对动物是否会感受到疼痛持怀疑态度，而且对任何不能说话的生物都持怀疑态度。好像只有明确地用语言表达出来才会引起科学的足够重视，比如"你那么做的时候，我感到一阵剧痛"。我们对语言的重视已经达到了荒谬的程度。它给了我们一个多世纪的关于无言痛苦和意识的不可知论。

透明

对动物智力和情绪的研究产生了一种自相矛盾的效果，产生了反对研究本身的争论。对于我自己的发现，有时候我也会愤怒地自我反驳。我们应该给鱼注射醋吗？我们应该让猴子接受认知任务吗？我们应该养殖海豚吗？我们应该把宠物养在家里吗？有些人认为行为研究是没必要的，因为动物当然是聪明的，有类似于人的情绪。每个人都知道这一点！恕我不能苟同。如果这是真的，我们就不会为了这些观点被人们接受而奋斗得这么艰难了。我们不要忘记，多年来动物一直被描述为没有有意义的感知能力和情绪的无声机器人。"每个人都知道"的论断并没有让这种情况有所改观。

如果人类一直与动物保持距离，而且从不与他们生活在一起，也不开发他们的能力，那我们对他们就几乎一无所知，也很可能对他们毫不关心。我们很少关心与自己无关的事。因而，我坚定地相信，许多人在家养宠物，经常去动物园或自然保护区与动物亲密接触，这对我们和近亲的关系有巨大的积极影响。对于和大自然日益疏远的市民来说，更是如此。许多人赞同迪士尼化的观点，这不符合残酷的生存现实。和动物在一起深刻地塑造着我们的认知，并说服我们去学习更多有关动物的知识，关心动物保护。看到整个学校的孩子在动物园跑来跑去填老师们发放的调查问卷，我倍感欣慰，因为我看到了他们对知识的热情和渴望。这一切都归结为一种人类倾向，进化生物学家艾德华·威尔逊将其描述为"热爱生命的本性"：我们的本能与大自然和其他动物的本能紧密联系在一起。我们与动物的密切互动历史悠久，既是为了快乐，也是为了生存，对我们或他们来说，放弃这种互动都未必是件好事。这会让动物更加被冷落。

如果我们还有原始栖息地供动物生活，情况可能就大不相同了。不幸的是，这已经不再是我们曾经生活的世界了。整个动物自由的概念都是有问题的。驯化物种一直是这种情况，其中一些物种很久之前就已经寻求与我们接触，现在依赖我们。但对野生动物来说，除了生活在离我们近的地方或者在我们庇护之下的处所外，他们别无选择。他们中的许多被迫在我们不断扩张的城市中开辟出一个生存的小天地。很多动物已经朝适应人造环境的方向进化了，比如北美的城市郊狼（我后院里养着几只），还有环颈鹦鹉（彩色的热带鸟），他们在欧洲城市里受到成千上万的人喜爱到尖叫的待遇。城市中生活的动物在适应他们新环境的同时，还改变着他们的基因库。[224] 同时，那些失去了自己原始栖息地，无法适应我们新环境的动物正深陷困境。我可以举出很多例子，但很不幸，我们最亲密的朋友猿类首当其冲。

用最直白的话说，如果你给我一个机会选择出生在婆罗洲的丛林或者世界上最好的动物园，我很有可能不会选择婆罗洲。看看那些触目惊心的照片，比如一只年幼的红毛猩猩紧紧抓住森林被烧后仅剩的一小段树枝。当无家可归的红毛猩猩试图吃农民种植的水果时，他们就被当作敌人被射死。其他动物被关进印度尼西亚拥挤的避难所里。红毛猩猩这种体形硕大的猿类需要高质量的食物，不能简单地被迁移到其他栖息地，因为大多数栖息地都退化和萎缩了。显然，红毛猩猩康复中心需要我们提供的所有支持，但我们手上还有很棘手的猿类"难民"，解救他们希望渺茫。据估计，在过去的二十年里，有10万只红毛猩猩（约占总数的一半）已经从婆罗洲消失了。其他濒危物种也面临类似的问题，比如犀牛（带着全副武装的保镖在肯尼亚大草原驰骋），山地大猩猩（野生数量不到1000只），加州秃鹰（被圈养繁殖计划从濒危中解救回来），小头鼠海豚（在科尔特斯海，这些小海豚数量不到30只），名单还在扩充。我们可以将自然栖息地理想化为野生动物唯一的归属和享受自由的地方，但没有幸存者的自由是什么呢？

至于研究中的动物，情况正在悄然改变。动物越像我们，我们就越容易将自己的道德观扩展到他们身上，这就是为什么黑猩猩第一个成为社会态度变化中受益者的原因。2000年，新西兰通过立法反对研究类人猿，而西班牙则通过决议授予这些动物合法权利。然而，这两个国家都没有开展过真正的猿类研究。结果，我忍不住对一位西班牙记者说，你们国家废除斗牛才能让我印象更深刻。只有当荷兰和日本通过类似的法律时，提高猿类地位的运动才开始产生影响，因为这两个国家将它们所推行的事情定义为非法的。随着安乐死被排除在群体数量控制之外，两国政府都需要为前实验室黑猩猩寻找家园，其中一些黑猩猩由于已经感染了疾病，需要特殊的预防和照料。2013年，美国加入了这一行列，不是通过禁止在生物医学研究中使用猿类，而是通过切断等量的资金来源。

我全力支持这项决定，尽管它限制了我自己所开展的非侵入性行为试验。我是路易斯安那州黑猩猩乐园董事会的长期会员，它是世界上最大的黑猩猩退休机构。这些猿类来自全国各地的实验室和机构，然后被释放到一个大的森林岛屿上，他们要在那里度过自己的余生。黑猩猩乐园提供了你能想象的环境最好的户外自然栖息地。考虑到当前的需求，我们正忙于建造新岛屿。

对于剩下的动物和农业产业来说，我把希望寄托在透明度上。应该由社会决定我们与动物将建立什么样的关系，以及允许我们怎样使用动物，但把动物从阴影中救出来也是绝对必要的。我们几乎不知道许多地方正在上演什么，这让我们很容易当作什么事都没发生过一样我行我素。我们需要的是有着对外开放政策的研究设施，以及有义务向外界展示他们如何饲养动物的农场。理想状态下，超市的肉类包装上都会有一个二维码，我们通过智能手机扫描一下就能出来一张照片（由一个独立的第三方机构拍摄），这样我们就能自己判断动物的生活条件。如果我们把所有的圈养动物场所像动物园一样公开，情况很快就会得到改善。公众压力和消费者偏好会让情况得到好转。

在灵长类动物研究中心工作很多年，最大的进步就是出台了一条法律，规定我们不能饲养任何灵长类动物，除非我们为他们提供社会化的住所。但还是有很多配备电池的笼子单独饲养猕猴。不管我们的研究想达到什么样的目的，我们至少应该给这些动物提供一种社交生活。诚然，这样的生活是有压力的。事实上，这样的生活充满了匪夷所思的状况和频繁爆发的冲突。但这种环境下生活的动物也有血缘联系，也会互相梳理毛发、一起玩耍。由于我一直与群居生活的灵长类动物打交道，从过往经验我知道他们是如何在一个社会环境中茁壮成长的。不管他们是争吵还是互相梳理毛发，他们注定要生活在一起。为了说明这对他们来说有多重要，让我讲述一下那天发生的事情。那天我们给黑猩猩提供了一个全新的攀爬架。我们把整个圈养地封闭了几个星期，在他们的户外区域，努力搭建了一个巨大的木架，木架用绳子缠绕，上面有远离地面、高高在上的巢，在那里，黑猩猩们就能俯瞰方圆数英里。我们对自己的设计颇为自豪，也很期待猿类的反应，我们将圈养地的黑猩猩们释放，期待他们冲向这个木架建筑，俯瞰四周，欣赏美景。然而，他们在室内被分配在不同的区域，现在他们显然有了不同的想法。

发生的第一件事就是一场不可思议的情感重聚。他们几乎没有看一眼这座新建筑，只是看着彼此，眼睛里满是兴奋和喜悦。他们互相抚摩、拥抱和亲吻失散多年的亲人和朋友，一个都不落下。对他们来说，这一重大时刻具有强烈的社会性。对那座崭新的攀爬架的视察可以等一等。它再次告诉我，无论何时，只要我们力求提供最优的住宿环境，社交生活都能打败物质条件。

研究人员反对群居的一个常见论点是，某些特定程序需要他们每天接触动物。然而，鉴于训练灵长类动物脱离他们的群体很容易，这个论点根本站不住脚。你需要做的就是呼喊他们的名字，然后打开一扇门。实际上，只要动物愿意，许多试验都可以建立在自愿的基础上。在日本的灵长类动物研究中心，户外围栏有小隔间，黑猩猩们可以随时进去，自己在电脑屏幕前工作，他们也可以在任何想离开的时间离开。数码相机会告诉研究人员他们在看什么。考虑到无线技术和微芯片的进步，研究人员可以在黑猩猩处于半自由状态时开展工作，真的不再需要频繁地接触这帮小家伙了。例如，在耶基斯野外试验站，恒河猴群居在一个大型的户外蓄栏中，每个群体的规模大约是100只。只要有一点创造力，这些条件就足以满足几乎任何种类的研究要求。理想情况下，灵长类动物的设施应该摒弃所有的小笼子和约束椅，让这些动物在享受其他同伴陪伴的同时监控他们。这不仅对猴子来说是好事，也有助于推动科学进步。据我所知，为实现这一目标，许多科学家和IT专家已经强强联合展开合作了。为迫使设备朝这一方向发展，透明度将会成为关键。灵长类动物研究中心应该向媒体和大众敞开大门，允许他们实地考察，或通过实时网络摄影机一看究竟。作为社交灵长类动物的一分子，我们大部分人通过直觉就能判断什么样的生活条件最适合猴子。

　　因此，我们讨论的话题从感知能力转移到我们应该如何照顾动物。既然科学和社会都准备放弃动物机械论的观点，那这就是一个自然而又及时的转变。只要我们持这种观点，就没有人需要担心道德问题。遗憾的是，这可能是它吸引人的部分。同时，如果动物是有感情的生物，我们有义务将他们的处境和痛苦考虑在内。这就是我们现在的处境。行为科学家迫切需要参与进来，因为我们不仅是动物的使用者（这个理由已经足够充分），还处于动物智力和情绪变化认知的前沿。我们正在推动对动物的一个新的认知，以便更好地实施所需要的改变。我们有专门的仪器来确定哪些条件对动物有益，哪些条件对动物有害。例如，我们可以给动物提供不同的生存环境以供选择，看看他们更喜欢哪种环境，比如鸡是更喜欢坚硬的地表还是柔软的泥土，或者猪是否真的喜欢泥巴。动物的幸福感是可以衡量的，有关这方面的研究也已经成为一门学科，如果我们仍然认为动物什么都感觉不到，那这一切永远都不会发生。

08

早期动物行为学家研究鱼类、鸟类和啮齿类动物，以发现行为模式是如何联系在一起的。如果它们是按顺序出现的，如呆住和逃跑、威胁和攻击，那它们很可能拥有共同的动机。那时我还是名学生，我们谈论的几乎都是这些行为，即行为系统，我们精心制作图表来展现行为系统，以阐明动物是如何给这些行为排序的。动物在每个系统内的行为之间移动，就像雄性刺鱼为了达到一个目标所表现的那样，比如雌性刺鱼会在自己窝里产卵。系统方法是优雅而客观的，但缺少的是那些潜在的动机来自哪里？是什么？我们在讨论这个问题时，总是小心翼翼地避免提及情绪。然而，回想起来，我们怀疑许多行为系统的源头看起来像恐惧、愤怒这样的内心状态。

如果我们考虑其他选择，那对情绪的闭口不提就更令人困惑了。动物的自然行为是如何形成的？他们可能有本能，比如由某种特定情况激发的一系列天生行为。或者他们可能有预先设定的简单反应，比如适合某种环境的特定行为。尽管这听起来很棘手，因为它只会导致死板的行为，但在不断变化的环境下，这将成为一场灾难。这解释了科学家为什么很少谈及本能。它们（本能）太死板了。想象一下，动物就像机器一样，对异性成员的反应都是被设定好的，有自动的性唤起、求爱、接近和马上反应。有时候这可能会奏效，但如果被关注的对象极不情愿，该怎么办呢？如果一个满心嫉妒的动物坐在旁边，又该怎么办呢？或者，想象一下，一个捕食者不偏不倚在错误的时刻突然出现。很显然，一个完全自发的反应可能会让你陷入麻烦。相反，我们需要的是，看到一个有吸引力的伴侣，就激发出一种强烈的欲望，同时对环境进行仔细评估。

欲望会促使个体为了争取最好的结果而努力奋斗。这恰恰就是情绪的作用，比如当动物与捕食者打交道时，力求保护自己的幼崽，在等级制度中努力争取更好的席位，像别的动物一样对某种食物感兴趣，等等。所有这些状况都会激发情绪，这些情绪通常也是生物有机体最关心的。然而，它们只是促进身体和心智的发育，它们不指示任何特定的行动方针。有时候呆住比逃离更有效；有时候分享食物比打架收获更多；有时候，在交配发生之前，性伴侣可能会被带去一个隐蔽的地方。情绪的存在让这种灵活性成为可能。

人工智能领域意识到了这一优势，因此，它试图让机器人变得有"灵感"。这么做部分原因是为了促进机器人与人类的交流，同时也是为了给机器人的行为提供一个逻辑架构。情绪的好处在于，它们能引导人们的注意力，让特定事件变得难忘，并为适应环境做准备。比起每种情况下对机器做出的零碎指示，它们是一种更好的构造行为方式。当科学家们设计有情感的机器人时，它们想出了有趣的术语，比如："如果当前情况没有任何问题，那机器人是开心的。如果它一直在使用自己的马达或处于正在获得新能量的过程中，那它会特别开心。"[225] 机器人情绪是一个不断发展的领域，被人们称为"情感计算"，表明为实体提供行为导向的内部状态是组织行为的最好方式，就像进化为我们所做的那样。这是我们人类的运作方式，也是大多数动物的运作方式。我们是彻头彻尾的情绪生物。[226]

对我来说，问题从来都不是动物是否有情绪，而是科学怎么可以忽视情绪如此之久。一开始并不是这样的（想想达尔文的开山之作），但最近确实是这种情况。为什么我们要背离自己的初衷，去刻意否认或嘲笑显而易见的事实呢？原因当然是，我们把情绪和感觉联系在一起了，众所周知，在我们人类中这也是一个棘手的话题。当情绪浮出水面时，才会产生感觉，这样我们才会意识到感觉的存在。意识到自己的感觉，我们才能用语言去表述它们，这样其他人才会知道我们的感觉：别人从我们脸上读到情绪，但从我们口中获悉我们的感觉。我们说我们是"高兴"的，人们相信我们，当然，除非他们亲眼看到我们实际上一点儿也不高兴。有时，一对夫妻表面上看起来很幸福，但一个月之后他们就离婚了。与他们亲近的人很可能知道离婚的内幕。如果疏远的人，可能会想，怎么就没有一点儿征兆就离婚了呢？我们非常善于区分别人口中的感觉和我们亲眼所见的他们的情绪，通常我们更相信我们所看到的。

动物可能与人类体验情绪的方式相同，这让许多执拗的科学家感到惴惴不安。这在一定程度上是因为动物从不表达自己的任何感觉，因为感觉是一种意识水平的假设，一种这些科学家不愿赋予动物的假设。但想想动物的行为与我们有多相似，有多少共同的生理反应，相同的面部表情，同样的大脑，如果他们的内部经历与我们的完全不同，难道不是很奇怪吗？语言与这一问题无关，我们大脑皮层的大小也与这一差异无关。很久之前，神经科学就摒弃了感觉出自大脑皮层的想法。感觉来自大脑深处，与我们的身体密切相关。感觉甚至有可能是情绪的一个重要组成部分，而不是一个花哨的副产品。两者可能是密不可分的。毕竟，生物有机体需要分辨哪些情绪值得追随，哪些情绪应该抑制或忽视。如果意识到自己的情绪是管理情绪的最好方法，那感觉就是情绪的一部分，不仅对我们来说是这样，对所有的生物有机体来说也是这样。

不过没关系，目前所有这些都还只是推测。从科学角度来讲，感觉显然比情绪更难理解。总有一天，我们或许能够衡量其他物种的秘密经验，但目前来说，我们不得不满足于外部可见的事物。在这方面，我们正在开始取得进展，不过我预测，情绪科学将成为动物行为研究的下一个前沿领域。当我们正如火如荼地探索各种新的认知能力时，没有情绪的认知又是什么呢？情绪赋予一切事物意义，也是认知的主要灵感，在我们人类的生活中也是如此。我们是时候坦然面对动物被情绪驱使的程度了，而不是小心翼翼地旁敲侧击。

尾注
Notes

尾注
Notes

尾注提供了简短的源代码。要获得完整的参考资料，请翻阅参考书目。

1   B. F. Skinner (1953), p. 160
2   Mama hugs Jan van Hooff: www.youtube.com/watch?v=INa-oOAexno
3   Donald O. Hebb (1946), p. 88
4   Tetsuro Matsuzawa (2011), p. 304
5   Otto Adang (1999), p. 116
6   Bruce Springsteen (2016), p. 78
7   Robert Yerkes (1941)
8   Steffen Foerster et al. (2016)
9   Barbara King (2013)
10   James Anderson et al. (2010), Dora Biro et al. (2010)
11   Inna Schneiderman et al. (2012), Dirk Scheele et al. (2012)
12   Larry Young & Brian Alexander (2012), Oliver Bosch et al. (2009)
13   Patricia McConnell (2005), p. 253
14   Geza Teleki (1973)
15   Gregory Berns et al. (2013)
16   Paul Ekman (1998), p. 373
17   Paul Ekman & Wallace Friesen (1971)
18   Irenäus Eibl-Eibesfeldt (1973)
19   Charles Darwin (1872), p. 219
20   John van Wyhe & Peter Kjærgaard (2015), p. 56
21   Charles Darwin (1872), p. 142
22   Kathryn Finlayson et al. (2016), Dale Langford et al. (2010)
23   Matthijs Schilder et al. (1984), Jen Wathan et al. (2015)
24   Juliane Kaminski et al. (2017)
25   Jan van Hooff (1972)
26   Richard Andrew (1963)
27   Michael Kraus & Teh-Way Chen (2013)

28 David McFarland (1987), p. 151

29 Anne Burrows *et al.* (2006).

30 John Lahr (2000), p. 206

31 Robert Provine (2000)

32 Marina Davila Ross, Susanne Menzler & Elke Zimmermann (2007)

33 Raoul Schwing *et al.* (2017)

34 Nadia Ladygina-Kohts (1935)

35 Marc Bekoff (1972)

36 Jessica Flack, Lisa Jeannotte & Frans de Waal (2004)

37 Richard Alexander (1986)

38 Jaak Panksepp & Jeff Burgdorf (2003), p. 535

39 Mother chimp tricks her son: www.youtube.com/watch?v=jealP0egJ9k

40 Lisa Parr *et al.* (2005)

41 Marian Breland Bailey (1986), p. 107

42 Nikolaus Troje (2002), for a video: www.biomotionlab.ca/Demos/BMLwalker.
    html

43 Frans de Waal & Jennifer Pokorny (2008)

44 The Correspondence of Charles Darwin, Volume 2: 1837-1843.

45 Blaise Pascal, *Pensées* (1669): *"Le cœur a ses raisons, que la raison ne connaît
    point."*

46 Frans de Waal (2011), p. 194

47 Daniel Vianna & Pascal Carrive (2005)

48 Lisa Parr (2001)

49 Sarah Calcutt *et al.* (2017)

50 Ulf Dimberg *et al.* (2000, 2011)

51 Simon Baron-Cohen (2005), p. 170

52 David Neal & Tanya Chartrand (2011)

53 Leo Tolstoy (1904), p. 1

54 Cat Hobaiter & Richard Byrne (2010)

55 Katy Payne (1998), p. 63

56 Susan Perry *et al.* (2003)

57 Annika Paukner *et al.* (2009)

58 Matthew Campbell & Frans de Waal (2011)

59 Ivan Norscia & Elisabetta Palagi (2011)

60 Jeffrey Mogil (2015)

61 Michael Ghiselin (1974), p. 247

62 Alan Sanfey *et al.* (2003)

63 Nadia Ladygina-Kohts (1935), p. 121
64 Carolyn Zahn-Waxler & Marian Radke-Yarrow (1990)
65 Deborah Custance & Jennifer Mayer (2012)
66 Teresa Romero, Miguel Castellanos & Frans de Waal (2010)
67 Joshua Plotnik & Frans de Waal (2014)
68 Marie Rosenkrantz Lindegaard et al. (2017)
69 Sarah Blaffer Hrdy (2009)
70 Patricia Churchland (2011)
71 Simon Baron-Cohen (2005)
72 Adam Smith (1759), p. 9
73 James Burkett et al. (2016)
74 Tony Buchanan et al. (2012)
75 Lauren Wispé (1991)
76 Konrad Lorenz (1980)
77 Sarah Brosnan & Frans de Waal (2003a)
78 Koichiro Zamma (2002), p. 11
79 Tania Singer et al. (2006)
80 Brian Hare & Suzy Kwetuenda (2010), Jinghzi Tan & Hare (2013)
81 Victoria Horner et al. (2011)
82 Shinya Yamamoto, Tatyana Humle & Masayuki Tanaka (2012)
83 Roger Fouts (1997)
84 Martin Hoffman (1981), p. 133
85 Inbal Ben-Ami Bartal, Jean Decety & Peggy Mason (2011)
86 Nobuya Sato et al. (2015)
87 Inbal Ben-Ami Bartal et al. (2016)
88 Felix Warneken & Michael Tomasello (2014)
89 Kerstin Limbrecht-Ecklundt et al. (2013)
90 Joseph LeDoux (2014)
91 Disa Sauter, Oliver Le Guen & Daniel Haun (2011)
92 Marcel Proust (1982), p. 425
93 Frans de Waal (1997a)
94 Edvard Westermarck (1908), p. 38
95 Malini Suchak & Frans de Waal (2012)
96 Frans de Waal & Lesleigh Luttrell (1988)
97 David Chester & Nathan DeWall (2017)
98 Filippo Aureli et al. (1992)
99 Julia Sliwa & Winrich Freiwald (2017)

100 Mathias Osvath & Helena Osvath (2008)

101 Otto Tinklepaugh (1928)

102 Adam Smith (1776), Chapter II, p. 14

103 Kimberley Hockings *et al.* (2007)

104 Fany Brotcorne *et al.* (2017)

105 Michael Mendl, Oliver Burman & Elizabeth Paul (2010)

106 Catherine Douglas *et al.* (2012)

107 Caitlin O'Connell (2015), p. 3

108 Jessica Tracy (2016), Tracy & David Matsumoto (2008)

109 Jessica Tracy (2016), p. 91

110 Paul Chen, Roman Carrasco & Peter Ng (2017)

111 Abraham Maslow (1936)

112 Daniel Fessler (2004)

113 Denver, the guilty dog: www.youtube.com/watch?v=B8ISzf2pryI

114 Alexandra Horowitz (2009)

115 Konrad Lorenz (1960)

116 Christopher Coe & Leonard Rosenblum (1984), p. 51

117 From *Chimpanzee Politics* (de Waal, 1982), p. 92

118 June Tangney and Ronda Dearing (2002), Petra Michl *et al.* (2014)

119 Winthrop and Luella Kellogg (1933), p. 171

120 Fausto Caruana *et al.* (2011)

121 Paul Rozin, Jonathan Haidt & Clark McCauley (2000) Joshua Tybur, Debra Lieberman & Vladas Griskevicius (2009)

122 Erica van de Waal, Christèle Borgeaud & Andrew Whiten (2013)

123 Cécile Sarabian & Andrew MacIntosh (2015), Valerie Curtis (2014)

124 Jane Goodall (1986a), p. 466

125 Jane Goodall (1986b)

126 James Anderson *et al.* (2017)

127 Andrew Ortony & Terence Turner (1990), Liah Greenfeld (2013)

128 Piera Filippi *et al.* (2017)

129 Robert Sapolsky (2017), p. 569

130 *Mother Jones*, 3 March 2016

131 Ina Fried (5 September, 2005), *CNET News*

132 Muzafer Sherif *et al.* (1954)

133 Jane Goodall (1990)

134 Toshisada Nishida (1996)

135 Jill Pruetz (2017)

136　Laurence Gesquiere *et al.* (2011)

137　Winston Churchill (1924)

138　Coren Apicella *et al.* (2012)

139　Richard Wrangham & Dale Peterson (1996), p. 63

140　Michael Wilson *et al.* (2014)

141　Takayoshi Kano (1992)

142　Jingzhi Tan, Dan Ariely & Brian Hare (2017)

143　James Rilling (2011)

144　Douglas Fry (2013)

145　John Horgan (2014)

146　Takeshi Furuichi (1997, 2011)

147　Nahoko Tokuyama & Takeshi Furuichi (2017)

148　Takeshi Furuichi (1997)

149　www.cnn.com/2016/01/12/europe/putin-merkel-scared-dog

150　Antonio Damasio (1994), p. 49-50

151　www.sacred-texts.com/chr/thomas.htm

152　Mark O'Connell (2015), Alan Jasanoff (2018)

153　Daniel Goleman (1995), Peter Salovey *et al.* (2003)

154　Pyotr Kropotkin (1902), p. 6

155　Lee Dugatkin (2011)

156　Richard Easterlin (1974)

157　Monkey fairness experiment: www.youtube.com/watch?v=meiU6TxysCg

158　Sarah Brosnan & Frans de Waal (2003b, 2014)

159　evonomics.com/scientists-discover-what-economists-never-found-humans

160　Friederike Range *et al.* (2008), Jennifer Essler *et al.* (2017)

161　Irene Pepperberg (2008), p. 153

162　Interview with Sue Savage-Rumbaugh by de Waal (1997), p. 41

163　Rachel Sherman (2017)

164　Michael Alvard (2004)

165　Darby Proctor *et al.* (2013)

166　John Rawls (1972), p. 530

167　Helmut Schoeck (1987), see also George Walsh (1992)

168　Christophe Boesch (1994)

169　Richard Wilkinson (2001)

170　Ernst Haeckel (1884), p. 238

171　Harry Frankfurt (1971)

172　Harry Frankfurt (1971), p. 17

173 Harry Frankfurt (2005), p. 63

174 Carel van Schaik *et al.* (2013)

175 Michael Beran (2002)

176 Adrienne Koepke, Suzanne Gray & Irene Pepperberg (2015)

177 Ted Evans & Michael Beran (2007)

178 Cécile Fruteau, Eric van Damme & Ronald Noë (2013)

179 Winthrop and Luella Kellogg (1933)

180 Roy Baumeister (2008), p. 16

181 Tomoko Sakai *et al.* (2012)

182 Suzana Herculano-Houzel (2009), Robert Barton & Chris Venditti (2013)

183 Jim Coan, Hillary Schaefer & Richard Davidson (2006), Pavel Goldstein *et al.* (2018)

184 Marlise Hofer *et al.* (2018)

185 Zanna Clay & Frans de Waal (2013)

186 Nim Tottenham *et al.* (2010)

187 www.bbc.com/news/magazine-22987447

188 Kathrin Wagner *et al.* (2015)

189 Franz Kafka (1917). *A Report to an Academy.* www.kafka.org

190 Joshua Plotnik, Diana Reiss & Frans de Waal (2006)

191 Suzana Herculano-Houzel *et al.* (2014)

192 Martha Nussbaum (2001), Mark Rowlands (2009), Peter Godfrey-Smith (2016), Kristin Andrews & Jacob Beck (2018)

193 Craig Stanford (2001)

194 Loren Cordain *et al.* (2000).

195 Richard Wrangham (2009), Suzana Herculano-Houzel (2016)

196 James Shapiro (2011), p. 143

197 Antonio Damasio (1999), p. 138

198 Heidi Appel & Rex Cocroft (2014)

199 Ken Yokawa *et al.* (2017)

200 Barry Magee and Robert Elwood (2013)

201 On chimera sentience: www.inverse.com/article/26995

202 Kristin Hillman & David Bilkey (2010), Thomas Hills & Stephen Butterfill (2015)

203 David Premack & Ann Premack (1994)

204 Josep Call (2004)

205 Stanislas Dehaene & Lionel Naccache (2001)

206 John Garcia *et al.* (1955)

207 Karline Janmaat *et al.* (2014)

208 Nicola Clayton & Anthony Dickinson (1998)

209 David Smith *et al.* (1995)

210 Robert Hampton (2001)

211 Lisa Feldman Barrett (2016)

212 Lauri Nummenmaa *et al.* (2014)

213 Jaak Panksepp (1998)

214 John B. Watson (1913)

215 William James (1890), p. 148

216 Promotional text on the jacket of a book by Kenneth Miller (2018)

217 René Descartes (1633), p. 108

218 Peter van Leeuwen *et al.* (2009)

219 Jaak Panksepp (2005), p. 31

220 Ajay Mathuru *et al.* (2012)

221 Julian Pittman & Angelo Piato (2017)

222 Victoria Braithwaite (2010), Lynne Sneddon (2003), Sneddon, Braithwaite & Michael Gentle (2003).

223 David Chamberlain (1991)

224 Menno Schilthuizen (2018)

225 Sandra Gadanho & John Hallam (2001), p. 50

226 Michael Arbib & Jean Marc Fellous (2004)

参考书目
Bibliography

Adang, O. (1999). *De Machtigste Chimpansee van Nederland*. Nieuwezijds, Amsterdam.

Alexander, R. D. (1986). Ostracism and indirect reciprocity: The reproductive significance of humor. *Ethology & Sociobiology* 7: 253-270.

Alvard, M. (2004). The Ultimatum Game, fairness, and cooperation among big game hunters. In: *Foundations of Human Sociality: Ethnography and Experiments from Fifteen Small-Scale Societies*, J. Henrich et al. (Ed.), pp. 413-435. Oxford University Press, London.

Anderson, J. R., *et al.* (2017). Third-party social evaluations of humans by monkeys and dogs. *Neuroscience & Biobehavioral Reviews* 82: 95-109.

Anderson, J. R., Gillies, A., & Lock, L. C. (2010). Pan thanatology. *Current Biology* 20: R349-R351.

Andrew, R. J. (1963). The origin and evolution of the calls and facial expressions of the primates. *Behaviour* 20: 1-109.

Andrews, K., & Beck, J. (2018). *The Routledge Handbook of Philosophy of Animal Minds*. Routledge, Oxford, UK.

Apicella, C. L., Marlowe, F. W., Fowler, J. H., & Christakis, N. A. (2012). Social networks and cooperation in hunter-gatherers. Nature 481: 497-501.

Appel, H. M., & Cocroft, R. B. (2014). Plants respond to leaf vibrations caused by insect herbivore chewing. *Oecologia* 175: 1257-1266.

Arbib, M. A., & Fellous, J. M. (2004). Emotions: From brain to robot. TRENDS in *Cognitive Sciences* 8: 554-561.

Aureli, F., Cozzolino, R., Cordischi, C., & Scucchi, S. (1992). Kin-oriented redirection among Japanese macaques: An expression of a revenge system? *Animal Behaviour* 44: 283-291.

Bailey, M. B. (1986). Every animal is the smartest: Intelligence and the ecological niche. In: *Animal Intelligence* (R. Hoage & L. Goldman, Eds.), pp. 105-113. Smithsonian Institution Press, Washington, DC.

Baron-Cohen, S. (2005). Autism - 'autos': Literally, a total focus on the self? In:

The Lost Self: Pathologies of the Brain and Identity (T. E. Feinberg & J. P. Keenan, Eds.), pp. 166–180. Oxford University Press, Oxford.

Barrett, L. F. (2016). Are emotions natural kinds? *Perspectives on Psychological Science* 1: 28–58.

Bartal, I. B.-A., Decety, J., & Mason, P. (2011). Empathy and pro-social behavior in rats. *Science* 334: 1427–1430.

Bartal, I. B.-A., et al. (2016). Anxiolytic treatment impairs helping behavior in rats. *Frontiers in Psychology* 7: 850.

Barton, R. A., & Venditti, C. (2013). Human frontal lobes are not relatively large. *Proceedings of the National Academy of Sciences* USA 110: 9001–9006.

Baumeister, R. F. (2008). Free will in scientific psychology. *Perspectives on Psychological Science* 3: 14–19.

Bekoff, M. (1972). The development of social interaction, play, and metacommunication in mammals: An ethological perspective. *Quarterly Review of Biology* 47: 412–434.

Beran, M. J. (2002). Maintenance of self-imposed delay of gratification by four chimpanzees (*Pan troglodytes*) and an orangutan (*Pongo pygmaeus*). Journal of *General Psychology* 129: 49–66.

Berns G. S., Brooks, A., & Spivak, M. (2013). Replicability and heterogeneity of awake unrestrained canine fMRI responses. *PLoS ONE* 8: e81698.

Biro, D., Humle, T., Koops, K., Sousa, C., Hayashi, M., & Matsuzawa, T. (2010). Chimpanzee mothers at Bossou, Guinea, carry the mummified remains of their dead infants. *Current Biology* 20: R351 - R352.

Bloom, P. (2016). *Against Empathy: The Case for Rational Compassion*. Ecco, New York.

Boesch, C. (1994). Cooperative hunting in wild chimpanzees. *Animal Behaviour* 48: 653–667.

Bosch, O. J. et al. (2009). The CRF System mediates increased passive stress-coping behavior following the loss of a bonded partner in a monogamous rodent. *Neuropsychopharmacology* 34: 1406–1415.

Braithwaite, V. (2010). *Do Fish Feel Pain?* Oxford University Press, Oxford.

Brosnan, S. F., & de Waal, F. B. M. (2003a). Regulation of vocal output by chimpanzees finding food in the presence or absence of an audience. *Evolution of Communication* 4: 211–224.

Brosnan, S. F., & de Waal, F. B. M. (2003b). Monkeys reject unequal pay. *Nature* 425: 297–299.

Brosnan, S. F., & de Waal, F. B. M. (2014). The evolution of responses to (un) fairness. *Science* 346: 314-322.

Brotcorne, F., et al. (2017). Intergroup variation in robbing and bartering by long-tailed macaques at Uluwatu Temple (Bali, Indonesia). *Primates* 58: 505-516.

Buchanan, T. W. , Bagley, S. L., Stansfield, R. B., & Preston, S. D. (2012). The empathic, physiological resonance of stress. *Social Neuroscience* 7: 191-201.

Burkett, J. *et al.* (2016). Oxytocin-dependent consolation behavior in rodents. *Science* 351: 375-378.

Burrows, A. M., Waller, B. M., Parr, L. A., & Bonar, C. J. (2006). Muscles of facial expression in the chimpanzee (*Pan troglodytes*): Descriptive, comparative and phylogenetic contexts. *Journal of Anatomy* 208: 153-167.

Calcutt, S. E., Rubin, T. L., Pokorny, J. J., & de Waal, F. B. M. (2017). Discrimination of emotional facial expressions by tufted capuchin monkeys (*Sapajus apella*). Journal *of Comparative Psychology* 131: 40-49.

Call, J. (2004). Inferences about the location of food in the great apes. *Journal of Comparative Psychology* 118: 232-241.

Campbell, M. W., & de Waal, F. B. M. (2011). Ingroup-outgroup bias in contagious yawning by chimpanzees supports link to empathy. *PloS ONE* 6, e18283.

Caruana, F., *et al.* (2011). Emotional and social behaviors elicited by electrical stimulation of the insula in the macaque monkey. *Current Biology* 21: 195-199.

Chamberlain, D. B. (1991). Babies don't feel pain: A century of denial in medicine. Lecture at the 2nd International Symposium on Circumcision, San Francisco, CA.

Chen, P. Z., Carrasco, R. L., & Ng, P. K. L. (2017). Mangrove crab uses victory display to "browbeat" losers from re-initiating a new fight. *Ethology* 123: 981-988.

Chester, D. S., & DeWall, C. N. (2017). Combating the sting of rejection with the pleasure of revenge: A new look at how emotion shapes aggression. *Journal of Personality and Social Psychology* 112: 413-430.

Churchill, W. S. (1924). Shall we commit suicide? *Nash's Pall Mall Magazine*.

Churchland, P. S. (2011). *Braintrust: What Neuroscience Tells Us about Morality*. Princeton University Press, Princeton, NJ.

Clay, Z., & de Waal, F. B. M. (2013). Development of socio-emotional competence in bonobos. *Proceedings of the National Academy of Sciences* USA 110: 18121-18126.

Clayton, N. S., & Dickinson, A. (1998). Episodic-like memory during cache recovery by scrub jays. *Nature* 395: 272-274.

Coan, J. A., Schaefer, H. S., & Davidson, R. J. (2006). Lending a hand: Social regulation of the neural response to threat. *Psychological Science* 17: 1032-1039.

Coe, C. L., & Rosenblum, L. A. (1984). Male dominance in the bonnet macaque: A malleable relationship. In: *Social Cohesion: Essays Toward a Sociophysiological Perspective* (P. R. Barchas & S. P. Mendoza, eds.), pp. 31–63. Greenwood, Westport, CT.

Cordain, L. et al. (2000). Plant-animal subsistence ratios and macronutrient energy estimations in worldwide hunter-gatherer diets. *American Journal of Clinical Nutrition* 71: 682–692.

Crick, F. (1995). *The Astonishing Hypothesis: The Scientific Search For The Soul.* Scribner, New York.

Curtis, V. A. (2014). Infection-avoidance behaviour in humans and other animals. *Trends in Immunology* 35: 457–464.

Custance, D., & Mayer, J. (2012). Empathic-like responding by domestic dogs (*Canis familiaris*) to distress in humans: an exploratory study. *Animal Cognition* 15: 851–859.

Damasio, A. R. (1994). *Descartes' Error: Emotion, Reason, and the Human Brain.* Putnam, New York.

Damasio, A. R. (1999). *The Feeling of What Happens: Body and Emotion in the Making of Cosnciousness.* Harcourt, New York.

Darwin, C. (1987). The Correspondence of Charles Darwin, Volume 2: 1837–1843, 1st Edition. (F. Burkhardt & S. Smith, Eds.). Cambridge University Press, Cambridge.

Darwin, C. (1998 [orig. 1872]). *The Expression of the Emotions in Man and Animals.* Oxford University Press, New York.

Davila Ross, M., Menzler, S., & Zimmermann, E. (2007). Rapid facial mimicry in orangutan play. *Biology Letters* 4: 27–30.

de Montaigne, M. (2003 [orig. 1580]). *The Complete Essays.* Penguin, London.

de Waal, F. B. M. (1982). *Chimpanzee Politics.* Jonathan Cape, London.

de Waal, F. B. M. (1986). The brutal elimination of a rival among captive male chimpanzees. *Ethology & Sociobiology* 7: 237–251.

de Waal, F. B. M. (1989). *Peacemaking among Primates.* Harvard University Press, Cambridge, MA.

de Waal, F. B. M. (1997 a). The chimpanzee's service economy: Food for grooming. *Evolution & Human Behavior* 18: 375–386.

de Waal, F. B. M. (1997 b). Bonobo: *The Forgotten Ape.* University of California Press, Berkeley, CA.

de Waal, F. B. M. (2007 [orig. 1982]). *Chimpanzee Politics: Power and Sex among Apes.* Johns Hopkins University Press, Baltimore, MD.

de Waal, F. B. M. (2008). Putting the altruism back into altruism: The evolution of empathy. *Annual Review of Psychology* 59: 279–300.

de Waal, F. B. M. (2011). What is an animal emotion? *The Year in Cognitive Neuroscience, Annals of the New York Academy of Sciences* 1224: 191–206.

de Waal, F. B. M. (2013). *The Bonobo and the Atheist: In Search of Humanism among the Primates*. Norton, New York.

de Waal, F. B. M. (2016). *Are We Smart Enough to Know How Smart Animals Are?* Norton, New York.

de Waal, F. B. M., & Luttrell, L. M. (1985). The formal hierarchy of rhesus monkeys: An investigation of the bared-teeth display. *American Journal of Primatology* 9: 73–85.

de Waal, F. B. M., & Luttrell, L. M. (1988). Mechanisms of social reciprocity in three primate species: Symmetrical relationship characteristics or cognition? *Ethology & Sociobiology* 9: 101–118.

de Waal, F. B. M., & Pokorny, J. (2008). Faces and behinds: Chimpanzee sex perception. *Advanced Science Letters* 1: 99–103.

Dehaene, S., & Naccache, L. (2001). Towards a cognitive neuroscience of consciousness: Basic evidence and a workspace framework. *Cognition* 79: 1–37.

Descartes, R. (2003 [orig. 1633]). *Treatise of Man*. Prometheus, Paris.

Dimberg, U., Andréasson, P., & Thunberg, M. (2011). Emotional empathy and facial reactions to facial expressions. *Journal of Psychophysiology* 25: 26–31.

Dimberg, U., Thunberg, M., & Elmehed, K. (2000). Unconscious facial reactions to emotional facial expressions. *Psychological Science* 11, 86–89.

Douglas, C., *et al.* (2012). Environmental enrichment induces optimistic cognitive biases in pigs. Applied *Animal Behaviour Science* 139: 65–73.

Dugatkin, L. A. (2011). *The Prince of Evolution: Peter Kropotkin's Adventures in Science and Politics*. CreateSpace.

Easterlin, R. (1974). Does economic growth improve the human lot? In: *Nations and Households in Economic growth: Essays in Honor of Moses Abramovitz* (Abramovitz, M., David, P., & Reder, M., Eds.), pp. 89–125. Academic Press, New York.

Eibl-Eibesfeldt, I. (1973). *Der vorprogrammierte Mensch: Das Ererbte als bestimmender Faktor im menschlichen Verhalten*. Verlag Fritz Molden, Wien.

Ekman, P. (1998). Afterword: Universality of emotional expression? A personal history of the dispute. In: *Darwin* (P. Ekman, Ed.), pp. 363–393. Oxford University Press, New York.

Ekman, P., & Friesen, W. V. (1971). Constants across cultures in the face and emotion. *Journal of Personality and Social Psychology* 17: 124–129.

Essler, J. L., Marshall-Pescini, S., & Range, F. (2017). Domestication does not explain the presence of inequity aversion in dogs. *Current Biology* 27: 1861-1865.

Evans, T. A., & Beran, M. J. (2007). Chimpanzees use self-distraction to cope with impulsivity. *Biology Letters* 3: 599-602.

Fehr, E., Bernhard, H., & Rockenbach, B. (2008). Egalitarianism in young children. *Nature* 454: 1079-1083.

Fessler, D.M.T. (2004). Shame in two cultures: Implications for evolutionary approaches. *Journal of Cognition & Culture* 4: 207-262.

Filippi, P. et al. (2017). Humans recognize emotional arousal in vocalizations across all classes of terrestrial vertebrates: Evidence for acoustic universals. *Proceedings of the Royal Society* B 284: 20170990.

Finlayson, K., Lampe, J. F., Hintze, S., Würbel, H., & Melotti, L. (2016). Facial indicators of positive emotions in rats. *PLoS ONE* 11 (11): e0166446.

Flack, J. C., Jeannotte, L. A., & de Waal, F. B. M. (2004). Play signaling and the perception of social rules by juvenile chimpanzees. *Journal of Comparative Psychology* 118: 149-159.

Foerster, S., *et al.* (2016). Chimpanzee females queue but males compete for social status. *Scientific Reports* 6: 35404.

Fouts, R., & Mills, T. (1997). *Next of Kin*. Morrow, New York.

Frankfurt, H. G. (1971). Freedom of the will and the concept of a person. *Journal of Philosophy* 68: 5-20.

Frankfurt, H. G. (2005). *On Bullshit*. Princeton University Press, Princeton, NJ.

Fruteau, C., van Damme, E., & Noë, R. (2013). Vervet monkeys solve a multiplayer "forbidden circle game" by queuing to learn restraint. *Current Biology* 23: 665-670.

Fry, D. P. (2013). *War, Peace, and Human Nature: The Convergence of Evolutionary and Cultural Views*. Oxford University Press, Oxford.

Furuichi, T. (1997). Agonistic interactions and matrifocal dominance rank of wild bonobos (Pan paniscus) at Wamba. *International Journal of Primatology* 18: 855-875.

Furuichi, T. (2011). Female contributions to the peaceful nature of bonobo society. *Evolutionary Anthropology* 20: 131-142.

Gadanho, S. C., & Hallam, J. (2001). Robot learning driven by emotions. *Adaptive Behavior* 9: 42-64.

Garcia, J., Kimeldorf, D. J., & Koelling, R. A. (1955). Conditioned aversion to saccharin resulting from exposure to gamma radiation. *Science* 122: 157-158.

Gazzaniga, M. S. (2008). *Human: The Science Behind What Makes Your Brain*

Unique. Ecco, New York.

Gesquiere, L. R. *et al.* (2011). Life at the top: Rank and stress in wild male baboons. *Science* 333: 357-360.

Ghiselin, M. (1974). *The Economy of Nature and the Evolution of Sex.* University of California Press, Berkely, CA.

Godfrey-Smith, P. (2016). *Other Minds: The Octopus, the Sea, and the Deep Origins of Consciousness.* Farrar, Strauss and Giroux, New York.

Goldstein, P., Weissman-Fogel, I., Dumas, G., & Shamay-Tsoory, S. G. (2018). Brain-to-brain coupling during handholding is associated with pain reduction. *Proceedings of the National Academy of Sciences* USA: 201703643

Goleman, D. (1995). *Emotional Intelligence.* Bantam, New York.

Goodall, J. (1986a). *The Chimpanzees of Gombe: Patterns of Behavior.* Belknap, Cambridge, MA.

Goodall, J. (1986b). Social rejection, exclusion, and shunning among the Gombe chimpanzees. *Ethology & Sociobiology* 7: 227-236.

Goodall, J. (1990). *Through a Window: My Thirty Years with the Chimpanzees of Gombe.* Houghton Mifflin, Boston.

Greenfeld, L. (2013). Are human emotions universal? *Psychology Today.*

Haeckel, E. (2012 [orig. 1884]). *The History of Creation, Vol. I. Or the Development of the Earth and its Inhabitants by the Action of Natural Causes.* Project Gutenberg.

Hampton, R. R. (2001). Rhesus monkeys know when they remember. *Proceedings of the National Academy of Sciences* USA 98: 5359-5362.

Hare, B., & Kwetuenda, S. (2010). Bonobos voluntarily share their own food with others. *Current Biology* 20: R230-R231.

Hebb, D. O. (1946). Emotion in man and animal: An analysis of the intuitive processes of recognition. *Pschological Review* 53: 88-106.

Herculano-Houzel, S. (2009) The human brain in numbers: A linearly scaled-up primate brain. *Frontiers in Human Neuroscience* 3: 1-11.

Herculano-Houzel, S. (2016). *The Human Advantage: A New Understanding of How Our Brain Became Remarkable.* MIT Press, Cambridge, MA.

Herculano-Houzel, S. *et al.* (2014). The elephant brain in numbers. *Frontiers in Neuroanatomy* 8: 46.

Hillman, K. L., & Bilkey, D. K. (2010). Neurons in the rat Anterior Cingulate Cortex dynamically encode cost-benefit in a spatial decision-making task. *Journal of Neuroscience* 30: 7705-7713.

Hills, T. T., & Butterfill, S. (2015). From foraging to autonoetic consciousness:

The primal self as a consequence of embodied prospective foraging. *Current Zoology* 61: 368–381.

Hobaiter, C., & Byrne, R. W. (2010). Able-bodied wild chimpanzees imitate a motor procedure used by a disabled individual to overcome handicap. *PLoS ONE* 5: e11959.

Hockings, K. J., *et al.* (2007). Chimpanzees share forbidden fruit. *PLoS ONE* 2 (9): e886.

Hofer, M. K., Collins, H. K., Whillans, A. V., & Chen, F. S. (2018). Olfactory cues from romantic partners and strangers influence women's responses to stress. Journal *of Personality and Social Psychology* 114: 1–9.

Hoffman, M. L. (1981). Is altruism part of human nature? *Journal of Personality and Social Psychology* 40: 121–137.

Horgan, J. (2014). Thanksgiving and the slanderous myth of the savage savage. *Scientific American Cross-Check Blog.*

Horner, V., Carter, D. J., Suchak, M., & de Waal, F. B. M. (2011). Spontaneous prosocial choice by chimpanzees. *Proceedings of the Academy of Sciences* USA 108: 13847–13851.

Horowitz, A. (2009). *Inside of a Dog: What Dogs See, Smell, and Know.* Scribner, New York.

Hrdy, S. B. (2009). *Mothers and Others: The Evolutionary Origins of Mutual Understanding.* Belknap, Cambridge, MA.

James, W. (1950 [orig. 1890]), *The Principles of Psychology.* Dover Publications, New York.

Janmaat, K. R. L., Polansky, L., Ban, S. D., & Boesch, C. (2014). Wild chimpanzees plan their breakfast time, type, and location. *Proceedings of the National Academy of Sciences* USA 111: 16343–16348.

Jasanoff, A. (2018). *The Biological Mind: How Brain, Body, and Environment Collaborate to Make Us Who We Are.* Basic Books, New York.

Kaburu, S. S. K., Inoue, S., & Newton - Fisher, N. E. (2013). Death of the alpha: Within - community lethal violence among chimpanzees of the Mahale Mountains National Park. *American Journal of Primatology* 75: 789–797.

Kaminski, J. et al. (2017). Human attention affects facial expressions in domestic dogs. *Scientific Reports* 7: 12914.

Kano, T. (1992). *The Last Ape: Pygmy Chimpanzee Behavior and Ecology.* Stanford University Press, Stanford, CA.

Kellogg, W. N., & Kellogg, L. A. (1967 [orig. 1933]). *The Ape And the Child: A Study of Environmental Influence Upon Early Behavior.* Hafner, New York.

King, B. J. (2013). *How Animals Grieve*. University Of Chicago Press, Chicago, IL.

Koepke, A. E., Gray, S. L., & Pepperberg, I. M. (2015). Delayed gratification: A grey parrot (*Psittacus erithacus*) will wait for a better reward. *Journal of Comparative Psychology* 129: 339–346.

Kraus, M. W., & Chen, T. W. (2013). A winning smile? Smile intensity, physical dominance, and fighter performance. *Emotion* 13: 270–279.

Kropotkin, P. (2009 [orig. 1902]). *Mutual Aid: A Factor of Evolution*. Cosimo, New York.

Ladygina-Kohts, N. N. (2002 [orig. 1935]). *Infant Chimpanzee and Human Child: A Classic 1935 Comparative Study of Ape Emotions and Intelligence* (F. B. M. de Waal, Ed.). Oxford University Press, Oxford.

Lahr, J. (2000). *Dame Edna Everage and the Rise of Western Civilisation: Backstage with Barry Humphries*, 2nd ed. University of California Press, Berkeley, CA.

Langford, D. J. *et al.* (2010). Coding of facial expressions of pain in the laboratory mouse. *Nature Methods* 7: 447–449.

Lazarus, R., & Lazarus, B. (1994). *Passion and Reason*. Oxford University Press, New York.

LeDoux, J. E. (2014). Coming to terms with fear. *Proceedings of the National Academy of Sciences, USA* 111: 2871–2878.

Limbrecht-Ecklundt, K., *et al.* (2013). The effect of forced choice on facial emotion recognition: A comparison to open verbal classification of emotion labels. *GMS Psychosocial Medicine* 10.

Lindegaard, M. R., et al. (2017). Consolation in the aftermath of robberies resembles post-aggression consolation in chimpanzees. *PLoS ONE* 12(5): e0177725.

Lipps, T. (1903). Einfühlung, innere Nachahmung und Organenempfindungen. *Archiv für die gesamte Psychologie* 1: 465–519.

Lorenz, K. (1960). *So kam der Mensch auf den Hund*. Borotha-Schoeler, Vienna.

Lorenz, K. (1966). *On Aggression*. Harcourt, New York.

Lorenz, K. (1980). Tiere sind Gefühlsmenschen. *Der Spiegel* 47: 251–264.

Magee, B., & Elwood, R. E. (2013). Shock avoidance by discrimination learning in the shore crab (*Carcinus maenas*) is consistent with a key criterion for pain. *Journal of Experimental Biology* 216: 353–358.

Maslow, A. H. (1936). The role of dominance in the social and sexual behavior of infra-human primates: I. Observations at Vilas Park Zoo. *Journal of Genetic Psycholology* 48: 261–277.

Masson, J. M., & McCarthy, S. (1995). *When Elephants Weep: The Emotional*

Lives of Animals. Delacorte, New York.

Mathuru, A. S., et al. (2012). Chondroitin fragments are odorants that trigger fear behavior in fish. *Current Biology* 22: 538–544.

Matsuzawa, T. (2011). What is uniquely human? A view from comparative cogni- tive development in humans and chimpanzees. *In The Primate Mind* (F. B. M. de Waal & P. F. Ferrari, Eds.), pp. 288–305. Harvard University Press, Cambridge, MA.

McConnell, P. (2005). *For the Love of a Dog*. Ballantine Books, New York.

McFarland, D. (1987). *The Oxford Companion to Animal Behaviour*. Oxford University Press, Oxford.

Mendl, M., Burman, O. H. P., & Paul, E. S. (2010). An integrative and functional framework for the study of animal emotion and mood. *Proceeding of the Royal Society B* 277: 2895–2904.

Michl, P., *et al.* (2014). Neurobiological underpinnings of shame and guilt: A pilot fMRI study. *Social Cognitive and Affective Neuroscience* 9: 150–157.

Miller, K. R. (2018). *The Human Instinct: How We Evolved to Have Reason, Consciousness, and free will*. Simon & Schuster, New York.

Mogil, J. S. (2015). Social modulation of and by pain in humans and rodents. *PAIN* 156: S35–S41.

Neal, D. T., & Chartrand, T. L. (2011). Amplifying and dampening facial feedback modulates emotion perception accuracy. *Social Psychological and Personality Science* 2: 673–678.

Nishida, T. (1996). The death of Ntologi: The unparalleled leader of M Group. *Pan Africa News* 3: 4.

Norscia, I., & Palagi, E. (2011). Yawn contagion and empathy in Homo sapiens. *PloS ONE* 6, c 28472.

Nowak, M., & Highfield, R. (2011). *SuperCooperators: Altruism, Evolution, and Why We Need Each Other to Succeed*. Free Press, New York.

Nummenmaa, L., Glerean, E., Hari, R., & Hietanen, J. K. (2014). Bodily maps of emotions. *Proceedings of the National Academy of Sciences* USA 111: 646–651.

Nussbaum, M. (2001). *Upheavals of Thought: The Intelligence of Emotions*. Cambridge University Press, Cambridge.

O'Brien, E., Konrath, S. H., Grühn, D., & Hagen, A. L. (2013). Empathic concern and perspective taking: Linear and quadratic effects of age across the adult life span. *The Journals of Gerontology, Series B: Psychological Sciences and Social Sciences* 68: 168–175.

O'Connell, C. (2015). *Elephant Don: The Politics of a Pachyderm Posse*.

University of Chicago Press, Chicago.

O' Connell, M. (2017). *To Be a Machine*. Granta, London.

Ortony, A., & Turner, T. J. (1990). What's basic about basic emotions? *Psychological Review* 97: 315–331.

Osvath, M., & Osvath, H. (2008). Chimpanzee (*Pan troglodytes*) and orangutan (*Pongo abelii*) forethought: Self-control and pre-experience in the face of future tool use. *Animal Cognition* 11: 661–674.

Panksepp, J. (1998). *Affective Neuroscience: The Foundations of Human and Animal Emotions. Oxford University Press*, New York.

Panksepp, J. (2005). Affective consciousness: Core emotional feelings in animals and humans. *Consciousness and Cognition* 14: 30–80.

Panksepp, J., & Burgdorf, J. (2003). "Laughing" rats and the evolutionary antecedents of human joy? *Physiology & Behavior* 79: 533–547.

Parr, L. A. (2001). Cognitive and physiological markers of emotional awareness in chimpanzees (*Pan troglodytes*). *Animal Cognition* 4: 223–229.

Parr, L. A., Cohen, M., & de Waal, F. B. M. (2005). Influence of social context on the use of blended and graded facial displays in chimpanzees. *International Journal of Primatology* 26: 73–103.

Paukner, A., Suomi, S. J., Visalberghi, E., & Ferrari, P. F. (2009). Capuchin monkeys display affiliation toward humans who imitate them. *Science* 325: 880–883.

Payne, K. (1998). *Silent Thunder*: In the Presence of Elephants, Simon & Schuster, New York.

Pepperberg, I. M. (2008). *Alex & Me*. Collins, New York.

Perry, S. *et al.* (2003). Social conventions in wild white-faced capuchin monkeys: Evidence for traditions in a neotropical primate. *Current Anthropology* 44, 241–268.

Pinker, S. (2011). *The Better Angels of Our Nature: Why Violence Has Declined*. Viking, New York.

Pittman, J., & Piato, A. (2017) Developing zebrafish depression-related models. In: *The Rights and Wrongs of Zebrafish: Behavioral Phenotyping of Zebrafish*. (A. V. Kalueff, Ed.), pp. 33–43. Springer, Cham.

Plotnik, J. M., & de Waal, F. B. M. (2014). Asian elephants (*Elephas maximus*) reassure others in distress. *PeerJ* 2, e278.

Plotnik, J., de Waal, F. B. M., & Reiss, D. (2006). Self-recognition in an Asian elephant. *Proceedings National Academy of Sciences* USA 103: 17053–17057.

Premack, D., & Premack, A. J. (1994). Levels of causal understanding in chimpanzees and children. *Cognition* 50: 347–362.

Proctor, D., Williamson, R. A., de Waal, F. B. M., & Brosnan, S. F. (2013).

Chimpanzees play the Ultimatum Game. *Proceedings of the National Academy of Sciences* USA 110: 2070-2075.

Proust, M. (1982). *Rememberance of Things Past*, 3 Vols. Vintage Press, New York.

Provine, R. R. (2000). *Laughter: A Scientific Investigation*. Viking, New York.

Pruetz, J. D. *et al.* (2017). Intragroup lethal aggression in West African chimpanzees (*Pan troglodytes verus*): Inferred killing of a former alpha male at Fongoli, Senegal. International Journal of Primatology 38: 31-57.

Range, F., Horn, L., Viranyi, Z., & Huber, L. (2008). The absence of reward induces inequity aversion in dogs. *Proceedings of the National Academy of Sciences* USA 106: 340-345.

Rawls, J. (1972). *A Theory of Justice*. Oxford University Press, Oxford.

Rilling, J. K., et al. (2011). Differences between chimpanzees and bonobos in neural systems supporting social cognition. Social *Cognitive and Affective Neuroscience* 7: 369-379.

Romero, T., Castellanos, M. A., & de Waal, F. B. M. (2010). Consolation as possible expression of sympathetic concern among chimpanzees. *Proceedings of the National Academy of Sciences* 107: 12110-12115.

Rowlands, M. (2009). *The Philosopher and the Wolf: Lessons from the Wild on Love, Death and Happiness*. Pegasus, New York.

Rozin, P., Haidt, J., & McCauley, C. (2000). Disgust. In: *Handbook of Emotions*, M. Lewis, & S. M. Haviland-Jones (Eds.), pp. 637-653. Guilford, New York.

Sakai, T. *et al.* (2012). Fetal brain development in chimpanzees versus humans. *Current Biology* 22: R791-R792.

Salovey, P., Kokkonen, M., Lopes, P. N., & Mayer, J. D. (2003). Emotional intelligence. In: *Feelings & Emotions: The Amsterdam Symposium*, T. Manstead, N. Frijda, & A. Fischer (Eds.), pp. 321-340. Cambridge University Press, Cambridge.

Sanfey, A. G., J. K. Rilling, J. A. Aronson, L. E. Nystrom, & Cohen, J. D. (2003). The neural basis of economic decision-making in the ultimatum game. Science 300: 1755-1758.

Sapolsky, R. M. (2017). *Behave: The Biology of Humans at Our Best and Worst*. Penguin, New York.

Sarabian, C., & MacIntosh A. J. J. (2015). Hygienic tendencies correlate with low geohelminth infection in free-ranging macaques. *Biology Letters* 11: 20150757.

Sato, N., Tan, L., Tate, K., & Okada, M. (2015). Rats demonstrate helping behavior toward a soaked conspecific. *Animal Cognition* 18: 1039-1047.

Sauter, D. A., LeGuen, O., & Haun, D. B. M. (2011). Categorical perception of emotional facial expressions does not require lexical categories. *Emotion* 11: 1479–1483.

Scheele, D., *et al.* (2012). Oxytocin modulates social distance between males and females. *Journal of Neuroscience* 32: 16074–16079.

Schilder, M. B. H. *et al.* (1984). A quantitative analysis of facial expression in the plains zebra. *Zeitschrift für Tierpsychologie* 66: 11–32.

Schilthuizen, M. (2018). *Darwin Comes to Town: How the Urban Jungle Drives Evolution.* Picador, New York.

Schneiderman, I., et al. (2012). Oxytocin during the initial stages of romantic attachment: Relations to couples' interactive reciprocity. *Psychoneuroendocrinology* 37: 1277–1285.

Schoeck, H. (1987). *Envy: A Theory of Social Behaviour.* Liberty Fund, Indianapolis, IN.

Schwing, R., Nelson, X. J., Wein, A., & Parsons, S. (2017). Positive emotional contagion in a New Zealand parrot. *Current Biology* 27: R213-R214.

Shapiro, J. A. (2011). *Evolution: A View from the 21st Century.* Upper Saddle River, NJ, FT Press Science.

Sherif, M. *et al.* (1954). Experimental study of positive and negative intergroup attitudes between experimentally produced groups. Robbers' Cave Study. University of Oklahoma, Norman, OK.

Sherman, R. (2017). *Uneasy Street: The Anxieties of Affluence.* Princeton University Press, Princeton, NJ.

Singer, T., Seymour, B., O' Doherty, J. P., Stephan, K. E., Dolan, R. J., & Frith, C. D. (2006). Empathic neural responses are modulated by the perceived fairness of others. *Nature* 439: 466–469.

Skinner, B. F. (1965 [1953]). *Science and Human Behavior.* Free Press, New York.

Sliwa, J., & Freiwald, W. A. (2017). A dedicated network for social interaction processing in the primate brain. *Science* 356: 745–749.

Smith, A. (1937 [orig. 1759]). *A Theory of Moral Sentiments.* Modern Library, New York.

Smith, A. (1982 [orig. 1776]). *An Inquiry into the Nature and Causes of the Wealth of Nations.* Liberty Classics, Indianapolis.

Smith, J. D., Schull, J., Strote, J., McGee, K., Egnor, R., & Erb, L. (1995). The uncertain response in the bottlenosed dolphin (*Tursiops truncatus*). *Journal of Experimental Psychology: General* 124: 391–408.

Sneddon, L. U. (2003). Evidence for pain in fish: The use of morphine as an analgesic. *Applied Animal Behaviour Science* 83: 153–162.

Sneddon, L. U., Braithwaite, V. A., & Gentle, M. J. (2003). Do fishes have nociceptors? Evidence for the evolution of a vertebrate sensory system. *Proceeding of the Royal Society, London* B 270: 1115−1121.

Springsteen, B. (2016). *Born to Run*. Simon & Schuster, New York.

Stanford, C. B. (2001). *Significant Others: The Ape Human Continuum and the Quest for Human Nature*. Basic Books, New York.

Suchak, M., & de Waal, F. B. M. (2012). Monkeys benefit from reciprocity without the cognitive burden. *Proceedings of the National Academy of Sciences* USA 109: 15191−15196.

Tan, J., & Hare, B. (2013). Bonobos share with strangers. *PloS One* 8: e51922.

Tan, J., Ariely, D., & Hare, B. (2017). Bonobos respond prosocially toward members of other groups. *Scientific Reports* 7: 14733.

Tangney, J., & Dearing, R. (2002). *Shame and Guilt. Guilford,* New York.

Teleki, G. (1973). Group response to the acidental death of a chimpanzee in Gombe National Park, Tanzania. *Folia primatologica* 20: 81−94.

Tinklepaugh, O. L. (1928). An experimental study of representative factors in monkeys. *Journal of Comparative Psychology* 8: 197−236.

Tokuyama, N., & Furuichi, T. (2017). Do friends help each other? Patterns of female coalition formation in wild bonobos at Wamba. *Animal Behaviour* 119: 27−35.

Tolstoy, L. (1975 [orig. 1904]). *The Lion and the Dog*. Progress Publishers, Moscow.

Tottenham N, *et al.* (2010) Prolonged institutional rearing is associated with atypically large amygdala volume and difficulties in emotion regulation. *Developmental Science* 13: 46−61.

Tracy, J. (2016). *Take Pride: Why the Deadliest Sin Holds the Secret to Human Success*. Houghton, New York.

Tracy, J. L., & Matsumoto, D. (2008). The spontaneous expression of pride and shame: Evidence for biologically innate nonverbal displays. *Proceedings of the National Academy of Sciences* USA 105: 11655−11660.

Troje, N. F. (2002). Decomposing biological motion: A framework for analysis and synthesis of human gait patterns. *Journal of Vision* 2: 371−387.

Tybur, J. M., Lieberman, D., & Griskevicius, V. (2009). Microbes, mating, and morality: Individual differences in three functional domains of disgust. *Journal of Personality and Social Psychology* 97: 103−122.

van de Waal, E., Borgeaud, C., & Whiten, A. (2013). Potent social learning and conformity shape a wild primate's foraging decisions. *Science* 340: 483−485.

van Hooff, J. A. R. A. M. (1972). A comparative approach to the phylogeny of laughter and smiling. In: Non-verbal *Communication* (R. Hinde, Ed.), pp. 209–241. Cambridge University Press, Cambridge.

van Leeuwen, P. et al. (2009). Influence of paced maternal breathing on fetal–maternal heart rate coordination. *Proceedings of the National Academy of Sciences* USA 106: 13661–13666.

van Schaik, C. P., Damerius, L., & Isler, K. (2013). Wild orangutan males plan and communicate their travel direction one day in advance. *PLoS ONE* 8: e74896.

van Wyhe, J., Kjærgaard, P. C. (2015). Going the whole orang: Darwin, Wallace and the natural history of orangutans. *Studies in History and Philosophy of Biological and Biomedical Sciences* 51: 53–63.

Vianna, D. M., & Carrive, P. (2005). Changes in cutaneous and body temperature during and after conditioned fear to context in the rat. *European Journal of Neuroscience* 21: 2505–2512.

Wagner, K. *et al.* (2015). Effects of mother versus artificial rearing during the first 12 weeks of life on challenge responses of dairy cows. *Applied Animal Behaviour Science* 164: 1–11.

Walsh, G. V. (1992). Rawls and envy. *Reason Papers* 17: 3–28.

Warneken, F., & Tomasello, M. (2014). Extrinsic rewards undermine altruistic tendencies in 20-month-olds. *Motivation Science* 1: 43–48.

Wathan, J., *et al.* (2015) EquiFACS: The Equine Facial Action Coding System. *PLoS ONE* 10: e0131738.

Watson, J. B. (1913). Psychology as the behaviorist views it. *Psychological Review* 20: 158–177.

Westermarck, E. (1912 [orig. 1908]). *The Origin and Development of the Moral Ideas*. Vol. 1. 2nd ed. Macmillan, London.

Wilkinson, R. (2001). *Mind the Gap*. Yale University Press, New Haven, CT.

Wilson, M. L. et al. (2014). Lethal aggression in Pan is better explained by adaptive strategies than human impacts. *Nature* 513: 414–417.

Wispé, L. (1991). *The Psychology of Sympathy*. Plenum, New York.

Woodward, R., & Bernstein, C. (1976). *The Final Days*. Simon & Schuster, New York.

Wrangham, R. (2009). *Catching Fire: How Cooking Made Us Human*. Basic Books, New York.

Wrangham, R. W., & Peterson, D. (1996). *Demonic Males: Apes and the Evolution of Human Aggression*. Houghton Mifflin, Boston.

Yamamoto, S., Humle, T., & Tanaka, M. (2012). Chimpanzees' flexible targeted helping based on an understanding of conspecifics' goals. *Proceedings of the National*

Academy of Sciences, USA 109: 3588-3592.

Yerkes, R. M. (1941). Conjugal contrasts among chimpanzees. *Journal of Abnormal and Social Psychology* 36: 175-199.

Yokawa, K., et al. (2017). Anaesthetics stop diverse plant organ movements, affect endocytic vesicle recycling and ROS homeostasis, and block action potentials in Venus flytraps. *Annals of Botany*: mcx 155.

Young, L., & Alexander, B. (2012). *The Chemistry Between Us: Love, Sex, and the Science of Attraction.* Current, New York.

Zahn-Waxler, C., & Radke-Yarrow, M. (1990). The origins of empathic concern. *Motivation and Emotion* 14: 107-130.

Zamma, K. (2002). A chimpanzee trifling with a squirrel: Pleasure derived from teasing? *Pan Africa News* 9(1): 9-11.

鸣谢
Acknowledgement

鸣谢
Acknowledgement

作为灵长类动物学家，我知道社会领域对我的兴趣有多重要，因此，情绪一直都是我开展科学研究必须考虑的因素。情绪是灵长类动物政治、冲突解决、结合、公平感和合作不可否认的组成部分。起初，我是一个自发社会行为的观察者，但最终测试了所涉及的心理能力，如面部识别和对他人处境的同情。因此，正如本书中所做的那样，我对情绪展开更深入的研究正值当时。我把本书书名《最后的拥抱》看作上一本书书名《万智有灵——超出想象的动物智慧》的伴生标题，后者主要研究动物智力。虽然这两本书将情绪和认知能力分开研究，但现实生活中两者是完全结合在一起的。

幸运的是，我在乌得勒支大学接受了简·范·霍夫博士的灵长类动物面部表情的训练。脸是通往心灵的窗户，在不考虑情绪的情况下，谈论面部表情是不现实的。在人类中，情绪研究也是从研究面部表情开始的。因此，我很早就完全习惯了动物情绪这一话题，那时大多数科学家还极力避开这一话题。

我很感激这一路走来支持我的人，感谢我的同事、合作伙伴，我的学生和博士后。感谢过去这几年帮助过我的人，他们是：莎拉·布鲁斯南、莎拉·加尔各答、马修·卡贝尔、黛纹·卡特、赞纳·克莱、蒂姆·埃普利、卡蒂·霍尔、维多利亚·霍纳、丽萨·帕尔、乔舒亚·特尼克、斯蒂芬妮·普雷斯顿、达尔比·普罗克特、特里萨·罗梅洛、马里尼·苏查克、茱莉亚·沃特克、克里斯汀·韦伯。感谢给本书提供帮助的人，他们是：维多利亚·布雷斯韦特、简·范·霍夫、哈利·昆呢曼、德斯蒙德·莫利斯、克里斯汀·韦伯。感谢布尔格尔斯动物园、耶基斯灵长类动物研究中心和金沙萨（扎伊尔首都）附近的罗拉亚倭黑猩猩保护区为我开展研究提供的硬件支持，感谢艾莫利大学和乌得勒支大学提供良好的学术氛围和完备的基础设施，我工作的顺利完成离不开他们不遗余力的支持。我无比思念与我一起工作的许多猴子和猿类，他们的参与让我的生活变得丰富多彩。当然，我最放不下的还是这本书的主角"大妈妈"，她给我留下了深刻的印象。

感谢我的代理人米歇尔·特斯勒和诺顿出版社的编辑约翰·格鲁斯曼以热情和批判的态度对我的手稿提出宝贵建议。感谢我的妻子凯瑟琳总是无条件地支持我，帮助我完成日常的写作。没有什么能超越我们伟大的爱情和纯粹的友谊。也是因为这一研究，我意外地获得了许多有关人类情绪的第一手资料。

图书在版编目（CIP）数据

最后的拥抱：动物与人类的情绪 /（荷）弗朗斯·德瓦尔著；张军译 . — 长沙：湖南科学技术出版社，2022.4
ISBN 978-7-5710-1252-6

Ⅰ . ① 最… Ⅱ . ① 弗… ② 张… Ⅲ . ① 情感 - 研究 ② 动物心理学 - 研究
Ⅳ . ① B842.6 ② B843.2

中国版本图书馆 CIP 数据核字 (2021) 第 203016 号

Copyright ©2017 by Frans De Waal
This edition arranged with Tessler Literary Agency
through Andrew Nurnberg Associates International Limited
湖南科学技术出版社独家获得本书中文简体版出版发行权
著作权登记号：18-2017-284

ZUIHOU DE YONGBAO:DONGWU YU RENLEI DE QINGXU
最后的拥抱：动物与人类的情绪

著者
[荷] 弗朗斯·德瓦尔

译者
张军

出版人
潘晓山

策划编辑
吴炜　李蓓

责任编辑
李蓓

营销编辑
周洋

出版发行
湖南科学技术出版社

社址
长沙市芙蓉中路一段 416 号

泊富国际金融中心

网址
http://www.hnstp.com

湖南科学技术出版社

天猫旗舰店网址：
http://hnkjcbs.tmall.com

邮购联系
本社直销科 0731-84375808

印刷
长沙鸿和印务有限公司
（印装质量问题请直接与本厂联系）

厂址
长沙市望城区普瑞西路858号

邮编
410200

版次
2022 年 4 月第 1 版

印次
2022 年 4 月第 1 次印刷

开本
880mm×1230mm　1/32

印张
11.25

字数
245 千字

书号
ISBN 978-7-5710-1252-6

定价
68.00 元